ANIMAL REPRODUCTION

动物繁殖学

袁天翔　姜淑妍　刘　莹◎主编

中国农业科学技术出版社

图书在版编目（CIP）数据

动物繁殖学 / 袁天翔，姜淑妍，刘莹主编 . — 北京：中国农业科学技术出版社，2020.7

ISBN 978-7-5116-4815-0

Ⅰ . ①动… Ⅱ . ①袁… ②姜… ③刘… Ⅲ . ①家畜繁殖—农业院校—教材 Ⅳ . ① S814

中国版本图书馆 CIP 数据核字 (2020) 第 106259 号

责任编辑　李冠桥
责任校对　马广洋
出 版 者　中国农业科学技术出版社
　　　　　北京市中关村南大街 12 号　邮编：100081
电　　话　(010) 82109705（编辑室）(010) 82109704（发行部）
　　　　　(010) 82109709(读者服务部）
传　　真　(010) 82106625
网　　址　http: //www.castp.cn
经 销 者　各地新华书店
印 刷 者　北京建宏印刷有限公司
开　　本　787mm × 1 092mm　1/16
印　　张　13.25
字　　数　269 千字
版　　次　2020 年 7 月第 1 版　2020 年 7 月第 1 次印刷
定　　价　65.00 元

前言

本书是针对农业院校本科、专科畜牧兽医（动物科学）专业的专业基础课程动物繁殖学编写的。结合北方地区养殖特点，对传统的动物繁殖学教材进行了筛选和补充，针对奶牛、猪、鸡、犬和猫五种动物的繁殖相关内容进行描述，具体内容包括生殖器官、生殖激素、生殖生理、繁殖技术和繁殖管理等内容，全书共分八章，在内容描述上遵循动物繁殖的自然规律，介绍各种动物的繁殖生理和实用繁殖技术，内容精练、文字通俗、图文并茂、条理清晰，理论联系实际，注重教材的实用性和适用性。适用于全国高等学校以及成人教育畜牧兽医类本科、专科专业，也可作为从事动物繁育的技术人员的参考教材。

希望本书能为读者提供技术参考与借鉴，通过结合应用实践进行细节讲解，从而帮助读者做到学以致用。书中如有不足之处，请广大读者批评指正。

编 者

2020 年 1 月

前言

目 录

第一章　生殖器官

第一节　雄性动物生殖器官

雄性动物的生殖器官包括：性腺，即睾丸，位于阴囊腔内；副性腺，包括输精管壶腹、精囊腺、前列腺、尿道球腺，其作用主要是产生精液的部分；输精管道，包括睾丸输出小管、附睾管、输精管和尿生殖道；交配器官，即阴茎，其前端位于包皮腔内。

一、睾丸

睾丸的机能是产生精子和雄激素。睾丸的包膜由一层固有鞘膜和它下面的一层致密白膜构成，两者紧密粘在一起。白膜向睾丸内分出小梁，将睾丸分为许多外粗内细的锥体状小室，并在睾丸纵轴上汇合成一个纵隔，每一小室中有曲细精管 2 ～ 5 条，它们之间存在有间质细胞，主要产生雄激素。每一小室的曲细精管先汇合成精直小管，然后汇合成为睾丸网，从睾丸网分出 6 ～ 23 条睾丸输出小管，构成附睾头的一部分。

睾丸的功能如下。

1. 生精机能

精细管的生精细胞经多次分裂后最终形成精子，并储存在附睾。公牛每克睾丸组织平均每天可产生精子 1 300 万～ 1 900 万个，公猪 2 400 万～ 3 100 万个，公羊 2 400 万～ 2 700 万个，马 2 400 万～ 3 200 万个。

2. 分泌雄激素

间质细胞分泌的雄激素能激发雄性动物的性欲及性兴奋，刺激第二性征，刺激阴茎及副性腺的发育，维持精子发生及附睾精子的存活。

3. 产生睾丸液

由精细管和睾丸网产生大量的睾丸液，含有较高浓度的钙、钠等离子成分和少量的蛋白质成分。其主要作用是维持精子的生存，并有助于精子向附睾头部移动。

二、阴囊

它是维持精子正常生成的温度调节器官。阴囊从外向内由皮肤、肉膜、睾外提肌、筋膜及壁层鞘膜构成，并由一纵隔分为二腔，两个睾丸分别位于一个鞘膜腔中。

三、附睾

（一）附睾的形态

附睾附着于睾丸的附着缘，由头、体、尾三部分组成。头、尾两端粗大，体部较细。附睾头由睾丸网发出十多条睾丸输出管组成，这些管呈螺旋状，借结缔组织联结成若干附睾小叶（亦称血管圆锥），再由附睾小叶联结成扁平而略呈杯状的附睾头，贴附于睾丸的前端或上缘。各附睾小叶管汇成一条弯曲的附睾管。弯曲的附睾管从附睾头沿睾丸的附着缘伸延逐渐变细，延续为细长的附睾体。在睾丸的远端，附睾体变为附睾尾，其中附睾管弯曲减少，最后逐渐过渡为输精管，经腹股沟管进入腹腔。

（二）附睾的组织结构

附睾管壁由环形肌纤维、单层或部分复层柱状纤毛上皮构成。附睾管大体可分为 3 部分，起始部分具有长而直的静纤毛，管腔狭窄，管内精子数很少；中段的静纤毛不太长，且管腔变宽，管内有较多精子存在；末端静纤毛较短，管腔很宽，充满精子。

（三）附睾的功能

1. 吸收和分泌作用

吸收作用为附睾头及尾的一个重要作用。牛、猪、绵羊和山羊的睾丸液的精子浓度为 1 亿个 /mL，而附睾尾液中约含精子浓度为 50 亿个 /mL。另外，睾丸液中精子所占的体积约为 1%，而附睾尾液中约占 40%。大部分睾丸液在附睾头部被吸收，使得管腔中的 Na^+ 与 Cr 量减少。在附睾内储存的精子经 60 d 后仍具有受精能力，但如储存过久，则活力降低，畸形精子增加，最后死亡而被吸收。

附睾液中有许多睾丸液中所不存在的有机化合物，如甘油磷酰胆碱、三甲基羟基丁酰甜菜碱、精子表面的附着蛋白质，这些物质与维持渗透压、保护精子及促进精子成熟有关。

2. 附睾是精子最后的成熟场所

由睾丸精细管生产的精子刚进入附睾时，颈部常有原生质滴存在，这说明精子尚未发育成熟。精子通过附睾过程中，原生质滴向后移行。这种形态变化与附睾的物理及化学的变化有关，它能增加精子的运动和受精能力。

精子通过附睾管时，附睾管分泌的磷脂质及蛋白质，裹在精子表面，形成脂质蛋白膜，将精子包被起来，可在一定程度上防止精子膨胀，也能抵抗外界环境的不良影响。精子通过附睾管时，获得负电荷，可以防止精子彼此凝集。

3. 附睾是精子的储存库

一头成年公牛两侧附睾聚集的精子数为 700 多亿个，等于睾丸在 3.6 d 中所产生的精子，其中约有 54% 储存于附睾尾；公猪附睾储存的精子数为 2 000 亿个左右，其中 70% 在附睾尾；公羊附睾储存的精子数在 1 500 亿个以上。

4. 附睾管的运输作用

精子在附睾内缺乏主动运动的能力，由附睾头运送至附睾尾是靠纤毛上皮的活动，以及附睾管平滑肌的收缩作用。

四、副性腺

（一）精囊腺

它是成对存在，并位于输精管末端的外侧。牛、羊、猪的精囊腺为致密的分叶状腺体，腺体组织中央有一较小的腔；马的精囊腺为长圆形盲囊，其黏膜层含分支的管状腺。牛、羊精囊腺的排泄管和输精管共同开口于尿道起始端顶壁上的精阜，形成射精孔；猪则各自独立开口于尿道；狗、猫和骆驼没有精囊腺。

精囊腺分泌液是呈白色或黄色、偏酸性的黏稠液体，在精液中所占比例，猪为 25% ～ 30%，牛为 40% ～ 50%。其成分特点是果糖和柠檬酸含量高，果糖是精子的主要能量来源，柠檬酸和无机物共同维持精子的渗透压。

（二）前列腺

牛、猪前列腺分为体部和扩散部，体部较小，而扩散部较大。从外观见到，体部可延伸至尿道骨盆部。扩散部在尿道海绵体和尿道肌之间，它们的腺管成行开口于尿生殖道内。马的前列腺位于尿道的背面，并不围绕在尿道的周围，分左右两个叶，以“峡”相连，前列腺为复管状腺，有 10 多根排泄管开口于精阜两侧。山羊和绵羊的仅有扩散部，且为尿道肌包围，故外观上看不到；牛的前列腺呈复合管状的泡状腺体，其体部和扩散部皆能见到。

前列腺是分支的管泡状腺，分为体部和扩散部，体部位于尿道内口之上，而扩散部包在尿道海绵体骨盆部周围，前列腺分泌稀薄、淡白色、稍具腥味的弱碱性液体，可以中和进入尿道中液体的酸性，改变精子的休眠状态，使其活动能力加强。

（三）尿道球腺

由分支管泡状腺构成，位于尿道骨盆部末端两边，表面盖有坐骨腺体肌，呈三棱形，长约10cm，宽约2.5cm，位于精囊腺之后，其分泌黏稠胶状物，呈淡白色。

（四）副性腺的功能

（1）冲洗尿生殖道，为精液通过做准备。交配前阴茎勃起时，所排出的少量液体主要是尿道球腺所分泌，它可以冲洗尿生殖道中残留的尿液，使通过尿生殖道的精子避免受到尿液的危害。

（2）精子的天然稀释液。附睾排出的精子，其周围只有少量液体，待与副性腺混合后，精子即被稀释，从而也扩大了精液容量。射出的精液中，精清占精液容量的百分比为：牛85%、马92%、猪93%、羊70%。

（3）供给精子营养物质。精子内某些营养物质是在其与副性腺液混合后才得到的，如附睾。内的精子不含果糖，当精子与精清（特别是精囊腺液）混合时，果糖即很快扩散入精子细胞内。果糖的分解是精子能量的主要来源。

（4）活化精子。副性腺液的pH值一般为偏碱性，碱性环境能刺激精子的运动能力。副性腺液中的某些成分能够在一定程度上吸收精子运动所排出的CO_2，从而可在一定程度上维持精液的偏碱性，以利于精子的运动。另外，副性腺液的渗透压低于附睾处，可使精子吸收适量的水分而得以活动。

（5）帮助推动和运送精液到体外。精液的射出，无疑是借助于附睾管、副性腺平滑肌及尿生殖道肌肉的收缩。但在排出过程中，副性腺的液流亦有推动作用。副性腺管壁收缩排出的腺体分泌物在与精子混合的同时，随即运送精子排出体外。精液射入雌性动物生殖道后，精子在雌性动物生殖道借助于一部分精清（还包括雌性动物生殖道的分泌物）为媒介而泳动至受精地点。

（6）缓冲不良环境对精子的危害。精清中含有柠檬酸盐及磷酸盐，这些物质具有缓冲作用，使精子保持良好的环境，从而延长精子的存活时间，维持精子的受精能力。

（7）形成阴道栓，防止精液倒流。有些动物的精清有部分或全部凝固的现象。一般认为，这是一种在自然交配时防止精液倒流的天然措施。这种凝固成分有的来自精囊腺（如马、小鼠），有的来自尿道球腺（如猪），并与酶的作用有关。

五、阴茎

阴茎为纤维型，外形细长，海绵体不发达，不勃起时也是硬的；有S状弯曲，勃起时伸直。阴茎前端呈螺旋状，勃起时尤其显著，阴茎头不明显，没有尿道突，在不交配时，一般阴茎保持于包皮内。

六、包皮

包皮腔前端背侧有一圆孔，向上和包皮盲囊相通，囊中常带有刺激性气味的分泌物。

七、雄性尿生殖道

它是尿液和精液共同经过的管道。输精管、精囊腺、前列腺及尿道球腺均开口于尿道骨盆部。

第二节　雌性动物生殖器官

雌性生殖器官包括卵巢、输卵管、子宫和阴道等器官。

一、卵巢

（一）结构

1. 皮质

内有发育中的各级卵泡。

2. 髓质

结缔组织、血管和神经。

一般是皮质在外周，髓质在中央，马属动物特殊。

（1）皮质在中央，髓质在外周。

（2）仅排卵窝处被覆有生殖上皮。

（二）功能

产卵和分泌雌性激素。

（三）位置

骨盆腔入口处，卵巢系膜附着腰下部，形状与大小易变。

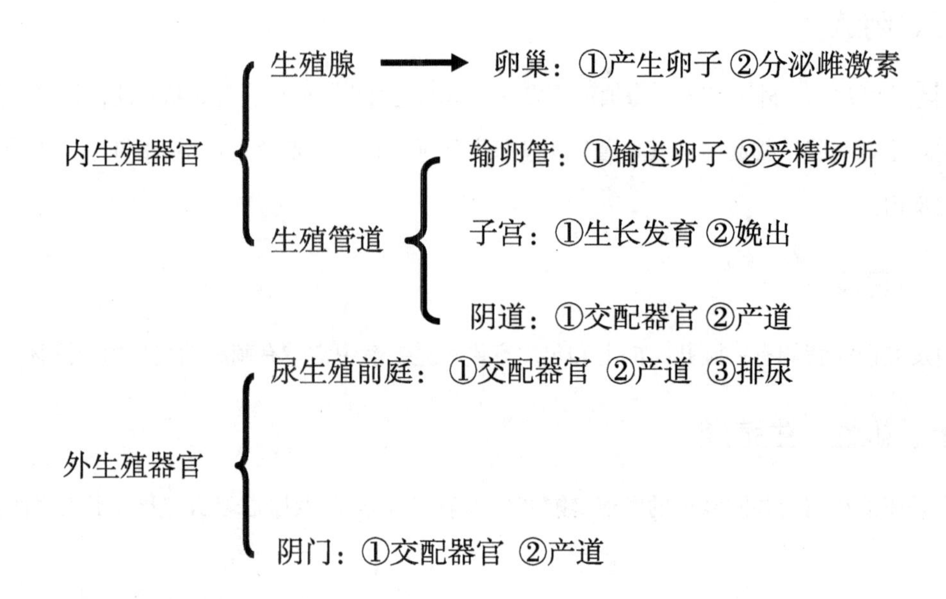

（四）卵巢的组织变化

1. 皮质的各级卵泡

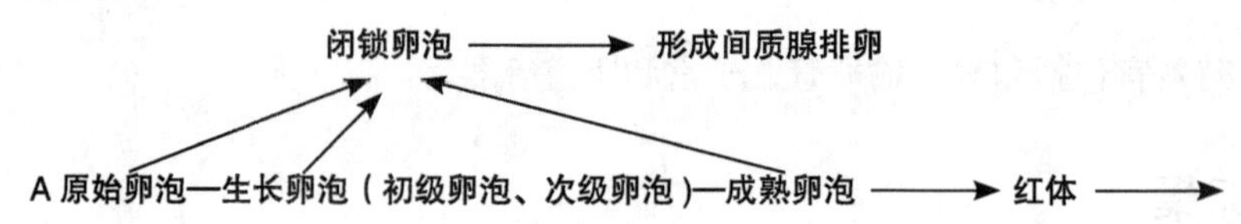

黄体 ——→ B 初级卵泡—生长卵泡（早期、晚期生长卵泡）

2. 生长卵泡的特点

特点一：卵泡细胞由扁平变为立方或柱状（是卵泡开始生长的标志）；由一层变为多层。

特点二：初级卵母细胞变大，卵黄物质增多。

特点三：透明带形成。

特点四：卵泡膜形成。

以上是初级卵泡的特点，次级卵泡除以上特点外，还有如下特点：

特点五：卵泡腔出现——也是初级卵泡向次级卵泡转化的标志。

特点六：形成颗粒层。

特点七：卵泡膜分化为内、外两层。卵泡内膜可分泌雌激素。

特点八：形成卵丘和放射冠。

3. 成熟卵泡的特点

特点一：体积达到最大，可达 70mm（马）。从卵巢表面突出。

特点二：颗粒层发育完全。形成卵泡壁（由卵泡内膜、基膜和颗粒层构成）。

特点三：排卵前进行第一次成熟分裂，排出第一极体。而第二次成熟分裂则是在输卵管中，有精子刺激的前提下才能发生。

4. 排卵

卵泡破裂，卵细胞从卵巢排出的过程称为排卵。简述排卵的过程。

5. 黄体

排卵后，卵泡迅速转变成一个富有血管的腺样结构，即为黄体。成熟卵泡排卵后，卵泡壁向内塌陷形成皱襞，卵泡内膜层毛细出血，卵泡腔充满血液，称为血体。而后，卵泡壁塌陷，残留在卵泡壁的卵泡细胞和内膜细胞向内侵入，即为黄体。颗粒层细胞变大，着色浅——粒黄体细胞（大黄体细胞）；可分泌黄体酮，维持妊娠；而卵泡内膜细胞变小，着色深——膜性（小）黄体细胞，可分泌雌激素。

黄体又可分为真、假黄体。黄体形成后，若排出的卵细胞受精，则黄体继续发育并维持其分泌机能直至妊娠末期，以后退化，这种黄体叫真黄体。若排出的卵细胞没有受精，则黄体迅速退化，残余物被巨噬细胞吞噬，该种黄体叫假黄体。

6. 闭锁卵泡和间质腺

退化的卵泡叫闭锁卵泡。卵巢中大多数的卵泡在发育过程中退化，仅有少数的卵泡达到成熟并排卵。生长卵泡在退化时，内膜层的细胞变得肥大，胞质含丰富的脂滴，以后被结缔组织和血管分隔成细胞团或索，构成间质腺，间质腺细胞可分泌雌激素和松弛素。

7. 髓质

它是位于卵巢中央的部分，含疏松结缔组织和丰富的弹性纤维，还有大量的血管、淋巴管和神经。近卵巢门处有门细胞，它可分泌雄激素。

（五）各种动物的卵巢

1. 马的卵巢

为豆形，体积如鸽蛋大，成熟后卵巢的一边（自由边）内陷形成排卵窝，朝向内侧的输卵管伞。发情周期的不同时期马卵巢的直径大小不等。

2. 牛的卵巢

为椭圆形，没有排卵窝，如青枣大，排卵以后多不形成红体，黄体往往凸出于卵巢表面。其位置在两侧子宫角尖端的外侧下方。

3. 羊的卵巢

比牛的圆，体积也小，其他特点同牛。

4. 猪的卵巢

有很发达的卵巢囊，卵巢和输卵管伞有时被包在卵巢囊内，其形状随机体成熟的程度而有不同。幼小母猪卵巢的形状极似肾脏，接近性成熟时为桑葚形，达到性成熟时似串状葡萄。

二、输卵管

功能：受精、输送卵子。

位置：卵巢和子宫角之间。

分段——漏斗部、壶腹部和峡部。

管壁由三层构成：

上皮：单层柱状，有纤毛固有膜，薄层结缔组织。

肌层：内环、外纵两层平滑肌，它的收缩有利于卵子向子宫方向移动。

外膜：是浆膜。

输卵管漏斗位于最前端，漏斗的边缘不规则，呈伞状，称输卵管伞。伞的中央有一小的输卵管腹腔口。输卵管壶腹较长，稍膨大，管壁薄而弯曲。输卵管峡较短，细而直，管壁较厚，末端以输卵管子宫口与子宫角相通连。输卵管由输卵管系膜固定，后者与卵巢固有韧带之间形成卵巢囊。输卵管系膜位于卵巢的外侧，它是由子宫阔韧带分出的联系输卵管和子宫角之间的浆膜褶。卵巢固有韧带是位于卵巢后端与子宫角之间的浆膜褶，它位于输卵管的内侧（图 1–1，图 1–2）。

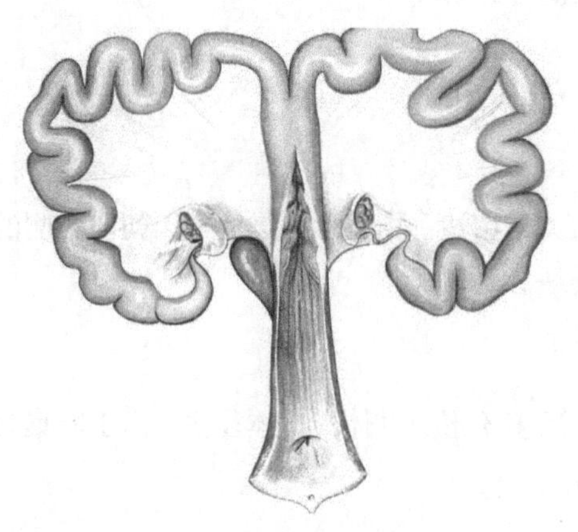

图 1–1　输卵管

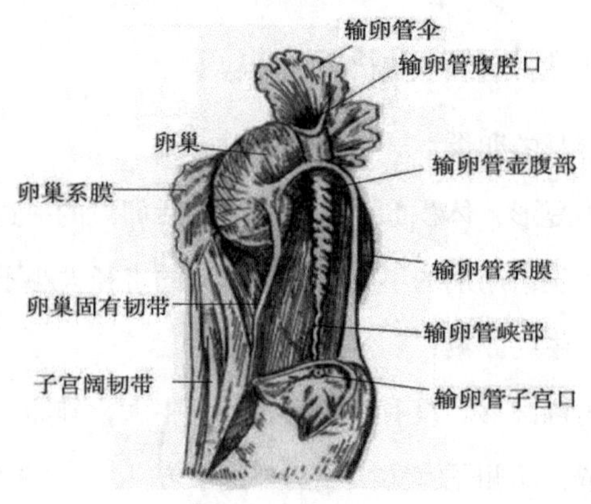

图 1–2　马卵巢及输卵管腹侧观

三、子宫

（一）子宫类型

子宫的类型分为以下四类：

双体子宫：鼠类、兔类等啮齿动物。

双分子宫：牛、羊、骆驼等反刍动物。

双角子宫：犬科、猫科、猪和马属动物。

单子宫：猴、猩猩、狒狒、人类等灵长动物。

（二）子宫功能、位置和形态

功能：胎儿的摇篮，免疫豁免。

位置：直肠与膀胱之间，子宫阔韧带附着腰下部。

双角子宫：牛羊的子宫上有子宫肉阜，在肉阜上无子宫腺分布，子宫内膜的周期性变化（图1-3）。各种动物子宫形态各不相同，但子宫壁的构造相似。分为上皮、固有膜、肌层、外膜。其中上皮：单层柱状上皮或假复层柱状纤毛上皮；黏膜固有膜：由富有血管的胚性结缔组织构成，深层有子宫腺可分泌子宫乳；肌层：发达的平滑肌，分内环、外纵两层，间有丰富的血管层；外膜：为浆膜。

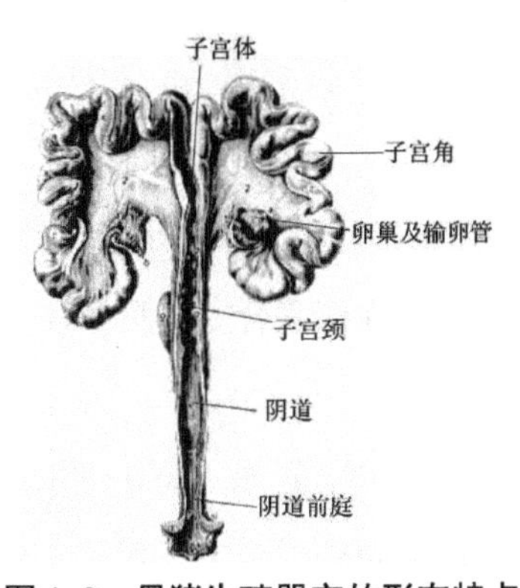

图 1-3　母猪生殖器官的形态特点

（三）各种动物子宫特点

马的子宫，呈“Y”字形，子宫角稍弯呈弓状，子宫角约与子宫体等长，子宫颈阴道部正明显，呈现花冠状黏膜褶。

牛、羊的子宫角长，前部呈绵羊角状，后部由结缔组织和肌组织连成伪体，其表面被以腹膜，子宫体很短。子宫颈由黏膜突起嵌合成螺旋状，子宫颈阴道部呈菊花瓣状。其中央有子宫外口。

子宫内膜上有子宫阜，牛的子宫阜为圆形隆起，100 多个，排成四列。羊的子宫阜呈全纽扣状，中央凹陷，60 多个。

猪的子宫角很长，子宫体短，子宫颈长，子宫颈管也呈螺旋状，无子宫颈阴道部。

犬的子宫体很短，子宫角细而长，子宫角的分歧角呈“V”字形。子宫颈很短，含有厚的肌肉。

四、阴道

阴道是母畜的交配器官和产道，阴道呈扁管状，位于骨盆腔内，在子宫后方，向后延接尿生殖前庭，其背侧与直肠相邻，腹侧与膀胱及尿道相邻。有些家畜的阴道前部由于子宫颈阴道部突入，形成陷窝状阴道穹窿。马和牛的阴道宽阔，周壁较厚。马的阴道穹窿呈环状，牛的呈半环状。猪的阴道腔直径很大，无阴道穹窿。犬的阴道比较长，前端尖细，肌层很厚，主要由环行肌组成。

五、尿生殖道前庭

尿生殖前庭是交配器官和产道，也是尿液排出的经路。位于骨盆腔内，直肠的腹侧，其前接阴道，在前端腹侧壁上有一条横行黏膜褶称为阴瓣，可作为前庭与阴道的分界；后端以阴门与外界相通。在尿生殖前庭的腹侧壁上，靠近阴瓣的后方有尿道外口，两侧有前庭小腺的开口。前庭两侧壁内有前庭大腺，开口于前庭侧壁。

六、阴门

阴门位于肛门腹侧，由左、右两阴唇构成，两阴唇间的裂缝称为阴门裂。阴唇上、下两端的联合，分别称为阴唇背侧联合和阴唇腹侧联合。在腹侧联合前方有一阴蒂窝，内有阴蒂，相当于公畜的阴茎。

马的阴唇前方的前庭壁上，有发达的前庭球，长 6 ～ 8cm，相当于公马的阴茎海绵体，马的阴蒂较发达。牛的阴唇背侧联合圆而腹侧联合尖，其下方有一束长毛。猪的阴蒂细长，突出于阴蒂窝的表面。犬的阴蒂窝大，有一黏膜褶向后延展，覆盖在阴蒂的表面，褶的中央部有一向外突出的部分，常被误认为阴蒂。

第三节　家禽生殖器官

一、公禽生殖器官

公禽生殖器官由一对睾丸、附睾、输精管和交配器官组成。

（一）睾丸

形态与结构：公禽的睾丸终生存在于腹腔内，呈卵圆形，左右各一，大小、重量随品种、年龄和性活动期的不同而有很大的差异。

功能：产生精子；分泌雄性激素。

（二）附睾

1. 形态与结构

附睾较小或不明显，呈长纺锤形管状膨大物，位于睾丸背内侧凹缘，主要由睾丸输出管构成。

2. 功能

精子进出的通道；分泌功能。

（三）输精管

1. 形态与结构

一对极弯曲的细管，前接附睾管，终止于泄殖腔两侧。

2. 功能

储存精子；分泌功能；精子成熟场所。

3. 精清来源

主要由曲细精管的支持细胞以及输出管和输精管等的上皮细胞所分泌。

（四）交配器官

公鸡没有阴茎，有一个勃起的交配器。公鸭和公鹅有较发达的交配器官。

二、母禽生殖器官

母禽只有左侧卵巢和输卵管正常发育，具有繁殖机能，生殖器官包括卵巢和输卵管。

（一）卵巢

1. 形态与结构

母禽卵巢呈结节状，梨形，以卵巢系膜韧带附着于背侧体壁。

2. 卵泡发育与排卵

在母禽休产期或性成熟前，卵巢皮质具有白色结节球状内含卵子的卵泡。每个卵泡含有一个卵母细胞或生殖细胞。未受精蛋蛋黄表面有一白点，称为胚珠。受精蛋，生殖细胞形成胚盘。

3. 功能

产生卵子；分泌激素。

（二）输卵管

输卵管依其形态和机能不同可顺次分为五个部分，即喇叭部、膨大部、峡部、子宫部和阴道部。

1. 喇叭部

（1）结构。形似喇叭，为输卵管的入口，产蛋期间的长度为 3 ～ 9cm。

（2）功能。接纳卵子；受精部位。

2. 膨大部

（1）结构。为最长、弯曲最多的部分，长为 30 ～ 50cm，壁较厚，黏膜形成纵褶。

（2）功能。分泌；形成卵蛋白和卵系带。

3. 峡部

（1）结构。为输卵管短而较细的一段，长约 10cm。

（2）功能。分泌部分蛋白和形成蛋白内、外壳膜；补充蛋白的水分。

4. 子宫部

（1）结构。呈囊状。

（2）功能。分泌子宫液。

5. 阴道部

（1）结构。输卵管最后一部分，弯曲成“S”形，开口于泄殖腔壁的左侧。

（2）功能。交配后可贮存部分精子，交配时翻出接受公禽射出的精液。

表 1-1　各种母家畜生殖器官的特点

器官	母牛 / 母羊	母马	母猪
卵巢	椭圆形，位于骨盆前口的两侧附近，经产的位于腹腔	豆形，上有排卵窝	性成熟前：小，光滑，位于荐骨岬两侧稍后方；性成熟：增大，呈桑葚状，位于近髋结节前缘横断面处的腰下部；性成熟后及经产：体积更大，呈结节状，位于髋结节前缘横断面或髋结节与膝关节连线的中点的水平面
输卵管	长，弯曲少，伞大，与子宫角分界不清	壶腹部明显且特别弯曲，向后变细，弯曲变少，与子宫角界限明显	弯曲较少，小母猪的很细
子宫	妊娠子宫大部分偏于腹腔右半部；子宫角较长，前部弯曲呈羊角状，后部连成伪体；子宫体短；子宫颈厚而结实，管腔呈螺旋状黏膜形似菊花	子宫呈“Y”形；子宫角弯曲成弓形；子宫体较长，与子宫角等长；子宫颈形成子宫颈阴道部，黏膜呈花冠状	子宫角特别长，弯曲如小肠；子宫体极短；子宫颈较长，无子宫颈阴道部，子宫颈管呈狭窄的螺旋状，子宫颈管外口的
阴道	壁厚，阴道穹呈半环状	较短，阴道穹呈环状	直径小，肌层厚，无阴道穹
尿生殖前庭	阴瓣不明显，有尿道下憩室，前庭大腺发达，前庭小腺不发达	阴瓣发达；阴蒂较发达	阴瓣为环形，阴蒂细长
尿道	10 ～ 12cm，较长	短	短

第二章 生殖激素

第一节 生殖激素概述

一、定义

1. 激素的定义

由动物的内分泌器官产生，经体液或空气等途径传播作用于靶器官或靶细胞，并使其产生生理变化的微量生物活性物质。

2. 生殖激素

即那些直接作用于生殖活动，如动物的性器官、性细胞、性行为等的发生和发育以及发情、排卵、妊娠和分娩等生殖活动有直接关系的激素统称为生殖激素。由于生殖激素是由动物内分泌腺体（无管腺）产生，故又称为生殖内分泌激素。

3. 生殖激素的作用特点

（1）生殖激素在血液中受分解酶的作用，其活性丧失很快，但其作用具有持续性和积累性。

半衰期：生殖激素的生物活性在体内消失一半时所需的时间，称为半衰期或半寿期或半存留期。如黄体酮，经注射到家畜体内，在 10 ～ 20min 内就有 90%从血液中消失，但其作用要在若干小时或若干天内才能显示出来。

（2）少量的生殖激素即可引起很大的生理变化。

100 万微克（pg $= 10^{-12}$g）的 E2，直接作用到阴道黏膜或子宫黏膜上，就可能引起明显的变化。又如母牛在妊娠期间每毫升血液中含有 6 ～ 7 毫微克（或 ng $= 10^{-9}$g）黄体酮，而它在产犊后每毫升血液中仍含有 1 毫微克，这说明妊娠与非妊娠的生理状态之间只有 5 ～ 6 毫微克的差异。

（3）生殖激素的作用具有一定的选择性。各种生殖激素均有其一定的靶组织（或器官）。促性腺激素作用于性腺（卵巢和睾丸），E（雌激素）可作用于雌性生殖道、乳腺管道；P（孕激素）则作用于乳腺泡；睾酮可作用于雄性第二性征（鸡冠、肉髯、猪鬐、马鬃等）。

（4）有协同和抗衡作用。

协同作用：母畜在排卵时促卵泡素（FSH）和促黄体素（LH）两者具有协同作用。

抗衡作用（也称颉颃作用）：E 能引起子宫兴奋性增强，而 P 则抵消这种兴奋作用，使子宫处于安静状态。

妊娠母畜体内常常同时存在着黄体酮和雌激素，这种平衡能使子宫保持稳定的生理状态。例如，当减少黄体酮含量（摘除黄体）或增加雌激素含量（注射雌激素），都可以引起妊娠母畜流产。

4. 生殖激素的转运方式

（1）表分泌。激素主要通过相邻细胞的缝隙连接而进入细胞外液的转运方式。

（2）旁分泌。生殖激素分泌后通过扩散进入细胞间液。

（3）神经内分泌。由神经元胞体合成后贮存于轴突，以扩散的形式通过神经元间的突触间隙而进入血液循环。

（4）外分泌。由有管腺即外分泌腺体产生的激素（如外激素），由管道排泄至体外，主要经空气和水传播或异体接触进行转运。

二、生殖激素的分类及其来源

根据来源和功能不同生殖激素大致可分为 3 类。

一是来自下丘脑的释放激素，可控制垂体合成与释放的激素（GnRH）。

二是来自垂体前叶的促性腺激素（FSH、LH），直接关系配子的成熟与释放，并刺激性腺产生类固醇激素（E、P、T）。

三是来自两性性腺即睾丸和卵巢的性腺激素，对两性行为、第二性征和生殖器官的发育和维持，以及生殖周期的调节，均起着重要作用（E、P、T）。

另外，还有来自胎盘的激素（PMSG、hCG）与 FSH 和 LH 相似。

前列腺素属于不典型的激素，利用合成的前列腺素类似物来控制家畜的繁殖活动已在畜牧业生产中被广泛应用。

外激素：也可以说不是激素，属于一种个体间的化学通信物质。

根据其化学性质分为两类：第一类为蛋白质激素（包括多肽类）；第二类为类固醇激素（也称甾体激素）（类固醇结构→类似于胆固醇）。

三、生殖激素的调节机制

畜禽的整个生殖活动都是受神经、激素控制的。从图 2-1 中可以看出，中枢神经系统把外界环境的刺激传到下丘脑，使之分泌促性腺释放激素，促性腺释放激素作用于垂体，促使垂体分泌促性腺激素，促性腺激素即作用于性腺，使性腺分泌性腺激素。垂体激素可以通过反馈作用调节下丘脑释放激素的分泌。同样，性腺激素也可以通过反馈作用调节下丘脑和垂体释放相应的激素。

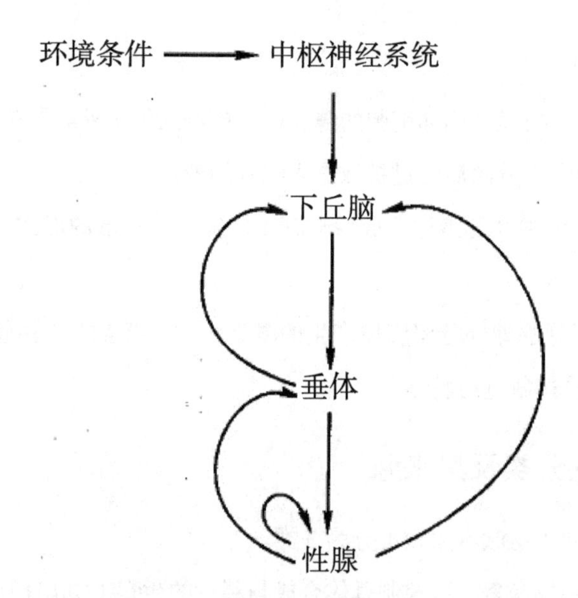

图 2-1　中枢神经、下丘脑、垂体、性腺轴

四、母畜生殖活动的调节

（一）性成熟的调节

母畜初情期时，由于促性腺激素的分泌量较少或不恒定，不能维持正常的发情和排卵，其受胎率较低，且产仔数少。母畜到达性成熟时，下丘脑、垂体和卵巢均已成熟，能够分泌正常量的各种激素，维持周期性的发情和正常的妊娠。性成熟的个体生殖激素分泌量增加到正常水平，需要一定的体成熟的生理条件来保证。如果个体生长发育不良，使体成熟延迟，就会推迟性成熟和初情期的到来。据此理论，在生产上对接近初情期的母畜使用外源性生殖激素，可提早使母畜正常发情和排卵，提早利用。

（二）繁殖季节的调节

具有季节性繁殖的家畜，如马、驴和羊，在繁殖季节，促性腺激素的分泌量增加，卵巢能产生正常成熟的卵子。而在非繁殖季节，垂体激素分泌量很少或停止，活性降低，卵巢功能降低或停止活动。如补充外源激素，则可表现正常的繁殖能力。

（三）发情周期的调节

母畜的发情过程是：下丘脑分泌的促性腺素释放激素，作用于垂体前叶，使其分泌促卵泡素和少量的促黄体素，促使卵泡逐渐成熟。随着卵泡的成熟，雌激素的分泌量逐渐增多，母畜表现发情症状。同时，大量雌激素对下丘脑和垂体具有反馈作用，抑制垂体促卵泡素的分泌：并促进促黄体素分泌量的增加，两者成一定比例时，即引起排卵。排卵后卵泡内膜开始形成黄体，在促乳素的协同作用下，使黄体细胞分泌黄体酮。黄体酮对下丘脑和垂体具有负反馈作用，抑制促性腺激素的分泌。此时，排出的卵子如未受精，促乳素分泌量逐渐消失，使黄体退化萎缩。这时由于黄体酮含量大幅度下降，而解除了对下丘脑和垂体的抑制，于是促性腺激素的分泌量又开始增加，随之又开始了下一个发情周期（图 2–2）。

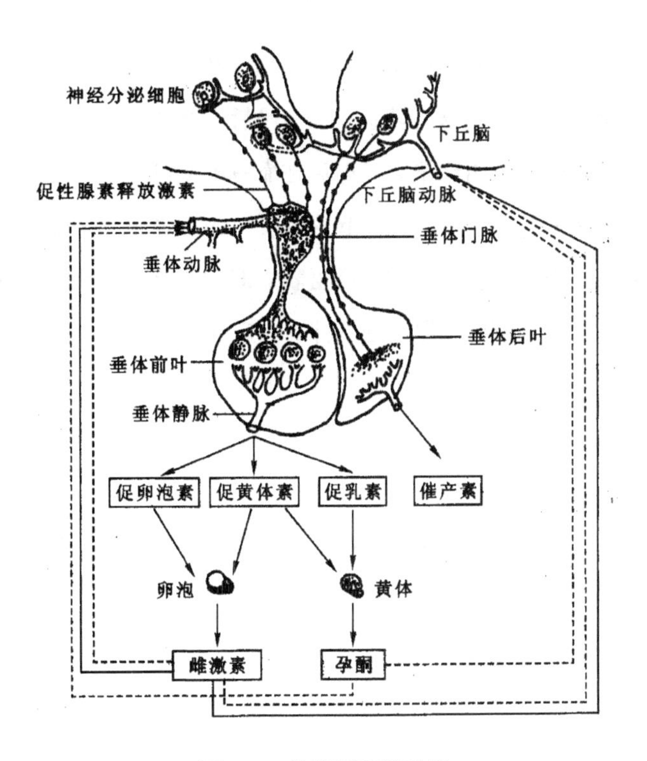

图 2–2　发情周期调节图

（四）妊娠的调节

黄体分泌的黄体酮对维持妊娠起着决定性的作用，它能促使子宫和乳腺发育，适应胚胎发育的需要。在怀孕期，黄体酮的来源是妊娠黄体和胎盘。牛、猪、羊、兔的妊娠黄体存在于整个怀孕期。黄体是黄体酮的主要来源，但胎盘亦有少量的分泌。马、驴的妊娠黄体在 5 个月时开始退化，7 个月时几乎消失，这时黄体酮完全由胎盘所分泌，由于此时黄体酮分泌量不足，所以马很容易在这一时期发生流产。

（五）分娩的调节

分娩前数日，母畜血液中的孕激素含量下降。母畜妊娠期雌激素分泌量不断增加，在分娩发动前达到高峰，它对催产素有高度的敏感性，容易引起子宫的收缩而发动分娩。据观察，催产素晚间分泌量较多，所以母畜晚间分娩也较多。此外再加上松弛素的作用，便于胎儿的最后产出。

肾上腺皮质激素对分娩有促进作用：如牛、羊在分娩前肾上腺皮质激素的分泌量增加。同时，妊娠后期胎儿的垂体可分泌一定量的促性腺激素，可促使胎盘在产前分泌雌激素。

（六）泌乳的调节

母畜泌乳活动包括引起泌乳和维持泌乳两个过程。妊娠期间由于胎盘和卵巢分泌多量的雌激素和黄体酮，而抑制垂体前叶分泌促乳素。在分娩后，黄体酮水平突然下降，结果促乳素大量迅速释放，并强烈地促进乳腺引起泌乳。以后在血液中保持一定量的促乳素，才能维护泌乳活动。垂体分泌促乳素是一种反射活动，引起这种反射的主要原因是哺乳或挤乳时对乳房的刺激。垂体是维持泌乳的中心，如切除垂体，则泌乳立即完全停止。此外，肾上腺皮质激素、生长素、甲状腺素、胰岛素等对维持和促进泌乳都有一定的作用。

五、公畜生殖活动的调节

生殖激素对公畜生殖活动的调节作用与母畜不同。如母畜垂体促性腺激素对雌激素的调节，就因发情周期所处时间不同而异。而公畜则是经常地均衡分泌促性腺激素，因此，雄激素也是经常不断分泌的。但季节性繁殖的马、驴、羊在非配种季节，促性腺激素的分泌量有所下降，公畜的性欲和精液品质也有所降低。此时，如增加外源性促性腺激素或雄激素，可改进上述情况。

第二节　神经激素

一、促性腺激素释放激素（GnRH）

又名黄体素释放激素（LH-RH）、促卵泡激素释放激素（FSH-RH）。

（一）合成部位

下丘脑弓状核等。

（二）化学结构

十肽（9 种氨基酸，其中 2 种是相同的甘氨酸）。

（三）生理作用

（1）促进垂体前叶 LH 和 FSH 的释放。由于对 LH 的作用大，对 FSH 的作用小，所以将 GnRH 通常写成 LH-RH。

（2）具有垂体外作用。如用雌二醇处理过的去除垂体、卵巢的大鼠，LH 可以诱发交配行为，说明它可以直接作用于中枢神经系统。

（3）对雄性动物有促进精子发生和增强性欲的作用；对雌性动物诱导发情、排卵、提高配种受胎率的功能。

（4）长期大量地使用，可产生抗生育作用，即抑制排卵、延缓附植、妊娠，甚至引起卵巢和睾丸萎缩。这种作用称作 LH-RH 对生殖系统的反作用。

（四）生产应用

由于天然 LH-RH 在下丘脑含量极微，且提取技术复杂，生产中采用合成的方法生产 LH-RH 或其类似物。

（1）用于治疗雄性动物性欲减弱，精液品质下降。

（2）雌性动物卵泡囊肿和排卵异常等症。

（3）母猪和母牛发情配种时或配种后 10d 内注射 GnRH 或其类似物，可提高配种受胎率。

（4）国内常用宁波激素制剂厂生产的 GnRH 类似物（LRH-A1 或 LRH-A2），即超排 1 号、2 号诱导亲鱼产卵；治疗母牛卵巢静止和卵泡囊肿等症。

（五）LH-RH的分泌调节

在生理条件下，LH-RH的分泌活动受中枢神经系统的控制。同时也受血液中LH-RH的水平、垂体LH和FSH激素水平和性腺类固醇激素（E、P、T）水平的反馈（正、负反馈）调节。

二、催产素（OXT）

（一）产生部位

在下丘脑内侧前组中室旁核和视上核的神经细胞体，能分泌两种重要的神经激素，即催产素（OXT）和加压素（又名抗利尿素，ADH）。这些激素和其运载蛋白结合，成颗粒状被神经轴突由下丘脑传至垂体后叶，并被贮存起来，当神经兴奋传至室旁核和视上核时，引起下丘脑—垂体后叶的动作电位，从而使贮存于后叶的两种激素释放。

（二）化学特性

催产素与加压素由9个氨基酸构成的一种特殊结构的环状肽类激素，分子量为10000，1～6位间以二硫键相连。第三位和第八位的两个氨基酸不同。

（三）催产素的主要生理功能

对子宫的作用：强烈地刺激子宫平滑肌收缩，是催产素的主要作用。在生理条件下催产素不发动，至分娩前才发动。妊娠后期E/P比例增大，临产前子宫对OXT的敏感性增加，最终引起子宫阵缩，使胎儿和胎衣排出。

对乳腺的作用：能刺激乳腺导管及上皮组织细胞收缩，引起排乳（OXT对乳汁合成的重要功能在于促进排乳，如果乳腺不排空、即使血液中有足够浓度的激素，乳汁也不能继续合成；促进放乳作用，以测定母猪的泌乳量）。

对雄性的作用：给没有性成熟的公畜使用OXT，能使睾丸重量增加，精细管变粗，并能刺激间质细胞产生雄激素。

对社交羞涩与自闭症的作用：美国《心理科学》杂志刊登的一项最新研究发现，催产素可以帮助社交场合因羞涩而受人冷落之人克服社交羞涩感。以色列西弗自闭症研究和诊疗中心和哥伦比亚大学科学家最新研究发现，在一个人的鼻子里喷洒催产素有助于其克服社交羞涩感，增强自信，并且能使其更容易“合群”。但是催产素喷鼻对本来就很自信的人不起作用。

当心情开朗或有强烈归属感时，心脏会分泌催产素，压力也得到舒缓。同时，体内组织的供氧量大量增加。

（四）在家畜繁殖方面的应用

提高配种受胎率：奶牛在输精前 1 ～ 2min，先向子宫注入 OXT 5 ～ 10U，一次输精受胎率可提高 6% ～ 22%。其原因是使子宫收缩，有助于精子运动到受精部位。

终止误配妊娠：在母牛误配一周内，每天注射 OXT 100 ～ 200U，可抑制黄体发育，而达到终止妊娠的目的。

诱发同期分娩：妊娠在 327 ～ 346d 的母马，注射 100U OXT 后，可在 20 ～ 120min 内分娩。

测定母猪泌乳量：给母猪定期注射 OXT，可通过放乳或挤乳，测定泌乳量，以评定其哺育仔猪的性能。

阻断 OXT 反射通路，可提高牛胚胎移植效果：目前多采用非手术法对牛进行胚胎移植，为避免移植过程中刺激子宫颈、反射性地释放 OXT、导致移植失败，所以采取移植前的尾椎硬膜外麻醉。

治疗产科病和母畜科疾病：治疗持久黄体和黄体囊肿，100IU/2h，连注 4 次。

催产：分娩过程中，子宫阵缩微弱，应用小剂量 OXT，促进子宫收缩，缩短产程。

排出死胎：注射 E 后 48h，静注 OXT 或联合滴注 PGF2α，有助于死胎排出。

治疗产后子宫出血：稍大于生理剂量的 OXT，可迅速引起子宫强直收缩，由于肌肉层内血管受到压迫，而产生止血效果。

治疗胎衣不下和子宫积脓：静脉注射或肌内注射 OXT，注前 48h 先注射 E，使子宫肌增强对 OXT 的敏感性，可很快排出积脓和胎衣。

三、松果腺素

也称松果体，又名脑上腺，以外形类似松果而得名。它分泌三大类激素：即吲哚类、肽类和前列腺类。其中松果腺所特有的代表性激素如下。

（一）褪黑素（MLT）也称降黑素

1927 年有人将牛的松果腺提取物喂蛙，发现能使蛙的皮肤颜色变浅，故名褪黑素。1958 年 Lerner 首次从牛松果腺中分离出这一皮肤光化物，并进行了提纯。

化学结构：N- 乙酰基 -5- 甲氧基色胺。

（二）8 – 精加催素（AVT, 牛）或 8 – 赖加催素（LVT，猪）

功能和应用如下。

目前为止对褪黑素的生理作用尚不十分清楚，但它有如下功能和作用。

（1）使低等动物，如蛙皮肤由深变浅。

（2）对高等动物。

①长日照环境条件下繁殖的家畜有抑制作用。

②短日照环境条件下繁殖的动物有促进和提高繁殖力作用。

③近年来人们又发现褪黑素还有其他作用。

④促进绒山羊的绒的生长提高绒产量。

⑤诱导绵羊提前发情，并可提高产羔率（40%）。

⑥添加于饲料中，可提高饲料的转化率。

⑦制造化妆品：去除雀斑、妊娠蝴蝶斑等黑色素造成的斑点。

⑧促进睡眠。市场上有售松果体素、脑白金、美立宁、美乐宁、美洛宁、美乐托宁等多种品牌的产品。

（3）分泌调节。

夜间（或黑暗）合成，白天（光照）释放。黑夜越长则合成的越多。

长日照动物：随着日照时间逐渐变长而进入繁殖季节的动物称之，如马。

短日照动物：随着日照时间逐渐变短而进入繁殖季节的动物称之，如羊。

第三节 垂体促性腺激素

一、垂体的构造与激素来源

（一）垂体构造

垂体是一个很小的腺体（成年牛不过1～2g），位于脑下蝶骨凹部，分前、中、后叶，由柄部与下丘脑相连接。前叶主要为腺体组织，后叶为神经部，垂体促性腺激素主要在前叶产生。

（二）来源（图 2–3）

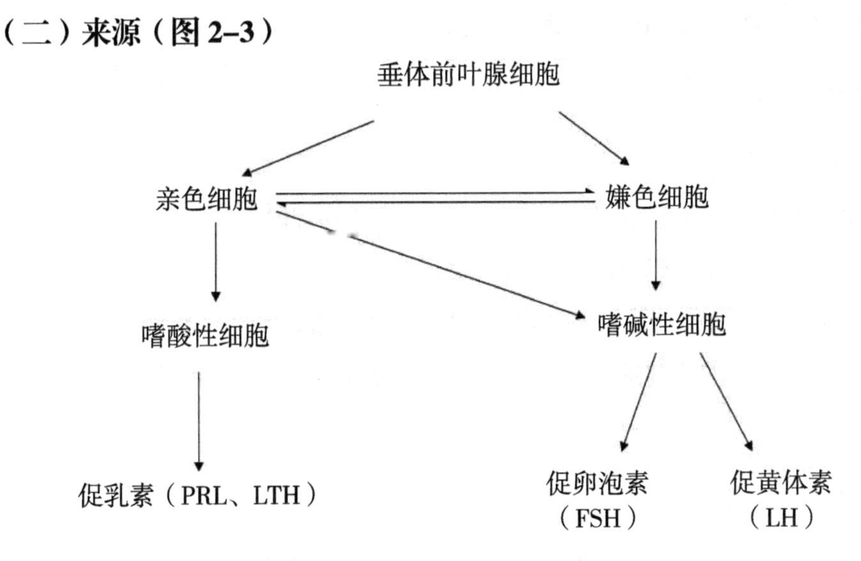

图 2–3 垂体促性腺激素来源

上述垂体分泌的激素中，促卵泡素和促黄体素以性腺为靶器官，所以称为垂体促性腺激素。由于促乳素与黄体分泌黄体酮有关，又称促黄体分泌素。

二、促卵泡素（FSH）

1931 年 Ferold 等首次成功地将垂体提取物分离为两种作用不同的成分，以后被其他学者证实并命名为 FSH 和 LH，由于 LH 也作用于睾丸间质细胞，被称为间质细胞刺激素（ICSH）。

（一）化学结构与性质

FSH 是一种糖蛋白激素，其分子主要有四类碳水化合物成分，即已糖、氨基已糖、岩藻糖、唾液酸，其分子量根据动物的种类不同存在差异。牛为 37 300Da，猪为 2 900Da，绵羊为 2 500 ～ 30 000Da。它是由两个可离解的亚基（氨基酸侧链）组成，称为 α 和 β 亚基。两者以共价键相连。FSH、LH、PMSG、hCG 及 TSH（促甲状腺激素）的 α 亚基可以互换，而 β 亚基则不能互换。β 亚基是激素生物活性和免疫活性的决定因素，但只有 α 和 β 亚基结合在一起才具有活性。

（二）合成与代谢

合成：由垂体前叶的嗜碱性细胞合成分泌的。

家畜在出生后血液中的 FSH 含量很低，以后随年龄增加而缓慢上升，初情期前，虽然腺垂体中的 FSH 浓度较高，但血液中浓度仍很低；初情期后，特别是发情旺盛期，垂体中 FSH 的大量分泌并释放，使血液中 FSH 浓度升高。当排卵后，则处于较低水平。

代谢：FSH 在血液循环中消失，在体内半衰期为 120 ～ 300min。

（三）生理作用

对雌性动物的作用：

（1）在生理条件下 FSH 和 LH 具有协同作用，可刺激卵泡的生长和发育。

（2）提高卵泡壁细胞的摄氧量，增加蛋白质合成。

（3）促进卵泡内膜细胞分化，促进颗粒细胞增生和卵泡液的分泌。

对雄性动物的作用：具有促进生精上皮发育和精子形成。且与睾酮协同作用更有利于精子形成。

（四）生产中应用

（1）提早家畜的性成熟。某些家畜有繁殖季节变化。如出生较晚的绵羊和猪，当性成熟时可能错过繁殖季节，这样就多养一年，如对接近性成熟的家畜使用黄体酮和促性腺激素，可提早发情配种。

（2）诱导泌乳乏情期母畜发情。猪在产后 4 周，母牛产后 60d 以内，由于泌乳处于发情状态。猪可用 FSH 诱导发情。牛采用黄体酮短期处理并结合注射促性腺激素，可提高发情和排卵率。

（3）超数排卵处理。在胚胎移植中为获得大量卵子和胚胎应用促性腺激素对供体动物进行处理促使其卵泡大量发育成熟和排卵。

（4）治疗母畜卵巢疾病。FSH 对卵巢机能不全，卵泡发育停滞或交替发育。并能使较大卵泡发育，较小卵泡闭锁，能消除持久黄体，诱发卵泡生长。

（5）提高公畜精液品质。用 FSH 和 LH 配合可改善精液品质，提高精子密度和活率。

三、促黄体素（LH）

LH-surge：也称 LH 峰。即排卵前有大量的 LH 被释放，形成曲线高峰，被称为 LH 峰。

高峰的持续时间：牛 6 ～ 8h，猪 2.5d，牛在 LH 时血清中浓度可达平时的 10 ～ 20 倍，兔交配刺激后 LH 峰可维持 6h，大、小鼠 2 ～ 4h。

（一）化学结构与性质

LH 是一种糖蛋白激素，由多肽链组成。是由 α 和 β 亚基所组成，LH 的亚基不但在同物种间，而且在异种间都十分相似。

LH 的碳水化合物的含量与组成，不同动物间有较大差别，牛含 12%，羊含 24%。碳水化合物包括岩藻糖、甘露糖、氨基己糖和唾液酸。唾液酸含量的多少与 LH 在血液中的半衰期有密切关系。

（二）合成与代谢

合成：LH 是由腺垂体的嗜碱性细胞合成分泌的。

代谢：LH 在血液中因不同畜种而异。间情期（休情期）呈少量持续性脉冲式分泌；排卵前突发性释放，形成排卵前峰值（LH-surge），排卵后又恢复到基础水平。在血液中与 β 球蛋白结合而运转，其半衰期约 30min。

（三）受体部位

卵泡被膜细胞。

（四）生理作用

1. 对雌性的生理调节

（1）LH 和 FSH 协同作用促使卵泡生长成熟，内膜增大，并参与内膜细胞合成分泌雌激素 。

（2）LH 可诱发排卵、促进黄体形成、还有增加卵巢血液量的作用。

解释：过去有人认为排卵是因为卵泡液容量增加和压力过大。这显然是不十分确切的，但它是其中因素之一。有人测定，接近排卵时卵泡内压比不过不增加，甚至下降。当卵泡成熟时，卵泡液中存在着一些蛋白溶解酶、淀粉酶、胶原酶、透明质酸酶等。在 LH 作用下所产生的黄体酮可以触发上述酶的形成和释放，另外，在 LH 的作用下 PGs 的合成量增加，PGs 可以刺激卵泡外膜收缩对排卵起一定作用。

2. 对雄性的生理调节

（1）LH 能刺激睾丸间质细胞促进睾酮生成。

（2）在睾酮与 FSH 的协同作用下，促进精子充分成熟。

（五）在生产中的应用

1. 诱导排卵

胚胎移植工作中，为获得更多的胚胎，在供体配种的同时皮下或静脉注射 LH，促进排卵（超数排卵）。

对非自发性的排卵动物（兔、猫）可在发情旺盛或人工授精时静脉注射 LH，一般在 24h 内排卵。

2. 预防流产

对于由黄体发育不全引起的胚胎死亡或习惯性流产，可在配种时和配种后连续注射 2 ～ 3 次 LH，能促进黄体发育和分泌，防止流产。

3. 治疗卵巢疾病

LH 对排卵延迟、不排卵和卵泡囊肿有较好疗效。

4. 治疗公畜不育

LH 对公畜性欲减退、精子密度低等疾病有一定疗效。

各种母畜垂体前叶促性腺激素含量比例与发情排卵特点的关系（PPT）。

马 FSH 含量最高；羊 LH 含量最高。

发情持续时间与 FSH 含量有关，其中牛最短，马最长。

四、促乳素（PRL 或 LTH）

又名催乳素、生乳素。1928 年有人证明垂体前叶提取物，能使假妊娠母兔泌乳，将这种激素命名为促乳素，1933 年由动物垂体提出纯品。

（一）化学结构与性质

属于蛋白质类激素。各种动物的 PRL 在结构上既相似，又有区别，存在着种间差异。绵羊促乳素（oPRL）含有 198 个氨基酸，分子量为 24 000Da，含有三个双硫键，oPRL 为高纯度的冻干品，应在低温冰箱中干燥保存。

（二）合成与代谢

1. 合成

PRL 来源于腺垂体的嗜酸性细胞。

2. 代谢

（1）泌乳奶牛分泌和代谢 PRL 的速度大于非泌乳奶牛。

（2）泌乳奶牛的 PRL 的半衰期为 33min，非泌乳奶牛为 27min。

（3）泌乳早期 PRL 的代谢速率比晚期快。

（三）生理作用

1. 对乳腺的作用

乳腺发育需要雌激素、孕激素和 PRL 等协同作用。与雌激素协同对乳腺、与孕激素协同对腺泡的发育起着重要作用。与皮质类固醇激素协同促进泌乳。

2. 对生殖的影响

对黄体的作用：对小鼠、大鼠、绵羊（其他大型家畜尚未肯定）的黄体有维持和分泌黄体酮的作用，故称为促黄体分泌素。当黄体分泌停止时，它又能够溶解黄体，导致动物再发情。

（1）对雄性的作用。有睾丸存在时，PRL 促进前列腺及精囊腺生长，并增加 LH 合成睾酮的作用。

（2）行为效应。动物的生殖行为可分为“性爱”与“母爱”两种类型，前者受促性腺激素控制，后者受促乳素的调控。

（3）动物在分娩后，促性腺激素和性腺激素水平降低，PRL 水平升高，为此，母爱行为增强。在禽类 PRL 对其行为影响更为明显，如筑巢和抱巢（孵窝）。

（4）对鸽嗉囊黏膜上皮的作用。当注射 PRL 后，嗉囊黏膜上皮细胞直径、厚度和重量均增加，并分泌“嗉囊乳”以喂养仔鸽。

（四）在生产中的应用

直接提取 PRL 比较昂贵，生产上常采用升高或降低 PRL 的药物。

如利舍平、氟哌啶醇、精氨酸等用于启动泌乳；溴隐亭等可使乳腺变小，停止泌乳。

第四节　胎盘素性腺激素

胎盘一词来源于拉丁文，意为形成一种饼状物，是有胎盘类哺乳动物在胚胎发育过程中形成的母体与胎儿之间联系的主要器官。

胎盘的种类：

子叶型胎盘，反刍动物属于此类型；

弥散型胎盘，猪属于此类型；

弥散性和微子叶型，马属于此类型（混合型）。

一、孕马（驴）血清促性腺激素（PMSG）

（一）来源

由马（驴）的子宫内膜杯分泌。它是由妊娠母马（驴）的血液中提取的。因与 hCG 的产生部位相似，也称为马绒毛膜促性腺激素（eCG），事实上称 eCG 较为合理，但人们一直沿用 PMSG 一词，也是由于 PMSG 是从血清中提取的，比较容易记忆。

驴也能产生绒毛膜促性腺激素，称为驴绒毛膜促性腺激素（dCG）

（二）化学结构和性质

PMSG 属于糖蛋白激素。与其他激素一样具有 α 和 β 两个亚基，α 亚基含糖量 21%，β 亚基含糖量为 50%，由于唾液酸的含量较高，占碳水化合物总量的 1/4，故 PMSG 呈酸性，半衰期较长（40～125h）。分子量为 45 000～65 000Da。

（三）合成与代谢

合成：孕马（驴）的子宫内膜杯。

代谢：在血液循环中消失。妊娠 40～130d 母马（驴）血液中含有的性腺激素，妊娠第 40 天出现于血液中，第 60 天迅速增加到 50～1 000IU/mL，这种浓度可以维持 40～65d，直到 170d 左右而完全消失。

（四）影响 PMSG 和 dCG 分泌量的因素

马匹类型：轻型马效价较高（100 IU/mL），重型马效价较低（20 IU/mL），原始马居中（50 IU/mL）。体重大则 PMSG 的稀释倍数大。

个性差异：有的个体 PMSG 效价可达 350 IU/mL，有的仅 40 IU/mL。

妊娠时期：PMSG 与妊娠 40～45d 出现，54～85d 效价最高，100d 以后逐渐降低，采血应在 45～90d 进行。

胎儿遗传型（PPT）。

（1）驴怀骡。40～45d 为高峰血清中含量 9μg/mL，至 90d 后相对水平较高。

（2）马怀马。55～65d 为高峰血清中含量 >6μg/mL，至 80d 后相对水平较高。

（3）马怀骡。45～55d 为高峰血清中含量 2μg/mL，至 100d 后维持 1μg/mL。

（4）驴怀驴。45～100d 较均衡，血清中含量 1μg/mL，至 100d 以后下降。

（五）生理作用

（1）对雌性的作用。

①促进卵泡生长、成熟。

②由于与 LH 成分相似，因此有一定的促排卵和黄体形成的作用。

（2）对雄性的作用。能促进精细管发育及精子生成。

（3）PMSG 能够从胎盘滤过而由母体进入胎儿体内，通过胎儿循环，使胎儿的卵巢或睾丸增大。

（六）生产中的应用

促使母畜发情排卵；用于安静发情；睾丸机能衰退、死精；提高双羔率或多羔率；辅助黄体。

辅助黄体亦称副黄体或附加黄体，为马属动物所特有。母马在妊娠 40 ～ 120d，子宫内膜杯状组织产生孕马血清促性腺激素（PMSG），它能引起妊娠母马卵巢上数个卵泡生长、成熟（或排卵），并转变为数个辅助黄体。辅助黄体也合成、分泌孕激素，弥补原发妊娠黄体功能不足。所有这些黄体都将于妊娠 150 ～ 210d 退化，而后由胎盘分泌孕激素维持后期妊娠。

二、人绒毛膜促性腺激素（hCG）

人绒毛膜促性腺激素是由人胎盘绒毛膜产生的，在孕妇的血和尿液中大量存在，日本将由尿液中提取的 hCG 称为孕尿促性腺激素（pUG）。

（一）化学结构与性质

hCG 是一种糖蛋白激素，由 α 和 β 两个亚基构成，分子量为 36 000 ～ 40 000。这种激素在干燥（冷干）状态下极其稳定，hCG 中的糖主要是半乳糖，最重要的氨基酸是酪氨酸、精氨酸和色氨酸，其活性也是由糖链末端含有带负电的唾液酸来决定。

（二）合成与代谢

合成：是由人胎盘绒毛的合体滋养层细胞合成分泌的。生产中由孕妇尿或孕妇刮宫液中提取。

代谢：hCG 由尿中排出。有人实验证明，给未孕妇女注射 hCG 有 20% ～ 50% 从尿中排出。正常的肾脏对于 hCG 的清除率是相当稳定的，因此，尿中含量变化可反映 hCG 的变化。

（三）生理作用

hCG 的生理作用与垂体促性腺激素 LH 相似。

对雌性的作用：促进卵泡发育、成熟、破裂和生成黄体，并促进黄体酮、雌二醇和雌三醇等合成，同时可以促进子宫生长。

对雄性的作用：促进睾丸发育，并合成与分泌睾酮和促进精子生成。

（四）生产中的应用

促进卵泡发育成熟和排卵；增强超排和同期排卵；治疗卵泡囊肿和慕雄狂；治疗排卵延迟和不排卵；促进公畜性腺发育，使性机能得到兴奋。

第五节　性腺激素

一、来源、结构、功能和特点

（一）来源

主要来源于两性腺，即睾丸和卵巢。另外，还可来自胎盘。

来自睾丸：雄激素（睾酮）和抑制素。

来自卵巢：E、P、松弛素。

但是，雄性个体也能产生少量的雌激素，雌性个体也能产生少量的雄激素，而雌激素是由雄激素衍生而来。

（二）化学结构与特性（图 2–4）

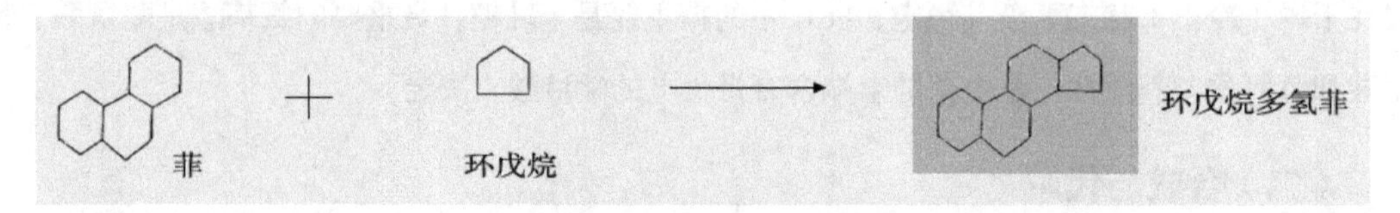

图 2–4　性腺激素化学结构

除松弛素为肽类激素外，其余皆为类固醇激素。其化学结构为：环戊烷多氢菲（PPT）。

由于其结构与胆固醇结构相似，所以称为类固醇激素，也称为甾体激素。

（三）功能

主要是维持副性器官的功能性变化和第二特征。另外，母畜用来维持妊娠（至少在妊娠前期）。

（四）特点

类固醇激素不在分泌细胞中贮存，边合成边释放。

二、性腺类固醇激素

（一）雄激素（睾酮 T）

（1）来源。来源于睾丸间质细胞，另外，肾上腺皮质部、卵巢也可分泌少量雄激素。

（2）生理作用。

①刺激精子发生。

②延长附睾中精子寿命。

③维持雄性特征，如骨骼粗大，肌肉发达，鸡冠、肉髯的生长，公马。

④猪的鬃，男性的喉头、胡子。

⑤维持雄性的社群地位：如公猴、公鹿、公羊，争偶搏斗。

⑥可促进蛋白质合成，增加肌纤维的直径，提高爆发力[运动员服用兴奋剂，含有此种激素成分，药检（+）]。

（3）生产中应用。治疗性欲减退，阳痿（阴茎不勃起），性抑制等雄性繁殖障碍。

（二）雌激素（E）

它又称动情素或卵泡素。

1. 来源

发育卵泡的内膜细胞和颗粒细胞，其次是胎盘、肾上腺及睾丸皆可产生。

下面利用双细胞、双促性腺激素作用模式来解释雌激素是由雄激素产生而来（图 2-5）。

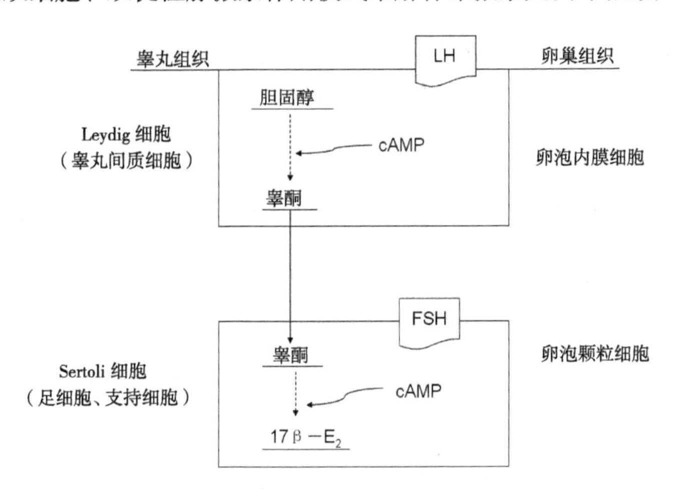

图 2-5 雌激素产生

注：LH 刺激卵泡内膜细胞（细胞内质网中乙酸盐合成胆固醇）分泌睾酮，然后再经过颗粒细胞在 FSH 的刺激下，将睾酮转化为雌二醇；另外，LH 刺激睾丸间质细胞，分泌睾酮；再

由 FSH 刺激足细胞在精细管内将睾酮转化为雌二醇。

2. 生理作用

（1）阴道上皮增生，角质化，子宫颈松弛。黏液分泌，阴门红肿等生理变化。

（2）协同促乳素使乳腺管和腺泡发育。

（3）维持雌性特征。

（4）抑制雌性动物长骨的生长。

（5）抑制雄性性腺及性器官发育（化学去势）。

3. 合成类似物及其应用

合成类似物，虽然结构与天然雌激素不同，但生理活性很强，是非常经济的天然激素代用品。有：己烯雌酚（乙蔗酚）、丙酸雌二醇、苯甲酸雌二醇、戊酸雌二醇。

4. 生产中的作用

（1）促进子宫收缩，排除子宫内容物。

（2）促进雌性动物发情和性欲表现。

（3）刺激雌性动物乳腺发育，人工泌乳。

（4）对雄性动物化学去势，使睾丸萎缩，机能抑制、消退。

（三）孕激素（P）

其代表物为黄体酮（progesterone），也称黄体酮。

1. 来源

主要来源于卵巢中黄体细胞。此外，睾丸、肾上腺及妊娠后期的胎盘都能产生孕激素。

2. 生理作用

（1）子宫黏膜增厚，促进子宫与乳腺增生，促进附植前子宫乳的分泌（利于附植）。

（2）抑制子宫收缩，降低子宫的兴奋性，维持在妊娠阶段胎儿的正常环境(用于胚胎移植)。

（3）大量的 P 可以抑制母畜发情；少量的 P 与 E 作用，可使母畜发情。

（4）大量的 P 可抑制母畜排卵，使 LH 不能形成（具有保胎作用）。

（5）促进子宫颈收缩，子宫颈黏液变黏稠（防止异物侵入感染，利于保胎）。

3. 合成类似物及其应用

（1）合成类似物。甲羟孕酮、甲地孕酮、氯地孕酮、炔诺酮、十八炔诺孕酮（人口服避孕药）。

黄体酮口服效果不佳。而合成的孕激素可以口服，也可以注射或埋植（皮下或阴道栓：PPT）（实物展示：硅橡胶环、CIDR、海绵栓）。

（2）应用。一方面，可以保胎，防止流产；另一方面，也可用于同期发情，孕激素可以延长黄体期，前列腺素可以缩短黄体期。

第六节 前列腺素

前列腺素为一组具有生物活性的不饱和脂肪酸，属于一种不典型的激素。

一、来源

1934—1935 年有人最初在人的精液和绵羊精囊腺中提取出 PGs 这种物质，认为 PGs 由前列腺所分泌，故命名为前列腺素。

后来有人证明子宫、肾脏等其他多种组织器官皆能产生前列腺素。

二、化学特性、结构与分类

特性：不饱和脂肪酸。

结构：含有 20 个 C 原子的不饱和脂肪酸，也称前列烷酸（prostanoic asid），具有一个环戊烷和两个侧链。前列腺素的分子量为 300 ～ 400，PGF2α 分子量为 354。

分类：九型，即 PGA–PGI（PPT）。

PGF2α 对家畜是最主要的调节繁殖机能所使用的前列腺素。

PGF2α 中，PG– 前列腺素，F– 第 9C 和第 11C（环戊烷有两个羟基取代基），2– 有 2 个双键，α –OH 的空间结构。

三、生理功能

溶黄体作用（PPT）：子宫产生的 PGF2α 经子宫静脉壁透过，进入紧贴子宫且弯曲的卵巢动脉，经血液循环带到黄体。属于局部渗透的反相渗透。

促进卵泡外膜平滑肌收缩，增加卵泡内压，并能促使卵泡壁降解酶的合成，而导致卵泡破裂和卵子排出。

四、生产应用

控制分娩，主要用于猪（溶解黄体、缩短黄体期）。

精液的添加剂（使子宫平滑肌收缩，促使精液向输卵管方向移动）。

同期发情（利于人工授精和胚胎移植）。

对子宫复旧和子宫积脓有一定的疗效。

五、溶黄作用机理

它可使卵巢、子宫的血管收缩，造成供血不足，营养减少，导致黄体细胞饥饿而退化。

有人认为 PGs 反馈到垂体前叶，抑制 LH 的生成和分泌。

有人认为 PGs 对黄体有毒害作用（具体仍不十分清楚）。

六、前列腺的合成类似物

（一）合成类似物的特点

作用时间长；活性高；副作用小。

（二）常用类似物

PGF2α 使用最多；国产氯前列烯醇，英国产 ICI80996 属于同类物质，适用于牛、羊；英国产 ICI81008 适用于马；ICI79939 停止使用。

（三）合成类似物与天然前列腺素的比较（表 2–1）

表 2-1　合成类似物与天然前列腺素的比较

名称	溶黄体效果	平滑肌收缩效果
ICI81008	>PGF2α 100 倍	>PGF2α 0.2 倍
ICI80996	>PGF2α 200 倍	>PGF2α 1.0 倍
ICI79939	>PGF2α 200 倍	>PGF2α 10 倍

第三章　动物生殖生理

第一节　雄性动物生殖机能的发育和成熟

雄性动物在生殖发育过程中要经历生长、发育、初情期和性成熟等几个阶段，它们是连续的又有一定区别的生理发育时期。雄性的性行为是雄性动物生殖机能发育到一定阶段而相伴出现的特殊行为序列，是雄性动物完成交配过程的保障。

一、雄性动物生殖机能的发育和性行为

（一）初情期

初情期指雄性动物第一次能够排出精子的时期，它标志着雄性动物开始具备生殖能力。此时期，其机体的发育最为迅速。

猪、绵羊和山羊的初情期为 7 月龄，牛为 12 月龄，兔 3 ～ 4 月龄。此时的体重不到成年体重的 50%。

（二）性成熟

性成熟指雄性动物性器官、性机能发育成熟，并具有受精能力的时期。此时，尽管雄性动物具有繁殖后代的能力，但由于机体其他器官和组织尚未发育完善，因此，用于配种还为时过早，需经过一段时间才能配种；否则，容易出现窝产仔数少，后代不强壮或有胚胎死亡的可能。同时，配种过早，还会影响雄性动物今后的发育。各种动物的性成熟时间详见表 3–1。

表 3–1　各种雄性动物达到性成熟和体成熟的时间

动物种类	性成熟	体成熟
水牛	18 ～ 30 月	3 ～ 4 年
马	18 ～ 24 月	3 ～ 4 年
驴	18 ～ 30 月	3 ～ 4 年
骆驼	24 ～ 36 月	5 ～ 6 年
犬	8 ～ 10 月	16 ～ 24 月
猫	8 ～ 10 月	12 ～ 14 月

（续表）

动物种类	性成熟	体成熟
猪	3～6月	9～12月
绵（山）羊	5～8月	12～15月
家兔	3～4月	6～8月
水貂	5～6月	10～12月

（三）适配年龄

适配年龄指雄性动物基本上达到生长完成的时期，它是根据雄性动物自身发育的情况和使用目的而人为确定的雄性动物用于配种的年龄阶段。

（四）性行为

性行为是动物的一种特殊行为表现，而一系列完整的性行为直接关系配种的成败。

1. 表现形式

由于特殊刺激引起的性反应，并可由这些反应再引起另一种反应和刺激，这种现象称为行为链或行为序列。由此表现出性行为不同的动力形式，以达到繁殖的目的。雄性动物的性行为表现一般是定型的，而且按一定的程序表现出来，大体上是经过有性激动、求偶、勃起、爬跨、交配、射精、交配结束等过程。

2. 性行为对繁殖的影响

（1）性行为对雌性动物生殖机能有刺激作用（雄性效应）。

（2）使雌性动物性成熟提早。

（3）使季节性发情的动物出现周期发情和排卵。

（4）使发情动物缩短发情期和提早排卵。

（5）性行为能提高受胎率，如母羊配种后，再接触结扎输精管的公羊，受胎率可提高10%。

第二节　雌性动物生殖机能的发育和成熟

性发育的主要标志是雌性动物出现第二性征。雌性动物出生后，生殖器官虽然生长发育，但无明显的性活动现象。当雌性动物生长发育到一定时期，卵巢开始活动，在雌激素的作用下，出现明显的雌性第二性征，如乳腺开始发育，使乳房增大；长骨生长减慢，皮下脂肪沉积速度加快，出现雌性体型。雌性动物性活动的主要特点是具有周期性。

性机能的发育过程是一个发生至衰老的过程。在雌性动物性机能的发育过程中，一般分为初情期、性成熟期、体成熟期及繁殖机能停止期。各期的确切年龄根据畜种、品种、饲养管理水平以及自然环境条件等因素而有不同，即使同一品种，也因个体生长发育及健康情况不同而有所差异。

一、初情期

雌性动物初次发情和排卵的时期，称为初情期，也是指繁殖能力开始的时期。此时，生殖器官仍在继续生长发育。

雌性动物的生理发育期到来的早晚与动物品种、环境、温度、出生季节及饲养管理水平等有关，其平均值见表3-2。

表3-2　各种雌性动物的生理发育期

动物种类	初情期	性成熟期	适配年龄	体成熟期	繁殖年限
黄牛	8～12月	10～14年	1.5～2.0年	2～3年	13～15年
奶牛	6～12月	12～14月	1.3～1.5年	1.5～2.5年	13～15年
水牛	10～15月	15～20月	2.5～3.0年	3～4年	13～15年
驼	24～36月	48～60月	4.5～5.5年	5～6年	18～20年
马	12月	15～18月	2.5～3.0年	3～4年	18～20年
驴	8～12月	18～30年	24～30月	3～4年	12～16年
猪	3～6月	5～8月	8～12月	9～12月	6～8年
绵羊	4～5月	6～10月	12～18月	12～15月	8～11年
山羊	4～6月	6～10月	12～18月	12～15月	7～8年
犬	6～8月	8～14月	12～18月		
猫	6～8月	8～10月	12月		8年
家兔	4月	5～6月	6～7月	6～8月	3～4年
小鼠	30～40天	36～42天	65～80天		1～2年
大鼠	50～60天	60～70天	80天		1～2年
鸡		5～6月			

二、性成熟

性成熟是雌性动物初情期以后的一段时间，此时生殖器官已发育成熟，具备了正常的繁殖能力。但此时躯体其他器官的生长发育仍在继续进行，尚未达到完全成熟阶段，故一般情况下不宜配种，以免影响雌性动物和胎儿的生长发育。各种动物的性成熟期见表3-2。

三、适配年龄

雌性动物的适配年龄应根据具体生长发育情况而定，一般在性成熟期以后。但在开始配种时，体重应不低于其成年群体平均体重的 70%。

四、体成熟

雌性动物全身各器官的发育都达到了完全成熟，即出生后达到成年体重的年龄称为体成熟。雌性动物在适配年龄配种受胎，躯体仍未完全发育成熟，再经过一段时间才能达到成年体重。

五、繁殖能力停止期

雌性动物的繁殖能力有一定的年限，繁殖能力消失的时期，称为繁殖能力停止期。繁殖能力的长短因品种、饲养管理、环境条件以及健康情况等不同而异。雌性动物繁殖能力丧失后，便无饲养价值，应及时予以淘汰。

第三节 发情与发情周期

一、发情行为

雌性动物生长发育到一定年龄后，在垂体促性腺激素的作用下，卵巢上的卵泡发育并分泌雌激素，引起生殖器官和性行为的一系列变化，并产生性欲，雌性动物所处的这种生理状态称为发情。

正常的发情具有明显的性欲，以及生殖器官的形态与机能的内部变化。卵巢上的卵泡发育、成熟和雌激素产生是发情的本质，而外部生殖器官变化和性行为变化是发情的外部现象。

正常的发情主要有卵巢变化、生殖道变化和行为变化这三个方面的症状。

（一）卵巢变化

雌性动物发情开始之前，卵巢卵泡已开始生长，至发情前 2 ～ 3 d 卵泡发育迅速，卵泡内膜增生，至发情时卵泡已发育成熟，卵泡液分泌增多，此时的卵泡壁变薄而突出表面。在激素的作用下，促使卵泡壁破裂，致使卵子被挤压而排出。

（二）行为变化

发情时，由于发育的卵泡分泌雌激素，并在少量黄体酮作用下，刺激神经系统性中枢，引起性兴奋，使雌性动物常表现兴奋不安，对外界的变化刺激十分敏感，常鸣叫、举尾拱背、频频排尿、食欲减退、泌乳量减少，放牧时常离群独自行走。

（三）生殖道变化

发情时，卵泡迅速发育、成熟，雌激素分泌量增多，强烈地刺激生殖道，使血流量增加，外阴部表现充血、水肿、松软，阴蒂充血且有勃起；阴道黏膜充血、潮红；子宫和输卵管平滑肌的蠕动加强，子宫颈松弛，子宫黏膜上皮细胞和子宫颈黏膜上皮杯状细胞增生，腺体增大，分泌机能增强，有黏液分泌。发情盛期，黏液量多，且稀薄透明；发情前期，黏液量少；而发情末期，黏液量少且浓稠。

二、发情周期

雌性动物初情期以后，卵巢出现周期性的卵泡发育和排卵，并伴随着生殖器官及整个有机体发生一系列周期性生理变化，其变化周而复始（非发情季节和怀孕期间除外），一直持续到性机能停止活动的年龄为止，这种周期性的性活动称为发情周期。发情周期的计算，一般是指从一次发情的开始到下一次发情开始的间隔时间，也有人按从一次发情周期的排卵期到下一次排卵期的间隔时间作为一个周期。不仅各种动物的发情周期长短不一，而且同种动物不同品种以及同一品种不同个体的发情周期也有所不同。绵羊的发情周期平均为 17 d, 山羊、黄牛、奶牛、马、驴和猪等动物的发情周期平均为 21 d。具体参见表 3–3。

表 3–3　各种动物的发情周期和发情持续期

动物种类	发情周期 /d	发情持续期 /h	动物种类	发情周期 /d	发情持续期 /h
奶牛	21（18～24）	18～19(13～27)	家兔	8～15	诱发排卵
水牛	21（16–25）	25～60	狗	单季节单次发情	7～9 d
牦牛	6～25	48 以上	猫	18（15～21）	4 d
马	21（18～25）	5～7（2～9）d	狐	单季节单次发情	6～10
驴	21～28	2～7 d	小鼠	4～6	3
绵羊	16～17(14～19)	29～36（24～48）	大鼠	4～6	14（12～18）
山羊	20（18～22）	48（30～60）	豚鼠	16～17	8（6～11）
猪	21（18～23）	48～72(15～96)	大象	42	3～4

（一）发情周期类型

动物的发情周期可以分为两种类型：

1. 季节性发情周期

这一类型的动物，只有在发情季节期间才能发情排卵。在非发情季节期间，卵巢机能处于静止状态，不会发情排卵，称为乏情期。在发情季节期间，有的动物有多次发情周期，称为季节性多次发情，如马、驴、绵羊及山羊等；有的在发情季节期间，只有一个发情周期，称为季节性单次发情。如狗，其发情季节有两个，即春、秋两季，每季只有一个发情周期。

2. 无季节性发情周期

这一类型的动物，全年均可发情，无发情季节之分，配种没有明显的季节性。猪、牛、湖羊以及地中海品种的绵羊等属此类型。

（二）发情周期的划分

在动物发情周期中，根据机体所发生的一系列生理变化，可分为几个阶段，一般多采用四期分法和二期分法来划分发情周期阶段。四期分法是根据动物的性欲表现及生殖器官变化，将发情周期分为发情前期、发情期、发情后期和间情期四个阶段；二期分法是根据卵巢上组织学变化以及有无卵泡发育和黄体存在为根据，将发情周期分为卵泡期和黄体期。

1. 四期分法

发情前期。这是卵泡发育的准备时期。此期的特征是：上一个发情周期所形成的黄体进一步退化萎缩，卵巢上开始有新的卵泡生长发育；雌激素也开始分泌，使整个生殖道血管供应量开始增加，引起毛细血管扩张伸展，渗透性逐渐增强，阴道和阴门黏膜有轻度充血、肿胀；子宫颈略为松弛，子宫腺体略有生长，腺体分泌活动逐渐增加，分泌少量稀薄黏液，阴道黏膜上皮细胞增生，但尚无性欲表现。

发情期。是雌性动物性欲达到高潮时期。此期特征是：愿意接收雄性交配，卵巢上的卵泡迅速发育，雌激素分泌增多，强烈刺激生殖道，使阴道及阴门黏膜充血肿胀明显，子宫黏膜显著增生，子宫颈充血，子宫颈口开张，子宫肌层蠕动加强，腺体分泌增多，有大量透明稀薄黏液排出。多数是在发情期的末期排卵。

发情后期。它是排卵后黄体开始形成的时期。此期特征是：动物由性欲激动逐渐转入安静状态，卵泡破裂排卵后雌激素分泌显著减少，黄体开始形成并分泌黄体酮作用于生殖道，使充血肿胀逐渐消退，子宫肌层蠕动逐渐减弱，腺体活动减少，黏液量少而稠，子宫颈管逐渐封闭，子宫内膜逐渐增厚，阴道黏膜增生的上皮细胞脱落。

间情期。又称休情期，是黄体活动时期。此期特征是：雌性动物性欲已完全停止，精神状态恢复正常。间情期的前期，黄体继续发育增大，分泌大量黄体酮作用于子宫，使子宫黏膜增厚，表层上皮呈高柱状，子宫腺体高度发育增生，大而弯曲分支多，分泌作用强。其作用是产生子宫乳供胚胎发育营养，如果卵子受精，这一阶段将延续下去，动物不再发情。如未孕的，在间情期后期，增厚的子宫内膜回缩，呈矮柱状，腺体缩小，腺体分泌活动停止，周期黄体也开始退化萎缩，卵巢有新的卵泡开始发育，又进入下一次发情周期的前期。

2. 二期分法

卵泡期。它是指黄体进一步退化，卵泡开始发育直到排卵为止。卵泡期实际上包括发情前期和发情期两个阶段。

黄体期。它是指从卵泡破裂排卵后形成黄体，直到黄体萎缩退化为止。黄体期相当于发情后期和间情期两个阶段。

三、异常发情、乏情和产后发情

（一）乏情（生理性乏情）

它指已达初情期的母畜不发情。

其原因有：妊娠中、泌乳期间，季节性发情动物处于非发情季节，营养不良、衰老等引起暂时性或永久性卵巢活动性降低等。

乏情一般不是由疾病引起，而往往是一种生理现象。

1. 季节性乏情

如马在短日照的冬季乏情。

绵羊在长日照的春、夏季节乏情。

2. 泌乳性乏情

在泌乳期，外周血浆中的 PRL 和 P 的浓度较高，而它们对下丘脑具有负反馈作用，抑制了促性腺激素的释放，故卵泡的发育受到抑制，则不能导致发情。

如人工挤乳：产后 30 ～ 70 d 发情。

哺乳：产后 90 ～ 100 d 发情。

多次挤奶比每天的两次挤奶的牛出现发情的时间要晚些。

猪同期断奶是同期发情的方法之一。

3. 衰老性乏情

动物生存到一定年限后因衰老而乏情，这是自然规律。

其主要原因是卵巢机能发生障碍所致，而机能障碍的发生则是由于下丘脑—垂体—卵巢轴功能减退，促性腺激素的分泌量减少或卵巢对这些激素的应答反应差。

4. 营养不良引起的乏情

饲料中蛋白质，矿物质和维生素 A 和维生素 E 缺乏会引起乏情。

放牧的牛羊因缺磷；母猪、母牛饲料中缺锰，可导致卵巢机能障碍，发情不明显或不发情。

5. 各种应激造成乏情

如使役过度、畜舍卫生条件差、运输及管理上的失误等均能引起乏情。

（二）产后发情

它指分娩后的第一次发情（表 3-4）。

表 3-4　各种动物的产后发情时间

动物	产后发情时间
猪	分娩后 3 ～ 6 d（但不排卵），一般在断奶后 1 周发情（断奶：1 ～ 1.5 月龄）
马	分娩后 6 ～ 12 d，排卵称“配血驹”
牛	分娩后 40 ～ 50 d
羊	分娩后 2 ～ 3 个月，不哺乳可在产后 20 d 左右发情

（三）异常发情

1. 安静发情

安静发情也称安静排卵，即母畜无发情症状，但卵泡能发育成熟而排卵。但不包括初情期的安静发情。

（1）安静发情母畜所处时期与状态。

①母牛、马分娩后第一个发情周期。

②哺乳带仔的牛和羊。

③每天挤奶次数多的母牛。

④年轻或体弱的母牛，均易发生安静发情。

（2）安静发情的原因。

① E 分泌不足，FSH 协同作用不够，LH 峰难以诱起。

②促乳素分泌量不足或缺乏，引起黄体早期萎缩，于是黄体酮分泌不足，则引起下丘脑的中枢对雌激素的敏感性下降均会造成安静发情。

2. 孕后发情

它指母畜妊娠时仍有发情表现，称为孕后发情。

（1）孕牛最初 3 个月内，带有 3% ～ 5% 的牛发情。

（2）绵羊孕期有 30% 发情，卵泡发育但不排卵。

（3）马在妊娠早期血液中含有大量的 PMSG，同时也具有一些类似 LH 作用的物质，可促进卵泡成熟，导致发情，排卵，形成副黄体。

孕后发情的原因：妊娠期间，胎盘分泌的 E 机能亢进，抑制垂体促性腺激素的分泌，使卵巢黄体分泌黄体酮不足而致。

3. 短促发情

母畜发情期非常短，如不注意则错过配种机会。

原因可能是由于发育卵泡很快成熟、破裂而排卵。

4. 断续发情

母畜发情表现时断时续，整个过程延续很长。

原因是卵泡交替发育所致，先发育的卵泡中途发生退化，新的卵泡又再发育，因此产生了断续发情现象。

第四节　受精与妊娠

受精是指精子和卵子结合形成合子的过程，受精的完成标志着新生命的开始。在受精过程中，两性遗传物质相结合，发育为一个既具有双亲特性，又与双亲不同的新个体。受精的实质是双亲遗传物质的结合。在自然条件下，受精过程是在母畜的生殖道内完成的。

家畜受精过程在输卵管壶腹部进行的。正常生理条件下，精子和卵子的存活时间短（20 ～ 48 h），受精能否正常完成，首先取决于两性配子能否同期到达受精部位，那么精子和卵子是怎样到达输卵管壶腹部?

一、配子在受精前的运行

（一）精子在母畜生殖道内的运行

阴道射精型动物：

牛、羊、家兔、灵长类在交配时，雄性动物将精子释放在子宫颈外口周围，称阴道型射精动物。这类公畜的射精量小、精子密度大；母畜子宫颈肌肉发达，子宫颈内膜皱褶较多。

子宫射精型动物：

马、驴、猪和啮齿动物，在自然交配时，公畜能将精液射入发情母畜的子宫内，称子宫型射精。公畜一般射精量大；母畜发情时子宫颈开放程度大。

1. 精子在子宫颈中的运行（阴道射精型动物）

子宫颈是精子到达受精部位的第一道屏障。

精子经子宫颈后有 3 种去向：

（1）少部分精子靠自身运动和子宫颈收缩穿过子宫颈黏液进入子宫体。

（2）部分精子进入子宫颈腺体隐窝中，以后缓慢向外释放精子，形成第一精子库 (Sperm reservoir I)。

（3）大部分精子（包括死亡、畸形和无直线运动能力精子）未能通过宫颈黏液层，被巨噬细胞吞食，或自身死亡分解后随阴道黏液排出体外。

通过子宫颈进入子宫体的精子数会明显下降。如绵羊一次射出的精子总数为 30 亿，但进入子宫体的精子数不足 100 万（1/3 000）。

在生产实践中，用冷冻精液进行人工授精时，因有效精子总数一般在 1 000 万左右，因此，进行牛、羊子宫颈深部输精，可有效提高母畜受胎率。

2. 精子在子宫中的运行

精子在子宫中运行的动力主要来自阴道、子宫平滑肌由子宫颈向输卵管方向的收缩运动。收缩运动牵引子宫内膜表面液体连同精子一起流向输卵管方向。

进入子宫中精子的去向：

（1）少部分通过宫管联结部，进入输卵管。宫管结合部是精子到达受精部位的第二道屏障 (Barrier II)，进入输卵管的精子只有数千个（1/1 000）。

（2）一部分精子进入子宫内膜腺体隐窝中（狗），或集中在宫管联结部前（猪、马）形成第二个精子库（Reservoir II），持续释放精子进入输卵管。

（3）多数精子 (包括死精子) 被巨噬细胞吞食。发情结束后，多余精子也是通过这一途径被清除。

3. 精子在输卵管中的运行

精子在输卵管峡部中运行的动力主要来自输卵管肌肉的收缩运动和输卵管上皮表面纤毛的摆动。输卵管环形肌有节律的收缩，改变了管腔构型，纤毛上皮摆动产生输卵管液流，精子随液流向壶腹部运行（图 3–1）。

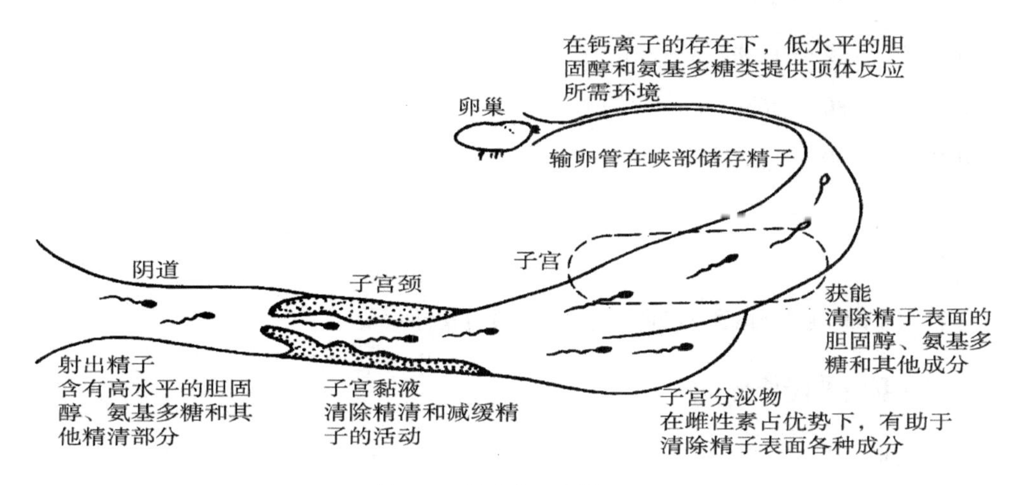

图 3-1　精子的运行轨迹

输卵管中精子的去向：

（1）通过壶峡部，进入壶腹部。壶峡部是精子进入受精部位的第三屏障（barrier III），只有数百个精子进入壶腹部。

（2）大部分精子聚集壶峡部前，形成第三精子库 (reservoir III)，不断释放精子进入壶腹部。

（3）死亡或多余精子被分解或吞噬。

在壶腹部精子主要靠自身运动找到卵子并与卵子完成受精过程。

4. 精子运行的内分泌控制机制

E2 水平高，生殖道上皮分泌活动增强，平滑肌收缩增强。

母畜在发情期，由于血液中 E2 水平升高，导致子宫颈、子宫和输卵管上皮结构发生变化，上皮分泌活性增强，这时母畜产生大量稀薄的水样黏液，有利于维持精子活力，促进精子运行。同时高浓度的 E2 也促进生殖道平滑肌收缩，加速精子的运行。在发情后期和间情期，由于激素水平升高，生殖道分泌活动减弱，分泌黏液少且黏稠，不利于精子运行，同时生殖道的收缩活性减弱。

交配刺激和 PGF2α。在自然交配时，交配刺激和精清中 PGF2α 等因素也刺激母畜生殖道肌肉收缩，利于精子运行。

5. 精子在雌性生殖道内的运行速度和维持受精能力的时间

精子由射精部位运行到壶腹部的时间，牛 2 ～ 13min，羊为几分钟到几个小时不等，马为 24min，猪为 15 ～ 30min。

精子在母畜和女人生殖道内维持受精能力的时间：

牛	30 ～ 48h
马	72 ～ 120h
兔	30 ～ 36h
绵羊	30 ～ 48h
猪	24 ～ 72h
女人	28 ～ 48h

这个时间对确定准确配种时间和配种间隔具有指导意义。

（二）卵子的运行

1. 卵子的接纳

在输卵管系膜和卵巢固有韧带的协同作用下，输卵管伞包围卵巢并对准卵巢囊的出口，借助输卵管伞部黏膜纤毛的摆动将排出的卵子纳入伞的喇叭口。马、猪和狗等动物的伞部很发达，排出的卵子易被接受，但牛、羊的伞部不能完全包围卵巢，有时造成排出的卵子落入腹腔。

2. 卵子在输卵管内运行

卵子自身没有运动能力，因此，它的运行必须依靠外部力量。外部力量主要有两个：

（1）由子宫向输卵管的管腔液流。

（2）漏斗部和壶腹部纤毛上皮向子宫方向的摆动，产生管腔逆流，使卵子滚动下行。

卵子由漏斗部进入壶腹部是一快速运行过程，然后在壶峡连接部前停留 2 ～ 3 d，在这期间完成与精子的结合，由壶峡连接部进入峡部到达子宫是一缓慢过程，并受到神经和激素的控制，卵子在此滞留对正常受胎具有重要意义。

壶峡部有一生理括约肌，它的开闭受到多种因素影响，如激素、神经因子等。壶峡部的开闭与卵子在输卵管中的运行速度密切相关。正常条件，雌激素水平的升高引起卵子在输卵管中的滞留，黄体酮能加快卵子在输卵管的运行。

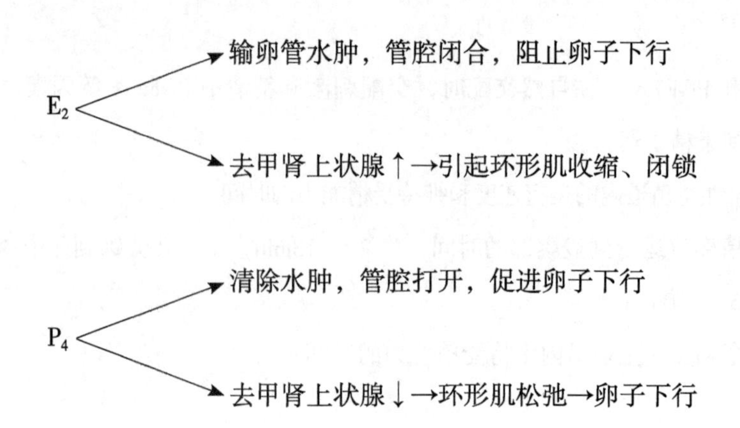

（3）卵子在输卵管中的停留。

牛：90h；羊：72h；马：98h。

3. 配子在受精前的变化

精子获能与顶体反应。

①精子获能。

概念：它是指哺乳动物射出的精子在雌性生殖道或人工配制的介质中完成最后成熟，并完全具备与卵子受精能力的过程。

这一生理现象是著名美籍华人张明觉（M.C.Chang）和澳大利亚人 Austin 于 1951 同时发现：精子必须在雌性生殖道内停留一段时间，才能与卵子结合，完成受精过程。Austin 在 1952 年把这一现象称获能。

精子获能现象的发现奠定了体外受精技术(In Vitro Fertilization，IVF)的理论基础，继此之后，IVF 技术得到飞速发展（PPT 显示首例哺乳动物 IVF 成功时间与研究者）。IVF 技术已是哺乳动物胚胎工程研究和应用不可缺的手段，在家畜中，IVF 技术已用于牛羊胚胎的体外生产，加速品种改良，并且是克隆和转基因不可缺的辅助技术。人的 IVF 技术已广泛应用于临床不孕或不育症的治疗，在欧洲和北美洲，由 ART 治疗的婴儿已占出生婴儿总数的 1%。ART(Assisted Reproduction Techniques) 技术已经历 3 个发展阶段：IVF、ICSI、细胞器互换。

精子获能的区域：在正常生理条件下，精子进入雌性生殖道后就开始获能，但主要在子宫和输卵管中完成。后来，人们又发现精子不仅在同种动物的生殖道内，而且还可在异种生殖道内完成获能，还可以在体外的某些组织液，如血清、卵泡液和子宫内膜抽提液等也能获能。随着 IVF 技术的发展，人们发现某些化学物质如肝素、溶血卵磷脂、离心洗涤、体外培养等方法都可以使精子获能。

精子获能机理：精子获能的实质是脱除或改变精子质膜上的某些成分，使质膜变得不稳定，极易发生顶体反应。这些物质主要有四大类：胆固醇、氨基葡聚糖、糖蛋白和多肽。它们主要来源于副性腺或附睾尾，在通常情况，这些物质对稳定精子膜结构，增强精子对外界不利环境的抵抗力和延长精子寿命有重要作用。现在把这些物质叫作去能因子（Decapacitation Factors，DF），因为获能精子与它们混合后，又会失去与卵子受精的能力，但这些精子如果再输入输卵管后，又会重新获能。因此，精子的获能是可逆性。

$$\text{正常精子} \underset{+DF}{\overset{-DF}{\rightleftharpoons}} \text{获能精子}$$

常见动物获能的时间如表 3-5。

表 3-5 常见动物获能时间

动物种类	获能时间（h）	动物种类	获能时间（h）
猪	3～6	小鼠	< 1
牛	20	大鼠	2～3
羊	1.5	田鼠	2～4
人	7	家兔	5
人	5～6	雪貂	3.5～11.5

获能精子的特征如下。

a. 超活化运动：表现为运动速度加快，头部和尾部摆动的频率和幅度加大。

b. 代谢加快、寿命减短：主要表现为糖酵解和耗氧率增加，为精子运动增加能量。

c. 质膜结构发生变化：质膜表面的成分减少，结构不稳定。

②顶体反应（AR）。

概念：它是指获能精子与卵子相遇后，在介质中 Ca^{2+} 的作用下，精子赤道板前部的质膜与顶体外膜融合形成泡状结构，并释放顶体内容物的过程。顶体内容物中含有活性很强的水解酶，主要有透明质酸酶和顶体酶，已发现的酶有多种。

顶体反应发生在获能之后，穿过透明带之前。顶体反应之后，精子头部仅赤道带和顶体后区的质膜保持完整性，顶体内膜和赤道带质膜暴露。

由于发生顶体反应之后，精子的头部完整性遭破坏变化，因此，顶体反应是不可逆的。

生理作用：它是精子穿过卵子周围的卵丘细胞层、透明带所必需的生理过程。

顶体反应的诱发机理：目前对其机理没有完全研究清楚。

4. 卵子在受精前的变化

主要完成卵胞质成熟，为受精和早期胚胎发育创造良好的细胞环境。主要表现为皮质颗粒数量的增加，皮质颗粒向卵质膜下移动。皮质颗粒是卵子在生长和成熟过程中合成的一种圆形、外包质膜的细胞器，其中含有多种酶和糖基化物质等。它可能来源于高尔基体或滑面性内质网，是透明带和卵质膜反应所必需。

二、受精过程

受精是指精子和卵子结合形成合子的过程。在自然状态，精卵结合是一连续过程，它依赖于精子的运动。为了便于理解，人们把哺乳动物的受精过程分为四个阶段。

（一）精子穿过卵丘细胞层

卵母细胞成熟以后，卵子周围的卵丘细胞呈放射冠状排列，并以胶样基质相互联结，卵母细胞与卵丘细胞形成卵母细胞卵丘细胞复合体（COCS）。获能精子在与 COCS 相遇时，COCS+ 分泌的某些因子诱发顶体反应，精子释放以透明质酸酶为主的多种水解酶，分解黏多糖基质，在精子尾部推动力的作用下，穿过卵丘细胞层，触击卵子的透明带。卵丘细胞在受精过程起着吸引精子并诱导顶体反应，促进精子运动，筛选精子阻止多精入卵的作用。

（二）精子穿过透明带

穿过卵丘细胞层以后，精子膜上的受体蛋白与透明带蛋白特异结合，在顶体酶（主要是酸性水解酶）的作用下，透明带被溶解出一条通道，精子在尾部推动下，穿过透明带，进入卵周隙。

精子与透明带结合具有特异性，精子只识别同种动物的卵子。因此，一种动物的精子不能与透明带完整的异种动物卵子完成受精过程。

（三）精子与卵子结合

1. 精卵质膜融合

精子进入卵周隙后与卵子相互接触，赤道带质膜蛋白与卵质膜微绒毛受体结合，两质膜首先在这一区域发生融合，然后融合面积不断扩大，扩展到顶体后区，精子在尾部推动下，先是头部，然后整个身体完全进入卵胞质中。精卵质膜的相互识别有一定的特异性，但特异性弱于精子对 ZP 的识别。如仓鼠卵子可被多种哺乳动物精子穿入，小鼠精子能穿入仓鼠、大鼠、家兔、豚鼠的卵子。

这一现象可用来研究精子获能顶体反应状态。

2. 卵子的激活

定义：精卵结合后，卵母细胞恢复减数分裂，由 M Ⅱ期进入终变期，并启动原核形成和个体发育的过程。主要表现为：

（1）释放皮质颗粒。

（2）恢复正常细胞周期，排出第二极体。

（3）促进雌性原核形成，DNA 复制和配子融合。

卵子激活机理：精卵质膜融合后→激活磷酸肌醇信号系统→引起卵胞质内 Ca^{2+} 振荡→激活卵子内的多种酶→导致成熟促进因子（MPT）浓度下降→卵子恢复减数分裂，进入新的细胞周期。

根据卵子激活机理的认识，人为的物理刺激，如机械、温度、电脉冲等能引起卵胞质内钙振荡，或化学物质处理，如酒精、钙离子载体、锶离子、精子膜蛋白等处理引起钙振荡，激活卵子。这些方法已广泛用于细胞核移植和 ICSI(卵胞质内单精子注射) 技术，预计研究哺乳动物孤雌发育机理。

3. 皮质反应

定义：卵子激活后胞质内皮质颗粒向卵质膜下移动，并且皮质颗粒膜与卵质膜融合，释放内容物的过程。

4. 透明带反应

定义：透明带在皮质酶作用下，糖蛋白分子结构发生变化，导致精子无法识别和穿过透明带的现象。如在小鼠中，皮质酶能引起 ZP3 水解，导致精子无法与透明带结合或已结合精子无法穿过透明带。

生理作用：透明带反应是阻止多个精子进入卵子，保证一个精子与卵子结合，完成正常受精过程的主要机制。在哺乳动物中，如仓鼠、猪、牛、山羊和绵羊主要是通过透明带反应来保证单个精子入卵。

5. 卵质膜封阻反应

定义：精卵融合后，引起卵质膜电位升高和皮质反应，两者协同作用使卵质膜上的受体蛋白结构发生变化，导致精子质膜无法与卵质膜结合和融合的现象。

生理作用：卵黄膜封阻反应也是阻止多个精子进入卵子，保证一个精子与卵子结合，完成正常受精过程的主要机制之一。在哺乳动物中，家兔主要是通过这种机制来阻止多精入卵。

目前的研究发现小鼠、大鼠、豚鼠和猫主要是通过透明带反应和卵质膜封阻反应两种机制来保证单个精子与卵子结合。

（四）原核发育和配子配合

1. 原核

由质膜包被的单倍染色质，类似与普通细胞核的结构。由卵子染色体形成的原核称雌原核，由精子核物质形成的原核称雄原核。

原核形成过程：精子进入卵子后，卵子被激活，很快排出第二极体，剩下的一套染色单体。随着 MPF 水平下降和在一系列磷酸蛋白酶的作用下，染色体解缩为染色质，周围出现新的核膜，形成雌原核。同时，精子核膜消失，在谷胱甘肽（GSH）和蛋白水解酶作用，鱼精蛋白溶解，核物质解缩，并重新与组蛋白结合，周围出现核膜，形成雄原核。通常雄原核较大。

雌雄原核形成后，在细胞骨架的牵引下向卵子中心移动，移动时体积增大，DNA 开始复制，当两个原核彼此靠近时，核膜消失，同源染色体配对，进入第一次有丝分裂中期。这时整个受精过程完成，受精卵进入胚胎发育阶段。

2. 配子配合

雌雄原核由彼此接触到两套染色单体相互配对的过程称为配子配合。配子配合后，受精卵恢复为两倍体，受精完成。

从精子入卵到第一次有丝分裂完成经历的时间：牛为 20 ～ 24h，羊为 16 ～ 21h，兔为 12h，马为 20h，猪为 12 ～ 24h。

现代生殖发育生物学的研究表明，雌雄原核的形成是胚胎发育所必需。孤雌或孤雄发育的胚胎都不能正常发育，这是因为个体发育必须由来源于父、母双方遗传物质共同参与。

三、胎膜

胎膜是指包在胎儿外面的羊膜、尿膜、绒毛膜和退化卵黄膜的总称，又称胎儿附属膜。胎膜的主要作用是与子宫内膜进行营养和代谢产物交换，维持胎儿的正常发育。

（一）羊膜和羊膜腔

由胚胎外胚层和体中胚层向背部折叠，伸展，在顶部愈合，内外层分离，在胎儿腹侧向内折叠，内层将胎儿包围形成羊膜囊。羊膜在胎儿脐孔处与胎儿腹部皮肤相连。

羊膜囊内充满羊水，胎儿浸泡在羊水中，妊娠期间羊水功能：胎儿具有机械性保护作用；防止胎儿内膜、管腔上皮的粘连作用；促进胚胎附植；分娩时有扩大和润滑产道的作用；维持胎儿生长环境中的渗透压作用。

（二）尿膜与尿囊

由胚胎内胚层和脏中胚层，从胚胎后端腹侧突出形成。马的尿囊完全包围着羊膜囊，而猪、牛和羊的尿囊则从胎儿的底部和两侧围托羊膜囊。尿囊膜充分发育后与绒毛膜内壁粘连，形成尿膜绒毛膜，与羊膜囊外壁粘连，形成尿膜羊膜。尿囊与胎儿的膀胱相通，相当于胎儿的体外膀胱。脐带形成后，尿囊借脐尿管与胎儿膀胱相连。因此，尿囊内充满尿液，其作用与羊水相似。

（三）绒毛膜

在羊膜发育的同时，它是由滋养层和体中胚层形成，是胎膜的最外层膜。它包围着整个胚胎和其他胎膜，并与尿膜粘连，由于其外面覆盖绒毛，故称绒毛膜。它是构成胎儿胎盘的主要部分。

（四）卵黄膜和卵黄囊

卵黄膜是胚胎的原肠部分，来源于内胚层。由其构成的卵黄囊上有稠密的血管网，并通向原始心脏。卵黄膜可以吸收子宫乳中的养分和排出胚胎的代谢废物，在胚胎发育初期具有原始胎盘的作用。随着尿囊的发育，卵黄囊逐渐萎缩，最后只在脐带处留下一点遗迹。

（五）多胎时胎膜之间的关系

猪的每个胎儿都具有一套完整而独立的胎膜，虽然相邻两胎儿之间的尿膜绒毛膜靠近，但不发生血管吻合。

单胎动物怀双胎时，由两个胚胎发育来，有各自独立的胎膜，对同卵孪生比较复杂。

羊怀双胎时，羊膜、尿膜每个胚胎各具备一套，胎儿靠近部位，尿膜相吻合，绒毛膜共用一套，但胎儿间无血液沟通。

牛怀双胎时，每个胎儿的羊膜独立，而尿膜和绒毛膜共用，血液相通，造成异性孪生不育(Freemartin)。其确切机理尚无定论。一种理论认为：雄性胎儿生殖腺发育较早，由它产生的雄激素通过胎膜血管吻合支进入雌性胎儿体内，抑制了卵巢皮质和生殖道发育或使雌性胎儿雄性化。

四、胎盘

它是胎儿的尿膜绒毛膜（猪、牛、羊包括部分的羊膜绒毛膜）和母体子宫内膜形成的结合体。双方都具有各自独立的血管系统，以特殊的方式在母子间进行物质交换。尿膜绒毛膜部分叫胎儿胎盘，子宫上皮部分叫母体胎盘。在妊娠过程中，胎盘的大小和功能不断发生变化。

（一）胎盘类型及其对分娩的影响

1. 弥散型胎盘

又称上皮绒毛膜胎盘。

（1）绒毛分布的特点。绒毛大体上均匀分布于绒毛膜的表面，但疏密不一致。猪、马和骆驼属于这一类型。胎儿胎盘的每一根绒毛都深入对侧子宫内膜上皮凹陷形成的隐窝中，绒毛外层为上皮细胞下部有毛细血管分布。

（2）组织学特点。上皮绒毛膜。

（3）对分娩的影响。这类胎盘结构简单，胎儿胎盘和母体胎盘容易分离。因此，分娩时胎衣容易脱落，出血少，但妊娠期间易发生流产，如果分娩时间过长，导致胎儿窒息死亡。

2. 子叶型胎盘

（1）绒毛分布的特点。绒毛集中在子宫阜部位成丛状分布，形成胎儿子叶，伸入子宫腺体隐窝，子叶间无绒毛分布。属于这类胎盘的动物有牛和羊。牛胎儿的子叶中间凸起，呈盘状包在母牛子宫阜上，胎儿子叶上的绒毛嵌入母体子叶的腺体隐窝中。羊的胎儿子叶中间凸起，呈半球状，嵌入中间凹陷的母体子叶中，形成胎盘突，胎儿子叶上的绒毛嵌入母体子叶的腺体隐窝中，子叶间一般没有绒毛分布，表面光滑。

（2）组织学特点。妊娠初期，结构上皮为绒毛膜，以后胎盘发育产生后，母体胎盘的结缔组织直接与胎儿子叶的绒毛接触，又称结缔组织绒毛膜胎盘。

（3）对分娩的影响。母子结合紧密，在分娩时，即使胎儿排出较慢，也难以发生窒息，但容易发生胎衣不下，分娩时出血较多。

3. 带状胎盘

（1）绒毛分布的特点。绒毛集中于绒毛膜的中央，形成环带状。食肉动物，如犬科和猫科动物属于这类胎盘。

（2）组织学特点。这类胎盘在形成过程中，胎儿绒毛伸入子宫腺体隐窝时，子宫黏膜的上皮细胞和结缔组织被破坏，绒毛直接与子宫毛细血管内皮接触，又称内皮绒毛膜胎盘。

（3）对分娩的影响。分娩时，母体胎盘组织脱落，血管破裂，有出血现象。

4. 盘状胎盘

（1）绒毛分布的特点。胎儿绒毛膜上的绒毛集中在一个圆形区域，呈圆盘状，人和灵长类属于这类胎盘。

（2）组织学特点。这类胎盘在发育时，绒毛侵入子宫黏膜深处，并穿过血管内皮，伸入血液中，因此，又称血液绒毛膜胎盘。

（3）对分娩的影响。分娩时，出现子宫黏膜脱落，有出血现象。

胎盘屏障：是指把胎儿和母体血液分开的膜层结构。上皮绒毛膜胎盘有六层组织：胎儿血管内皮、绒毛膜结缔组织、绒毛膜上皮、子宫上皮、子宫内膜结缔组织和母体血管内皮。

（二）胎盘的功能

胎盘具有多种功能，它承担着胎儿消化道、肺、肾脏、肝脏和内分泌器官的功能。

1. 运输功能

在胎盘部位，母子血管非常贴近。因此，母体血液中的营养物质可以通过胎盘屏障进入胎儿血液中，胎儿新陈代谢的废物也可以进入母体血液中，然后排出体外。氧气、二氧化碳、水、脂肪酸等通过自由扩散在母体血液间交换，氨基酸、电解质、B 族维生素、维生素 C 和矿物质等通过载体蛋白主动运输，大部分葡萄糖在胎盘中被加工成果糖后，进入胎儿血液中。

2. 胎盘的激素合成功能

目前，在胎盘中发现的酶有近千种，因而新陈代谢极为旺盛，它能分解和合成多种物质。

它与黄体一样，是暂时的内分泌器官。它可以分泌促性腺激素和类固醇激素，进入母体和胎儿血液中，促性腺激素，如 PMSG、hCG、LHRH、TRH，类固醇激素，如黄体酮和雌二醇。

3. 胎盘的免疫保护功能

正常条件下，异体细胞在受体内只能存活 2 ～ 3 周。受体对异物的排斥通过 B 和 T 淋巴细胞执行，前者分泌抗体，清除异种抗原，伤害不大。后者可直接杀死异体细胞。而在妊娠时，胚胎屏障使母子血液分开，阻止了母体 T 淋巴细胞对胎儿的伤害，滋养层表面的唾液蛋白层，保护孕体免受 B 淋巴细胞分泌抗体的袭击。此外，胎盘分泌的激素如 P4 和 E2，使母体子宫局部免疫敏感性降低，也保护了胎儿的正常发育。

五、脐带

脐带是胎儿和胎膜相互联结的纽带，它是母子之间物质交换的通道。脐带包括脐动脉、脐静脉和脐尿管。不同家畜脐带长度差异较大。猪：20 ～ 25cm；牛：30 ～ 40cm；羊：7 ～ 12cm；马：70 ～ 100cm。脐带组织较为脆弱，分娩时，可自然断裂。

六、妊娠期

妊娠：指孕体在母体生殖道内由受精卵发育至分娩的过程。

妊娠期：指家畜个体从受精卵发育到分娩的时间。

牛的妊娠期：平均为 282 d。

影响妊娠期的因素如下：

品种：同种家畜不同品种，长短有差异。

年龄：年龄大的母畜妊娠期长。

胎儿性别：怀雌性胎儿妊娠期短。

胎儿数：单胎动物怀双胎，多胎家畜怀仔畜多时妊娠期短。

七、妊娠母畜的生理变化

（一）生殖激素的变化

1. 黄体酮

妊娠母畜血液中，黄体酮含量一直维持在较高水平，是妊娠维持的主要激素。母猪、母牛的黄体酮主要来自黄体，母羊妊娠的后末期主要来自胎盘，马在妊娠前 150 d 由主黄体分泌，150 ～ 180 d 由副黄体分泌，180 d 以后主要由胎盘分泌。其作用：

（1）抑制 E2、OXT 对子宫肌的收缩作用。

（2）促进子宫栓的形成，防止病原微生物进入。

（3）抑制 FSH 释放，进而抑制卵泡发育和母畜发情。

（4）后期 P4 ↓ ，利于分娩发动。

2. 松弛素

多肽激素，主要由黄体（母猪、牛）和胎盘产生（马、绵羊），对妊娠维持和分娩具有重要作用。妊娠早期，它使子宫结缔组织松软，利于子宫随胎儿生长而扩展，在后期，引起骨盆腔开张。各种家畜在分娩前，松弛素水平都有上升。

3. 雌激素

E 在妊娠早期水平低，而在妊娠中后期血液中的浓度越来越高，母马在妊娠后期雌激素水平很高。妊娠期的 E 主要来自胎盘。雌激素在妊娠期的主要功能是与孕激素协同作用，促进乳腺的发育，为产后的泌乳作准备。

4. 其他激素

如促乳素，由胎盘产生，促进乳腺和胎儿发育，甲状腺素、甲状旁腺素和肾上腺素等对维持母畜妊娠期的代谢水平有重要作用，为胚胎和胎儿发育提供良好环境。

（二）生殖器官变化

卵巢：出现妊娠黄体，卵巢的周期活动基本停止。

子宫：子宫腔不断扩大，子宫肌不发生收缩或蠕动，处于相对静止状态。

子宫颈：出现子宫栓，子宫颈括约肌处于收缩状态。

外生殖道：母畜妊娠以后，阴唇收缩，阴门紧闭，阴道黏膜苍白、发干。妊娠后期，阴唇逐渐水肿、柔软。

子宫阔韧带：子宫阔韧带逐渐松弛，同时，韧带平滑肌纤维和结缔组织增生，韧带变厚。

子宫动脉：妊娠后，子宫动脉血流量增大，血管内壁增厚，脉搏变成不明显的颤动，称作妊娠脉搏。

（三）母畜行为变化

妊娠后，母畜新陈代谢旺盛，食欲增加，毛色光润，性情安静。

第五节　人工授精

人工授精（AI）指的是用人为方法把精液输进发情的母畜生殖道内代替自然配种，使母畜受胎、妊娠和产仔的一种技术。它主要包括采精，精液品质检查、精液稀释、保存和运输、输精等环节。人工授精是人类对哺乳动物生殖规律认识基础上发展起来的一门新技术，它的发展、推广和应用是家畜繁殖技术史上的重大成就之一，也是畜牧学发展史上的里程碑。

一、人工授精的意义

1. 大幅度提高优良种畜的利用效率

2. 加速畜群的遗传改良

AI 可使优良遗传物质得到广泛利用，并且 AI 后代有准确的档案记录，为遗传性状评估提供准确记录，如奶牛的 305 d 泌乳量已经是 20 世纪 50 年代的一倍以上。

3. 控制生殖道疾病的传播

通过生殖道传染的疾病有布氏杆菌病、滴虫病和钩端螺旋体病等。通过对公母畜的检查可杜绝这些疾病通过配种途径传播。

4. 利于畜群管理提高畜群的经济效益

通过同期发情和人工授精技术相结合，可对适繁母畜同时配种，同时妊娠检查，同时分娩和仔畜同时饲养管理，同时出栏，提高生产效益。目前，中国的奶牛和肉牛配种已经广泛采用 AI 技术。其经济效益：我国目前生猪头数为 3 亿头，公猪 200 万头，按每头公猪每年消耗精料 300kg 计算，共计 6 亿 kg，采用 AI 技术，可使公猪减少 2/3，节约精料 4 亿 kg。

5. 促进优良种公畜的地位和国际交流

利用 AI 技术，可使优良遗传性状得到广泛传播，另外，由于冷冻精液技术的发展，家畜的配种可不受地域和时间的限制。

二、AI 的发展简史

1780 年意大利生理学专家司拜伦谨尼（Spallanzani）在狗上进行人工输精并取得成功，这是人类首先获得哺乳动物 AI。家畜人工授精在 19 世纪初首先在日本等国得到发展，然后被推广到北美洲和欧洲、大洋洲。20 世纪 50 年代，英国的 Smith 和 Pole 发现了甘油具有抗冷冻保护作用，为家畜精液的冷冻保存技术发展揭开了序幕。

目前，世界各地已普及奶牛的 AI 技术，肉牛除放牧外也基本普及。猪的 AI 在丹麦、美国等也得到发展，马和绵羊的 AI 仅在少数国家得到应用。

我国 AI 发展于 20 世纪 50 年代，经过近 40 年的发展，奶牛的 AI 已普及，并且马、绵羊和肉牛的 AI 在国际上处于先进地位。猪的 AI 技术也越来越引起重视，AI 在我国黄牛改良、瘦肉型猪的育种及细毛羊的改良方面发挥了巨大作用。

三、采精

AI 的第一环节是采集公畜的精液。采精的原则是在保证公畜正常的性行为链不受干扰的情况下，能收集公畜一次射精的全部精液量，并且精液品质不受影响。

（一）采精前的准备

1. 采精场的设计

它要宽敞、安静、卫生、地面平坦而有一定弹性，不能过于光滑，在建筑设计上应与公畜的精液分析处理室连为一体，还应有消毒设备。

2. 台畜选择和假台畜的利用

台畜是指在采精过程中让公畜爬跨的家畜。要求：体质健康，体格适宜，性情温顺。可以选择母畜，也可以选择去势公畜。采精前，要对台畜后躯进行清洗消毒，牛和马要拴系固定，防止后躯移动和蹴踢。

假台畜是模拟母畜体廓制作而成，让公畜爬跨的一种设备。它既稳定又卫生，各种公畜经调节都能顺利采精。

3. 初次采精公畜的调教

青年公畜第一次采精成功对建立良好的采精条件反射有非常重要的意义。调教公畜时，主要是运用听、嗅觉信号刺激，引起公畜性激动，激发性行为链，完成采精过程，在生产实践中常采用的措施如下。

（1）让青年公畜观摩其他公畜爬跨采精。

（2）开始时间发情母畜作台畜，等公畜爬跨牵走母畜让其爬跨台畜。

（3）在假台畜后部涂上发情母畜的尿液、阴道黏液，刺激公畜性欲。

注意关键步骤：公畜爬上台畜立即采精，并尽量让精液排空，第一次成功后连续训练几天，固定条件反射。

4. 采精器材的准备

主要包括集精杯、假阴道的清洗消毒和安装。

（二）采精

目前家畜的采精方法有四种：假阴道法、手握法、电刺激法和按摩法。

1. 假阴道法

它是牛、马、羊和家兔等最常用的方法。假阴道是人们模拟发情母畜生殖道环境而设计的一种器材，要求提供适宜的温度、压力和润滑度以刺激公畜射精。

（1）假阴道的构造。

（2）采精操作要求。

用假台畜采精时，可将假阴道置于台畜后躯。

用台畜采精时，采精员一般位于台畜右侧，将假阴道固定于右侧尻部，等公畜爬跨后将勃起的阴茎导入假阴道，完成射精，牛、羊、兔几秒钟，马 1 ～ 2min。

牛、羊的阴茎需托住龟头导入假阴道，马属动物可握住阴茎导入假阴道。

2. 手握法（又称筒握法）

这种方法主要用于公猪的采精，方法简单，但精液易污染。操作要领如下。

（1）采精前对包皮附近进行清洗。

（2）采精员手套乳胶，手持带纱布的集精杯，蹲于台畜一侧，等公猪伸出阴茎并爬跨台畜时，顺势用戴手套的手握住阴茎，手心向下有节奏的按压，公畜即可射精，持续 5 ～ 7min。

（3）公猪采精时注意保温，要求收集中间的浓份精液。

3. 电刺激法

主要用于野生动物如鹿、狐狸、水貂、大熊猫、老虎等采精。它是以一定电流刺激公畜输精管壶腹部或荐部神经，使之兴奋并产生射精反射。这种方法需要借助电刺激采精器，并且要求对公畜进行麻醉或保定。在选择电流参数时注意由低到高，以防伤害腰荐部神经。

4. 按摩法

主要用于鸡、狐狸和狗等的采精，它是通过人为按摩刺激公畜外阴部或输精管壶腹部，以引起腰荐部神经兴奋，导致射精反射。

（三）采精频率

公牛：2 天 / 周，2 次 / 天。

公羊：多次 / 天，连用数周。

公猪、公马：1 次 /2 天。

四、精液品质检查

精液品质检查主要包括两方面内容。

（一）一般检查

不借助仪器，凭技术员的感观对精液的颜色、受射精量、气味和云雾状进行初步评定。

（二）实验室检查（借助显微镜对精液品质进行评定）

1. 活率

直线前进运动的精子占总精子数的百分比。用一分十进制进行评定。要求检测温度为 37 ～ 38℃，一般牛、羊活率为 0.7 ～ 0.8，液态保存，要求不低于 0.6，冷冻解冻精液不低于 0.3。

2. 密度

它是指单位容积内所含有的精子数，一般指 1mL 精液中含有的精子数。评定精子密度的方式有估测法、血球细胞计计算法和光电比色法。

3. 形态

检查精液中精子的畸形率，抹片后直接观察或用红蓝墨水染色后观察。

4. 其他

（1）精子死活染色：伊红 - 苯胺黑。

（2）存活时间。

（3）pH 值。

（4）美蓝褪色。

（5）果糖酵解指数。

（6）耗氧率、呼吸商。

五、精液的稀释和稀释液

精液稀释目的是扩大精液量和延长精子的寿命，提高精液的利用率。如公牛，一次射精量（6mL）经稀释后可给 200 ～ 300 头发情母牛输精。

（一）稀释液的主要成分和作用

1. 稀释剂

作用是增加精液量，一般用与精清等渗的溶液，常用的有：0.9% NaCl，2.9%枸橼酸钠（最常用），磷酸根离子和卵黄中的脂肪形成不透明混合物→磷酸缓冲液 PBS，Tris 缓冲液（三羟甲基氨基甲烷）。

2. 营养剂

其作用是为精子运动和生存提供能量。能被精子利用的能源物质主要是单糖，常用的有葡萄糖、果糖、乳糖、丙酮酸钠、谷胺酰胺、奶类、卵黄等。

3. 保护剂

作用是保护精子在体外的生存。

（1）缓冲物质。维持稀释液中 pH 值，离子浓度和渗透压的稳定性。常用的有：PBS、Tris、枸橼酸钠、HEPEs、$NaHCO_3$ 等。

（2）非电解质。防止稀释液中离子浓度过高，导致精子凝聚反应和剧烈运动引起的衰老。常用的有单糖、蔗糖等。

（3）抗生素。主要是抑制细菌生长。精液在采集和处理过程中，不可避免地混入细菌，精清是一种良好的培养基，所以细菌可在精清中大量繁殖。尽管有的细菌不是病原体，但其代谢产物对精子生存有害，病原体能导致母畜生殖道感染，使母畜流产，如胎儿弧菌病等。常用的有青霉素和链霉素、庆大霉素、多黏菌素、磺胺类、卡那霉素。

（4）防冷刺激素物质。其作用是防止精子的冷休克（Cold shock）。

冷休克：是指家畜精子从 20℃降到 0℃时，发生突然死亡或活力明显下降的现象。

冷休克发生的原因有：精子内的缩醛磷脂熔点高，低温下易发生凝固，使精子造成不可逆变性死亡。常用的物质有卵黄、牛奶。

防冷休克的机理：卵黄和牛奶含有磷脂，卵磷脂熔点低，可进入精子内部取代缩醛磷脂而保护精子。另外，脂蛋白或磷脂蛋白也具有类似作用。

（5）抗冻剂。其作用是防止精子在超低温环境下的冷冻损害作用。精子在冷冻过程中，其内部的游离水会形成冰晶，而对精子结构产生有害影响，抗冻剂可置换精子内的水分，阻止精子内冰晶的形成，而保护精子。常用的抗冻剂有：甘油、乙二醇、二甲基亚砜（DMSO）、丙二醇等。

4. 其他添加剂。

（1）促进精子活力的物质：SOD、β－淀粉酶、OT、PGE、VB、咖啡因、肾上腺素、青霉酰胺。

（2）保护精子物质：植物提取液，如中草药等，EDTA 去除重金属离子。

（二）稀释液的种类和配制

1. 种类

（1）现用稀释液。精液经稀释后立即授精，稀释液主要用于扩大精液量，增加配种头数。要求：成分简单，一般在等渗溶液中加入一定浓度的糖类，如生理盐水、6%～8%葡萄糖溶液。

（2）常温保存稀释液。主要用于精液在 15～25℃条件下，短时间保存。要求：能量物质，酸性物质，缓冲剂和抗生素。

（3）低温保存稀释液。用于精液在 0～5℃的低温条件下保存。要求：含有抗冷休克物质，如卵黄、脱脂牛奶等。

（4）冷冻保存液。用于精子的超低温冷冻保存。要求：稀释液中含有抗冻物质，如甘油、乙二醇等抗冻剂。

2. 配制方法

精液的配制以保存效果好、简单、价格低廉和适用为依据、同时，要注意稀释液适宜渗透压和酸碱度，溶液要求与精液等渗，pH 值为中性或弱酸性。配制时应注意以下几个方面的问题。

（1）配制用具首先要清洗和消毒。

（2）使用的药品应是分析纯，并用分析天平称量。

（3）稀释药品用去离子水或双蒸水。

（4）使用的卵黄要新鲜，牛奶要脱脂消毒后使用（牛奶消毒方法：90～95℃水浴中加热 10～15min，使乳烃素灭活）。

（5）无机盐溶液要高压灭菌，含有机盐的溶液要过滤灭菌，抗生素在加入抗冻剂前放入。

（6）稀释液现用现配。

3. 稀释原则和稀释倍数

（1）原则。新采集的精液要尽快稀释，稀释过程中要做到稀释液和精液温度保持一致，以 30～35℃为宜，并将稀释液缓慢加入精液中。稀释前后要检查精子活率，一般情况下。稀释后精子活率保持不变或略有提高。

（2）倍数。稀释倍数主要根据原精液的质量、密度、输精剂量和每个剂量中含的有效精子数而定。当精子密度大，活率高时，可增加稀释倍数（PPT：表给出公畜精液的稀释倍数和输精剂量，P225），牛：10～40 倍；羊：2～4 倍；猪：2～4 倍；马：2～3 倍。

六、精液的保存

（一）精液保存的原理

精液保存的理论依据是：降低精子的代谢速度，从而抑制精子运动，达到延长精子存活时间的目的。通常有两条途径：其一是降低保存温度，减弱精子的运动和代谢，甚至使精子处于休眠状态，但并不丧失其生命力。其二是调整稀释液的pH值，使精子处于弱酸环境，抑制其活动，而不危害其生命力。

以上两种情况下保存的精液，一旦温度和pH值恢复到正常水平，精子的活动和受精力又会重新恢复。

（二）精液的液态保存

按保存温度的不同可分为：常温（15～25℃）和低温（0～5℃）保存。

1. 常温保存

温度：15～25℃。

原理：通过弱酸和低温环境抑制精子的运动。

场所：室内、水浴中、保温箱甚至地窖等自然环境保存。

稀释液中加入能量物质和抗生素。

优点：简单、易行。

缺点：保存时间短（1～3d），运输不方便。

2. 低温保存

温度：0～5℃。

原理：通过低温抑制精子内酶的活性，使精子运动几乎处于停止状态，而延长精子寿命。

场所：冰箱、冷藏室中。

稀释液中必须在常温保存的基础上加入卵黄和奶类，防止冷休克发生。

优点：简单、实用。

缺点：保存时间有限（7d），运输不便。

（三）精液的固态保存

在 –79℃或 –196℃条件下，精液呈固态，精子的生命活动完全处于休止状态，当温度升高后，精子的活力又可恢复，而进行长期保存的方法。这项技术是20世纪50年代发展起来，奠基人是英国的Smith和Polge。冷冻精液技术的发展是人工授精技术的重大革新，它的意义体现在以下几点。

（1）家畜精液可进行长期的有效保存。目前保存时间最长的精液已达到 20 多年，解冻后受胎率没有下降。

（2）家畜精液可进行长距离运输，促进优良遗传基因的国内和国际交流。

（3）大大延长了优良种公畜的使用年限和范围。

（4）是精子基因库的主要技术保障。

（5）它带动了家畜胚胎及配子冷冻技术的发展。

①精子内外水分在低温条件下的变化。

晶体化：在低温条件下，水分子有序排列形成规则的几何状固体叫晶体化。它是导致精子死亡的主要因素。原因在于如下两个方面。

低温条件，精子外的水分子首先形成冰晶，导致精子外环境渗透压升高，精子内水分外流，精子内离子浓度升高，酸碱平衡受到破坏，脂蛋白等发生不可逆变性，导致精子死亡。

精子内水分子形成冰晶，它将破坏精子质膜和显微结构如线粒体、微管等，引起精子死亡。

玻璃化：精子内部的水分子，在抗冻剂的作用下，在超低温环境中，仍保持原有的无序状态，与其他化学成分形成玻璃样固态的现象。由于发生剧烈变化，化学特性和机械损伤大大减小，解冻后，精子仍能维持原来的生活状态。

②抗冻剂的主要作用。冷冻精液的主要抗冻剂是甘油。它的作用是渗入精子内部置换精子中的游离水，同时，它与水分子间通过氢键结合，限制和干扰了低温条件下冰晶的形成。高浓度的甘油对精子也能产生化学毒性作用，主要是破坏精子的质膜结构和其显微结构。

不同家畜精子对甘油的耐受性不同，牛精子的耐受性最强，甘油浓度可达到 5%～10%，猪、绵羊和马的精子耐受性较差一般为 1%～3%。

③冷冻精液的制作过程（牛为例）。

精液品质检查：检查密度和活率。

稀释：根据密度和活率情况，确定稀释倍数。通常采用两步稀释法：精液首先与不含甘油的稀释液混合，降温到 5℃，再加入甘油稀释液。

平衡：加入了含甘油的稀释液后，静止 1～2 h，目的是使甘油渗入精子内部，并使精子内外电解质重新达到平衡状态。

分装：常有颗粒法、细管法和安瓿法。目前广泛运用的是颗粒法和细管法。

颗粒法：将平衡后的精液直接滴在低温浮板或铜网上，再浸入液氮中保存。

优点：成本低，操作简单。

缺点：容易污染，不好标记。

细管法：将平衡后的精液吸入聚氯乙烯细管中，再浸入液氮中保存。它是目前运用最广泛的方法。它的特点是冷冻效果好，受胎率高，体积小，便于贮存运输和机械生产。

冷冻。

液氮熏蒸法：通过液氮蒸气使精液冷冻，降温速度通过调节精液与液氮表面的距离和时间控制。

具体方法是：在液氮表面置一浮板，或在表面上 1 ～ 3cm 处放一铜网，预冷后（–100℃）滴入精液或水平放置盛放精液的细管，待精液颜色变成乳白时，移入液氮中保存（图 3–2）。

图 3–2　液氮罐

冷冻控制仪法：通过自动降温的冷冻仪控制降温速度，使精液冷冻。主要用于细管精液的冷冻，适用大批量生产冷冻精液的大型公牛站。

具体方法是：将精液装入细管中，放入冷冻仪中，设定冷冻程序即可。

干冰埋藏法：通过干冰使精液降温，冷冻发展早期运用较多。

具体方法是：将干冰凿孔，滴入精液或将细管直接平铺于干冰表面，然后再盖一层干冰，几分钟后移入液氮保存。

解冻：使冷冻精液由固态变成液态，并达到输精要求温度。

细管精液：放在 30 ～ 35℃温水中 10 ～ 30s 即可解冻，并直接输精。

颗粒精液：常用两种方法，干解法，将灭菌试管在 35 ～ 40℃水浴中预热后，直接放入冷冻颗粒，摇晃融化后再加入稀释液；温解法，先将稀释液放入试管中，在 35 ～ 40℃水浴中预热后，加入冷冻颗粒，摇晃至融化。用安瓿法保存的精液一般用 0 ～ 5℃水浴解冻。

冷冻精液的保存和运输：冷冻精液保存在液氮罐中要有详细的说明和标记，内容包括：公畜号、生产日期、场地、冷冻前密度与活率等，在保存运输过程中还必须注意以下问题。

一是定期检查液氮挥发情况，添加液氮确保盛放精液的提漏不露出液氮面。

二是从提漏中取出精液时，提漏上表面应低于液氮罐口，用长柄镊子挟取。

三是在清理或转移精液时，动作迅速，精液在空气中暴露时间不超过 3 ～ 5s。

四是运输时应避免剧烈振动和碰撞或液氮罐倒置。

七、输精

（一）输精的准备

输精是人工授精的最后一个环节，也是最重要的技术之一，能否及时、准确地把精液输送到母畜生殖道的适当部位，是保证受胎的关键。输精前应做好各方面的准备，确保输精的正常实施。

1. 母畜的准备

母畜经发情鉴定后，确定已到输精时间，将其牵入保定栏内保定，外阴清洗消毒，尾巴拉向一侧。

2. 器械的准备

输精所用的器械均应彻底洗净后严格消毒，再用稀释液冲洗才能使用。每头家畜备一支输精管，如用同一支给另一头母畜输精，需消毒处理后方能使用。

3. 精液准备

（1）常温保存的精液。需轻轻振荡后升温至 35℃，镜检精子活力不低于 0.6。

（2）低温保存的精液。升温后活力在 0.5 以上。

（3）冷冻精液。解冻后活力不低于 0.3，解冻方法如下。

细管冻精：在解冻时可直接投放在 40 ～ 45℃温水中，待冻精一半融化即可取出备用。

颗粒冻精：解冻时需预先准备解冻液。牛的解冻液常用 2.9% 的枸橼酸钠溶液。解冻时取一小试管，加入 1mL 解冻液，放在盛有温水的烧杯中，当与水温相同时，取一粒冻精于小试管内，轻轻摇晃使冻精融化。

（4）人员准备。输精人员应穿好工作服，指甲剪短磨光，手臂挽起并用 75% 酒精消毒，伸入阴道的手要涂以稀释液等润滑。

（二）输精的基本要求

1. 输精时间

母畜输精后是否受胎，掌握合适的输精时间至关重要。输精时间是根据母畜的排卵时间、精子在母畜生殖道内保持受精能力的时间及精于获能等时间确定的。

（1）牛的输精时间。母牛发情持续期一般短，输精应尽早进行。发现母牛发情后 8 ～ 10h 可进行第一次输精，隔 8 ～ 12h 进行第二次输精。生产中如果牛早上发情，当日下午或傍晚第一次输精，翌日早第二次输精；下午或晚上发情；翌日早进行输精；翌日下午或傍晚再输一次。

初配母牛发情持续期稍长，输精过早受胎率不高，通常在发情后 20h 左右开始输精。在第二次输精前，最好检查一下卵泡，如母牛已排卵，一般不必再输精。

（2）猪的输精时间。母猪发情外部表现特别明显，外阴长时间红肿，通过外部观察难以确定输精时间。一般母猪发情后的 20 ～ 30h 内输精 2 次或发情盛期过后仍出现“压背反射”时输精。

（3）羊的输精时间。母羊的输精时间应根据试情制度确定。每天一次试情，在发情的当天及半天后各输精一次；每天 2 次试情，发现母羊发情后隔半日进行第一次输精，再隔半日进行第二次输精。

（4）马 (驴) 的输精时间。根据母马 (驴) 的卵泡发育情况来判定。母马 (驴) 的卵泡发育可分为六个时期，一般按着“三期酌配、四期必输、排后灵活追补”的原则安排输精时间。所谓“酌配”，即根据卵泡的发育结合母马 (驴) 的体况以及环境的变化等进行综合判定。排卵后如黄体还没有生成，输精仍有一定的受胎率。

根据发情时间推算。可在母马 (驴) 发情后的 3 ～ 4d 开始输精，连日或隔日进行，输精不超过 3 次。

2. 精量及有效精子数

输精量和有效精子数应根据不同家畜的生理特点、不同生理状况及精液保存方式等确定。一般来讲，马、猪的输精量大，牛、羊的输精量小；体型大、经产、子宫松弛的母畜输精量大些，体型小、初配母畜输精量小些；液态保存的精液输精量比冷冻精液多一些。

3. 输精方法

（1）母牛的输精。

①阴道开张器输精法。操作时一只手持开张器，打开母牛阴道，借助光源找到子宫颈口，另一只手握吸有精液的输精器，伸入子宫颈 1 ～ 2 皱褶处 (2 ～ 3cm)，慢慢注入精液。此法能直接观察到输精管 (输精枪) 伸入子宫颈口的情况，比较好掌握。但操作时，母牛往往骚动不安，

努责弓背加之输精部浅易引起精液倒流，受胎率低。另外，此法容易损伤母牛的阴道黏膜，输精不方便，故生产中很少采用。

②直肠把握输精法。一只手伸入直肠内把握住子宫颈，另一只手持输精器，先斜上方伸入阴道内进入 5 ～ 10cm 后再水平插入到子宫颈口，两手协同配合，把输精器伸入子宫颈的 3 ～ 5 个皱褶处或子宫体内，慢慢注入精液。输精过程中，输精器不要握得太紧，要随着母牛的摆动而灵活伸入。直肠内的手要把握子宫颈的后端，并保持子宫颈的水平状态。输精枪要稍用力前伸，每过一个子宫颈皱褶都有感觉，出现“咔咔”的响声。但要避免盲目用力插入，防止生殖道黏膜损伤或穿孔。

此法的优点：一是精液输入部位深，不易倒流，受胎率高；二是母牛刺激无不良反应；三是能防止给孕牛误配，造成人为流产；四是用具简单，操作安全、方便。整个操作过程要求技术熟练，故此技术需经一定时间的训练才能掌握。

（2）母猪的输精。母猪的阴道部和子宫界限不明显，输精器较容易插入。输精时，把输精导管涂以少量润滑剂，插入阴道内，先斜上方伸入，避开尿道口后再平直前进，边旋转边进入子宫，当遇到阻力时，将输精管稍向后拉，然后再向前伸入。胶管到达子宫后，接上吸有精液的注射器，缓缓注入精液。精液温度不要低于 25℃，否则不能刺激子宫收缩造成精液倒流。如遇到母猪不安定或来回走动，可停止注入精液，待安抚稳定后再继续输精。输精完毕后，慢慢抽出输精管，按压母猪臀部并使猪安静片刻，以防精液倒流。

（3）母羊的输精。绵羊和山羊都采用阴道开张器法，其操作与牛相同。由于羊的体型较小，为工作方便，提高效率，可在输精架后设置一坑，或安装可升降的输精台架。在一些地区，有人采用由助手抓住羊后肢使其倒立保定，也较方便。

（4）母马（驴）的输精。母马的输精器由一条长 60 cm 左右，内径 2 cm 的白色橡胶管和一个注射器组成。首先在操作台上把吸有精液的注射器安装在输精管上，左手握住注射器与胶管的接合部，防止脱套，右手抓起臂的尖端交于左手，使胶管尖端始终等于精液面。输精时，右手提起输精管，用食指和中指夹住尖端，使胶管尖部隐藏在掌内，伸入母马阴道内，找到子宫颈的阴道部，用食指和中指撑开子宫颈，同时左手向子宫内导入胶管，将输精管插入子宫内 10 ~ 15cm，提起注射器，并推压活塞使精液慢慢注入，然后从胶管上拔下注射器，再抽一段空气重新装在胶管上，推入，使输精管内的精液全部排尽。输精完毕后，把胶管轻轻抽出，并轻轻按压子宫颈使其合拢，防止精液倒流。

第六节　分娩

一、分娩机理

分娩指怀孕期满，胎儿发育成熟，母体将胎儿及其附属物从子宫内排出体外的生理过程。分娩启动是指雌性动物妊娠期末开始终止妊娠的生理过程。关于分娩启动的原因，众说纷纭，其中比较重要的学说有机械学说、激素学说、神经体液学说和胎儿发动学说等。究竟哪一种因素起原发作用或特效作用，至今尚无定论。分娩的发生不是由某一特殊因素所致，而是由机械性扩张、激素、神经等多种因素互相联系、彼此协调而引起的。由于这些因素可促使母体在分娩过程中发生骨盆韧带及产道的松弛、子宫肌肉强烈收缩和胎盘脱离等生理变化，所以近年来还把分娩解释成母体的一种免疫学反应。内分泌学的发展又提出了新的概念：胎儿的下丘脑—垂体—肾上腺轴对发动分娩起着重要作用。

二、决定分娩过程的要素

动物分娩时，排出胎儿的动力是依靠子宫肌和腹肌的强烈收缩，但分娩过程是否顺利，如前所述，主要取决于产力、产道和胎儿，现分别叙述如下。

（一）产力

将胎儿从子宫中排出是阵缩和努责两者联合作用的结果，统称为产力（Parturient ability），它是由子宫肌和腹肌有节律的收缩共同构成的。阵缩是指子宫肌有节律的收缩，尤以子宫环形肌收缩最为有力，它是分娩过程中的主要动力。努责是由腹壁肌和横膈肌的收缩而引起的。它是作为娩出胎儿的扶助动力，当母畜横卧分娩时更为明显。这两种娩出力对胎儿的产出起着十分重要的作用。努责能使腹腔内压增高，从而加强对子宫的压迫。由于这两种娩出力各有不同的收缩强度，而继以弛缓和间歇期，收缩强度、程度和频率决定分娩过程的快慢。妊娠末期，子宫肌的伸缩性球蛋白数量逐渐增多，为子宫增强收缩能力储备了必要的蛋白质和能量，以适应胎儿排出。

在分娩时，最初子宫收缩力不是很强，而且不规律，维持时间也较短，继后逐渐变为有规律，且持久力量亦加强，每次阵缩均是由弱到强，持续时间与间歇交替进行。强弱也相互交叉。

在分娩过程中血液内存有乙酸胆碱和催产素，它们是促使子宫收缩的主要因素，分娩前它们会受到胆碱酶和催产酶的破坏，但是雌激素能抑制这两种酶的产生，因此，分娩时由于雌激素的增多，提高了子宫肌对催产素的敏感性，从而增强了子宫的收缩力。子宫肌收缩时，血管受到压迫，胎盘上的血液循环和氧气供给就会发生障碍；间歇时，子宫肌松弛，解除了血管的压迫，胎盘的血液循环和氧的供给又得到了恢复。如果子宫持续收缩，不出现间歇，就会出现因缺氧而发生胎儿窒息的现象。

在分娩开口期，单胎动物的子畜收缩是从孕角尖端开始，而两子宫角的收缩一般是不同步进行的，多胎动物的子畜收缩是从近子宫颈部开始，子宫角的其他部分处于安静状态。最初收缩时间很短，随着分娩时间的延长，阵缩的间歇时间缩短，而降缩的维持时间变长，阵缩力量增强，到分娩产出期时，阵缩次数可达每 2 min 一次，每次维持 1 min，每收缩数次才出现片刻间歇，在整个分娩过程中阵缩次数可达 60 次以上。与此同时，胎儿的前置部分连同胎儿和胎囊对子宫颈及阴道产生刺激，使垂体后叶释放催产素，增进膈肌及腹肌的强烈收缩力。在母体分娩时所发生的努责与阵缩密切配合共同协作产生强大的收缩力才能把胎儿顺利排出，虽然腹壁肌不再收缩，而子宫肌仍然继续收缩，但收缩的次数和收缩力远小于分娩时的强度，促使胎衣排出。

（二）产道

产道是分娩时胎儿由子宫内排出的必经之道，它的大小、形状和松弛度都影响分娩。产道包括软产道和硬产道两大部分。

1. 软产道

软产道是指子宫颈、阴道、前庭及阴门而言，因它们都是由软组织构成，所以称为软产道。子宫颈是它的门户，在妊娠时紧闭，分娩前开始逐渐变柔软、松弛，分娩时直至完全张开，以适应胎儿通过。分娩前及分娩时阴道与阴门也逐渐地变柔软、松弛，并富有弹性，能伸缩扩张。

2. 硬产道

硬产道就是骨盆，它是由荐骨及前 3 个尾椎、髋骨和荐坐韧带组成，与雄性骨盆相比，雌性骨盆的特点是入口大而圆，倾斜度大，耻骨前缘薄；坐骨上棘低，荐上韧带宽，骨盆腔横径大，骨盆底前凹，后部平坦宽敞，坐骨弓宽、圆而出口大、骨盆可分为以下四部分。

入口：它是胸腔通往骨盆腔的通道。它由再修白皙顶部）、两侧的骼骨干、耻骨前缘底所围成，入口大小由荐耻径、横径和倾斜度的大小条决定。它们围成的入口大小、形状及倾斜度和能否扩张，与胎儿能否顺利通过有跟大关系。入口大，形状圆而宽阔，胎儿通过就顺利，反之，就易造成难产。

出口：它的上方由前 3 个尾椎，两侧由荐坐韧带和半膜肌，下方由坐骨弓构成的。出口的上下径是指第三尾椎和坐骨联合后端的连线长度，由于尾椎活动性大，所以分娩时上下径容易扩大。出口的横径是指两侧坐骨结节之间连线，坐骨结节构成出口侧壁的一部分，因此，结节越高，出口处的骨质部分越多，越妨碍胎儿的通过。

骨盆腔：骨盆腔是指骨盆入口与出口之间的空腔体。骨盆腔的大小决定于骨盆腔的垂直径和横径。垂直径是骨盆联合前端向骨盆顶所作的垂线长。横径是两侧坐骨上棘之间的距离。坐骨上棘越低，则荐坐韧带越宽，胎儿通过时骨盆腔就越能扩大。

骨盆轴：骨盆轴是一条假想线，它是指通过入口荐耻径、骨盆垂直径和出口上下径 3 条线的中点，线上任何一点距骨盆壁的内面各对称点的距离都是相等的。它是代表胎儿走过骨盆时所走的路线。骨盆轴越直越短，胎儿通过就越容易。

3. 胎向

胎向是指胎儿在母体子宫内的方向，也就是胎儿的纵轴与母体身体纵轴之间的关系。通常胎向有以下 3 种情况。

（1）纵向。纵向是指胎儿纵轴与母体纵轴互相平行。习惯上将它分为两种：即胎儿方向与母体方向相反，头和前肢先进入骨盆腔，俗称为正生；胎儿的方向与母体的方向相同，胎儿的后肢和臀部先进入骨盆腔，即为倒生。

（2）横向。横向是指胎儿横卧在母体子宫内，胎儿的纵轴与母体的纵轴呈水平交叉。又可分背部向产道或腹部向产道两种：背部向着产道的称为背部前置横向（背横向），腹部向着产道的称为腹部前置横向（腹横向）。

（3）竖向。竖向是指胎儿的纵轴与母体的纵轴呈上下垂直状态，胎儿的背部向着产道的，称为背竖向，如果胎儿的腹部向着产道的即称为腹竖向。

纵向是正常胎向，横向和竖向都属反常胎向都易发生难产。实践中严格的横向和竖向一般是不会发生。

4. 胎位

胎位即胎儿在母体子宫内的位置，也就是胎儿的背部与母体背部或腹部的关系。通常有以下 3 种情况。

（1）上位（背荐位）。胎儿伏卧在母体子宫内，胎儿的背部在上向着母体的背部与荐部。

（2）下位（背耻位）。胎儿仰卧在母体子宫内，胎儿的背部在下，向着母体的腹部与耻骨。

（3）侧位（背骼位）。胎儿侧卧在母体子宫内，胎儿的背部偏于一侧，朝向母体左侧或右侧腹壁及髂骨，因此，有左侧位或右侧位之分。

5. 胎势

胎势是指胎儿在母体子宫内的姿势，是胎儿各部分屈伸的程度。

通常胎儿在子宫内体躯微弯，四肢屈曲，头部向着腹部俯缩。在分娩前牛的胎儿是纵向，近似侧位，全身弯曲呈长椭圆形。山羊、绵羊和牛相似，怀双胎时两子宫角各一胎儿；马的胎儿多数呈纵头向，但也有极个别是纵尾向，下胎位，胎势如同牛；猪是多胎动物，胎位、胎向稍有变动，但胎势与其他家畜相似，多为上位。母畜分娩时胎向不变，但胎位和胎势必须改变后才能产出。由于子宫收缩或因胎儿窒息所引起的反射性挣扎，可使胎儿由下位或侧位转为上位，胎势也有弯曲变为伸展。

6. 前置

前置又称先露，是指胎儿是先进入产道的部分，是表示胎儿某部分与产道的关系，哪一部分先进入产道，就称那部分为前置。如正生时称头前置或称前驱前置，倒生时称后躯前置。难产时，常用“前置”这一术语来说明胎儿的反常情况，如头颈弯曲，由于头颈没伸直，头部未出来，颈部先向着产道，这称为颈部前置等。

7. 分娩前的胎向、胎位与胎势

分娩前，胎儿在母体子宫内的方向总的来说是纵向的，而且大多数是头（前驱）前置，少数是后驱前置。胎位侧视家畜种类不同而有差异，并与子宫构造特点有关。牛、羊的子宫角大弯向上，胎位则以侧位为主，有的是上位；猪的胎位同样以侧位为主；而马的子宫角大弯是向下的，胎位一般是下位。

胎势与妊娠期长短，胎水多少及子宫的松紧程度不同而有差别。在妊娠前期，胎儿小，羊水多，胎儿在子宫内有较大的活动空间，因此，胎势容易改变，到妊娠末期，胎儿的头、颈和四肢屈曲在一起，但仍能活动。

在分娩时，子宫内的内积物不允许胎向有所变化，但胎位和胎势则必须发生改变，使胎儿的纵轴成为细长，以适应骨盆腔的状况，才能顺利排出胎儿，否则就会造成难产。引起这种改变的原因，主要是子宫阵缩压迫胎盘上的血管，使胎儿处于缺氧状态，胎儿发生反射性挣扎，其结果是胎向由侧位或上位变为上位或轻度侧位，头腿的姿势由屈曲变为伸直。除此外，产力与产道侧壁的形状也可能改变胎位；这是当胎儿逼近骨盆入口时，因其侧壁向上向外倾斜，使入口不宽大，对胎儿产生限制作用，从而使侧位胎儿的背部沿入口侧壁向上移动。变成了上位。在马、驴因子宫浆膜下有一交错的斜肌层，它们的斜行收缩可协助胎儿向上翻转而成上位姿势。

牛、羊和马等母畜在分娩时，通常是纵向的，头呈前置，即为正生状态。否则会引起难产。牛的正生率约占 95%，羊约占 70%，马、驴的正生率可高达 98% ～ 99%，如果牛、羊是双胎，两胎儿可能一个是正生，另一个是倒生。多胎动物的猪正生略多于倒生（54 ：46）,正生和倒生都是正常。在大家畜倒生虽也属于正常，但造成难产较多。正常的胎势在正生时是两前肢和头顶伸直，头颈放在两前肢上面，倒生时，两后腿伸直，这种胎势容易通过骨盆，不会发生难产，如果胎儿过大，并伴有胎势反常，则易造成难产。

在分娩排出胎儿的过程中，胎头通过骨盆腔最为困难，造成的原因是：正生的胎势上所述头置于两前肢之上，它的体积除头部外，还要加上两前肢，而胎儿头部在出生时已比较完全地骨化，没有伸缩余地。肩胛骨虽较头部大，但它是高大于宽，符合骨盆腔及其出口，较容易向上扩张，且胎儿胸部具有弹性，稍有伸缩变形余地，加之头部通过骨盆时，使软产道有所撑大，为肩胛骨的通过创造了条件，因此，肩胛部通过产道较容易。倒生时，胎儿骨盆围虽粗大，但后腿进入骨盆时伸直呈楔形。而且它的骨化尚不完全，共体积可稍缩小，因此，它通过母体骨盆时也比头部容易。

猪在分娩时，胎儿经过骨盆不存在困难，因仔猪的体重仅为母猪体重的 1/8 左右，胎儿的最宽处也小于母体骨盆腔，所以，不易发生难产。

三、分娩过程

母畜的整个分娩过程是从子宫肌和腹肌出现阵缩开始的，至胎儿和附属物排出为止。整个分娩是一个有机联系的完整过程，按照产道暂时性的形态变化和子宫内容物排出终止，习惯上把它分为子宫颈开口期、胎儿产出期和胎衣排出期 3 个阶段。

（一）子宫颈开口期

它是整个分娩过程的第一阶段，从有规则地出现阵缩开始到子宫颈口完全开大（牛、羊）或能充分开张（马）为止。这一期仅有阵缩，没有努责。

开口期中，刚开始阵缩轻微，间歇期较长，继而则强而短。阵缩是由子宫角端向子宫颈发生波状收缩，使胎水和胎儿向子宫颈移动，并逐渐使胎儿的前置部分进入子宫颈管和阴道。由于这时阴道神经节受到刺激，进而加强了腹肌的作用，腹肌和子宫阵缩共同形成了很大的娩出力，在这时，胎儿的胎向和胎势都发生了相应的变化。由于血液循环发生障碍，CO_2 贮积导致胎儿出现反射性活动,与之相应的子宫肌和腹肌的收缩作用,使胎儿上举,由下胎位变为上胎位,卷曲胎势变成了伸展状态。开口期不同种类的动物表现有种间差异，同种间的不同个体也不尽相同，一般经产较为安全，有的甚至看不出表现。马在这一期较敏感，维持时间也足长，可达 12 h 左右，开始时有轻度的疝痛表现，尾巴上下甩动，尾根时常举起或向一旁扭曲，继而前蹄扒地，回首，时起时卧。牛在开口期维持时间为 0.5 ～ 24 h，平均为 6 h，最初表现反刍不规律，哞叫，继而起卧不安，脉搏增至 80 ～ 90 次。羊在这一期持续时间为 3 ～ 8 h，常表现前蹄刨地，哞叫。牛、羊到开口末期，有时胎膜囊外露于阴门之外。猪在开口期维持 2 ～ 13 h，这期的表现主要是不安，并逐渐加重至起卧频繁，阴门中见有黏液流出。动物在开口期的子宫收缩开始每 15 min 左右出现一次，每次持续 15 ～ 30 s，到接近下一阶段前收缩频率、强度和持续时间都有增加，而间歇时间缩短。因开口的开始时间和实际观察时间并不一定一致，所以报道的差异较大。

（二）胎儿产出期

它是指由子宫颈口充分开张至胎儿全部排出为止，在这一期，从母体的阵缩和努责发生作用，其中努责是排出胎儿的主要力量。在产出期到来之前；胎儿的前置部分已锲入产道，由于阵缩的加剧和母体的强烈努责，终将胎儿排出。在这一期，母体的临床共同表现是极度不安、起卧频繁、前蹄刨地、后肢踢腹、回顾腹部、拱背努责、嗳气。然后胎儿前置部分以侧卧胎势通过骨盆及其出口，此时，母体四肢伸直，努责的强度和频率都达到了极点，努责数次后，休息片刻，又继续努责。据实验资料报道，牛在 15 min 内努责次数可达 5 ～ 7 次，脉搏可达 80 ～ 130 次，马可达 80 次，猪可达 100 ～ 160 次，同时呼吸也表现加快。

在产出期中，胎儿最宽部分的排出需要较长的时间，特别是头部，当胎儿通过骨盆腔时，母体努责表现最为强烈。正生胎向时，当胎头露出阴门外之后，产畜稍微休息，继而将胎胸部排出，然而努责缓和，其余部分随之迅速被排出，仅把胎衣留于子宫内。此时，不再努责，休息片刻后，母体就能站起来照顾新生幼仔。牛的开口为 6 h，也有长达 12 h；马、驴开口期为 12 h、有的长达 24 h；猪为 3 ～ 4 h；绵羊 4 ～ 5 h；山羊 6 ～ 7 h。

（三）胎衣排出期

胎衣（Afterbirth）是胎膜的总称，包括部分断离的脐带。这期是从胎儿被排出后至胎衣完全排出为止。

胎儿被排出之后，母体就开始安静下来，几分钟之后，子宫再次出现轻微的阵缩及微弱的努责。这个阶段的阵缩特点是：时间较长，每次 100 ～ 130 s，间隔时间也较长，每 1 ～ 2 min 一次。

胎衣的排出，主要是由于子宫的强烈收缩，从胎儿胎盘和母体胎盘中排出大量血液，减轻了绒毛和子宫黏液腺窝的张力。当胎儿排出后，胎儿胎盘血液循环即告停止，绒毛体积缩小，与此同时母体胎盘需血量减少，血液循环减弱，子宫黏膜腺窝的紧张性降低，使两者间的间隙扩大，再借露在体外的胎膜牵引，绒毛便易从腺窝脱出而分离。因绒毛从腺窝中脱落时，母体胎盘的血管不受到破坏，因此，各种家畜在排出胎衣时都不会出现流血现象。

胎衣排出的快慢，由于各种家畜的胎盘组织构造不同存有差异，以上皮绒毛型的胎盘排出为最快，这种类型胎盘组织结合比较疏松，胎衣容易脱落，猪和马、驴的胎衣就是属于这种类型。猪的胎衣排出十分困难，胎衣排出期为 10～60 min，平均 30 min；马和驴的胎衣排出期为 5～90 min。牛、羊的胎盘属于上皮细毛膜与结缔组织绒毛膜混合型，母子胎盘结合比较紧密，呈特殊的蘑菇状（牛）或盂状（绵羊）或盘状（山羊）结构，子宫肌收缩时不容影响腺窝，只有当母体胎盘组织的张力减轻时，胎儿胎盘的绒毛才能脱落下来，所以需要时间较长。胎衣排出的时间：牛需 2～8 h，长者可达 12 h；水牛平均为 4～5 h；绵羊为 0.5～4 h。山羊为 0.5～2 h。

胎衣排出的过程是：单胎家畜的胎衣排出顺序与子宫肌收缩波顺序相同，即从子宫角尖端开始脱离子宫黏膜，形成套叠，屁股绒毛膜的内层被翻于外面，并逐渐翻着被排出。如遇有难产或胎衣迟缓时，由于胎儿胎盘和母体胎盘先完全脱离，致使胎衣不是翻着排出。

牛、羊在怀双胎时，胎衣往往是在两个胎儿出生后才被排出。怀双胎的山羊，胎衣是在全部胎儿排出之后，一次或分多次被排出。多胎家畜的猪，胎衣排出比较特殊，通常胎衣分两批翻着被排出。第一批是在一侧子宫角的胎儿产完或连续产出的期间被排出；第二批胎衣是在胎儿全部产出之后被排出。

猪的子宫收缩不同于其他家畜，它除了子宫肌纵的收缩外，还具有分节收缩的特点，而且收缩又是先从子宫颈最近胎儿处开始、其余部分不收缩，继后两子宫角呈不规的轮流收缩，逐步达到子宫角端，依次将胎儿排出。也有时一子宫角将胎儿和胎衣全部排出之后，另一子宫角才开始收缩。母猪在分娩时多为侧卧，有时也站立，但随即又卧下努责。猪的胎儿分娩过程不露在阴门之外，胎水极少，每排一个胎儿之前有时可见到小量胎水流出。母猪努责时后腿伸直，尾巴挺起，努责几次产出一仔猪。产出期的持续时间依据胎儿数和间隔时间而定，通常第一个胎儿排出较慢，从第二个胎儿开始间隔时间有所缩短。从母猪起卧到产出第一仔猪需 10～60 min，间隔时间中国猪种为最短，平均 2～3 min 排出一仔猪。外来品种则需 10～30 min 排出一仔猪，也有长达 1 h 的，杂交猪种介于两者之间。5～15 min 产出一仔猪。胎数较少或胎儿过大，间隔时间延长。如果产出期超过正常范围，应检查其产道，以便及时发现问题并解决。

第四章　奶牛的繁殖技术

第一节　发情鉴定

一、牛的发情与发情周期

母畜发育到一定年龄时，开始出现发情现象。发情是在未怀孕的情况下所表现的一种周期性变化；发情时母畜发生性欲和性兴奋，生殖道为受精提供条件，并且由卵巢排出卵子，这样才能交配受孕，进行繁殖。

（一）初情期与性成熟

母牛出现第一次发情或排卵的年龄称为初情期。在此时，母牛的发情表现还不是很完全，发情周期也往往不正常，生殖器官仍然在继续发育，还没有完全达到性成熟。此时，生殖器官迅速发育，并开始具有繁殖后代的技能。同时，初情期的开始，与垂体释放促性腺激素具有密切关系，而与卵巢产生的雌二醇发生负反馈作用。育成母牛的初次发情时间与品种和体重有关。一般，当育成牛达到成母牛体重的 40% ～ 50% 即进入初情期。因此，生长发育较快的育成母牛在 6 ～ 8 月龄时就可出现初情期，而有些营养不良育成牛，初情期可延迟至 18 月龄。性成熟则是指生殖器官及生殖机能已经达到成熟阶段。

（二）产后发情

母牛产犊后，经过一定的生理恢复期，又会出现发情。产后生理的恢复包括卵巢功能、子宫形态和功能以及内分泌功能的恢复等过程。产后的一段时间，由于促性腺激素分泌减少，卵泡发育受到抑制而没有大的卵泡，子宫大小、位置和功能也没有恢复，一般需要 21 ～ 50 d，经产母牛、难产母牛和有产科疾病的母牛，则需要更长的时间才出现再次发情。同时，因品种、个体营养水平及季节的差别，产后第一次发情的时间变化范围较大，通常为 30 ～ 50 d。

（三）发情持续期

发情持续期指从发情症状出现到症状消失所持续的时间。母牛的发情持续期短则 6 h，长达 36 h，90% 的母牛发情持续期为 10 ～ 26 h，平均为 18 h。品种、年龄、营养状况、环境温度的变化等都可以影响母牛的发情持续期，一般初情期母牛和老年母牛的发情持续期短于壮年母牛。

（四）发情周期

母牛出现初情期后，会周期性的出现发情，从一次发情之日起到下一次发情开始之前的这段时间，称为一个发情周期。荷斯坦母牛的发情周期平均为 21 d（18 ～ 24 d），发情周期还受到纬度、温度、营养水平、个体以及健康状况等的影响。母牛的发情周期可人为地分为发情前期、发情期、发情后期和间情期 4 个阶段。

1. 发情前期

发情前期是卵泡准备发育的时期。卵巢中上一个发情周期产生的黄体逐渐萎缩，新的卵泡开始生长，生殖道轻微充血肿胀，腺体活动逐渐增加，母畜尚无性欲。

在发情周期开始时，垂体FSH的作用占据优势地位。其特征是，前一次周期黄体进一步退化，卵巢中有新卵泡发育增大，雌激素的分泌量增加。同时，可能产生黄体酮，刺激生殖道、使子宫、阴道增生或充血；子宫颈稍微开张；阴道黏膜的上皮细胞增生。这一时期约为 3 d。

2. 发情期

发情期母畜已经有性欲表现，外阴部充血肿胀。随着时间延长，发情达到最高峰；子宫角和子宫体充血，肌层收缩加强，腺体活动增加，流出黏液，子宫颈管道松弛，卵泡发育很快，多数在发情末期排卵。排卵后，卵泡在促黄体素的作用下开始形成黄体。与此同时，雌激素的分泌量大为减少。这一时期为接受交配时期，牛为 1 ～ 2 d，发情前期和发情期又可统称为卵泡期。

3. 发情后期

发情后期母畜可能仍旧有性欲表现，有些动物在排卵后，还可在外阴处见到有血样黏膜悬挂。排卵以后，黄体形成并逐渐发育。此期黄体酮发生作用，生殖道的充血逐渐消退，蠕动减弱，子宫颈管关闭。牛黄体作用的持续时间为 6 ～ 8 d。

4. 间情期

间情期也称休情期。母畜性欲已经完全停止，精神状态恢复正常。开始，子宫体内膜增厚，子宫腺体高度发育，分泌活动旺盛；随后，增厚的子宫内膜回缩，腺体变小，分泌活动停止；在间情期，子宫颈分泌黏液量少、黏稠，黄体已经发育完全。因此，此期又称黄体活动期。母畜在发情期中配种，如未受胎，则在间情期持续一定时间后，又进入发情前期。发情后期和间情期可统称为黄体期。

（五）排卵时间

母牛通常是在发情开始后 24 ～ 30 h 或发情结束后 10 ～ 15 h 排卵，而且 90% 的为单侧性排卵，双侧同时排卵仅占 10%，而且夜间排卵要多于白天。

二、发情鉴定

（一）发情鉴定的目的和意义

发情鉴定是动物繁殖工作中一项重要技术环节。通过发情鉴定，可以判断动物的发情阶段，预测排卵时间；及时掌握母畜发情程度，确定最佳配种时间，以提高受胎率。确定适宜配种期，及时进行配种或人工授精，从而达到提高受胎率的目的；还可以发现动物发情是否正常，以便发现生殖疾病或异常（子宫炎、卵巢囊炎），及时治疗解决。配种次数每个周期不宜多于 3 次，防止产生受精免疫。

动物的发情是在生殖激素的调节下，生殖器官和性行为等发生的一系列变化。这种变化包括外部表现和内部变化，外部表现是可以直接观察到的，而内部变化是指生殖器官的变化，其中卵巢上卵泡发育的变化是发情的本质变化。因此，在进行发情鉴定时，不仅要观察动物的外部表现，更重要的是要掌握卵泡发育状况的内在本质特征，同时还应考虑影响发情的各种因素。只有进行综合的科学分析，才能做出较准确的判断。

各种动物的发情特征，有其共性，也有特异性。因此，在发情鉴定时，既要注意共性方面，还要注意各种动物的自身特点。

（二）发情鉴定方法

发情鉴定的方法有多种，在实际应用时，要根据各种动物的特点，采用重点与一般相结合的原则。但无论采用何种方法，在发情鉴定前，均应了解动物的繁殖历史和发情过程。

1. 外部观察法

此法是各种动物发情鉴定最常用的方法，主要观察动物的外部表现和精神状态，从而判断其是否发情或发情程度。发情动物常表现为精神不安，鸣叫，食欲减退，外阴部充血肿胀、湿润，有黏液流出，对周围的环境和雄性动物的反应敏感。不同的动物往往还有特殊的表现，如母牛爬跨；母猪闹圈；母马扬头嘶鸣，阴唇不断外翻露阴蒂；母驴“吧嗒嘴”等。上述特征表现随发情进程由弱到强，再由强到弱，发情结束后消失。

2. 试情法

此法根据雌性动物在性欲及性行为上对雄性动物的反应判断其发情程度。发情时，通常表现为愿意接近雄性，弓腰举尾，后肢开张，频频排尿，有求配动作等，而不发情或发情结束后则表现为远离雄性，当强行牵引接近时，往往会出现躲避行为甚至踢、咬等抗拒行为。

专用试情的雄性动物，一般选用体质健壮，性欲旺盛，无恶癖的非种用雄性动物。试情的公马或公绵羊可采用输精管结扎术，经济动物直接放对观察。试情要定期进行，以便及时掌握雌性动物的性欲表现程度。

3. 阴道检查法

此法主要适用于牛、马等大家畜，是应用阴道开张器或阴道扩张筒插入并扩张母畜阴道，借用光源，观察阴道黏膜颜色，充血程度，子宫颈松弛状态，子宫颈外口的颜色、充血肿胀程度及开口大小，分泌物的颜色、黏稠度及量的大小，有无黏液流出等来判断发情的程度。检查时，阴道开张器或扩张筒要洗净和消毒，以防感染，插入时要小心谨慎，以免损伤阴道黏膜。此法由于不能准确地判定动物的排卵时间，因此，目前只作为一种辅助性检查手段。

4. 直肠检查法

（1）应用。主要应用于牛马等大家畜，因直接可靠，在生产上应用广泛。方法是将手臂伸进母畜的直肠内，隔着直肠壁用手指触摸卵巢及其卵泡发育情况。如卵巢的大小、形状、质地、卵泡发育的部位、大小、弹性、卵泡壁的厚薄以及卵泡是否破裂，有无黄体等。通过直肠检查并结合发情外部症状，可以准确地判断卵泡发育程度及排卵时间，以便准确地判定配种适期。但在采用此法时，术者须经多次反复实践，积累比较丰富的经验，才能正确地掌握和判断。

（2）操作步骤。

①检查前的准备工作：指甲要剪断，磨光；洗手，润滑液。

②动物的保定，尾固定。

③站立于动物后方，双脚前后站立。

④手指并成锥体形，通过肛门进入直肠，掏尽粪便，努责过强时应停止检查，待放松后再进行。

⑤只能用手肚触摸，指尖不能触及黏膜，拇指始终不能展开，减少进出直肠次数，直肠渗血后停止检查。

⑥检查完后，清洗和消毒手和手臂。

（3）检查顺序。手在骨盆中向下触摸，找到子宫颈（圆柱状，粗硬）；手前移找到子宫体（软而有弹性）；手再向前（角间沟，绵羊角状）；手向侧摸（子宫角）；子宫角尖端（卵巢，黄体，卵泡）；检查完一侧再检查另一侧。

（4）应注意问题。发现努责，停止检查；过于扩张，停止检查；分清卵巢和球类器官和粪便；膀胱排尿，停止检查；直肠黏膜出血，应停止检查；防止时间过长；注意人畜安全。

5. 生殖激素检测法

它是应用激素测定技术（放射免疫测定法、酶联免疫测定法等），通过对雌性动物体液（血浆、血清、乳汁、尿液等）中生殖激素（FSH、LH、雌激素、黄体酮等）水平的测定，依据发情周期中生殖激素的变化规律，来判断动物的发情程度。该法可精确测出激素的含量，如放免法测定母牛血清中黄体酮的含量为 0.12 ～ 0.48ng/mL，输精后情期受胎率可达 51%，但这种方法所需仪器和药品试剂较贵，目前尚难以普及。

6. 仿生学法

它是模拟公畜的声音（放录音磁带）和气味（天然或人工合成的气雾制剂），刺激母畜的听觉和嗅觉器官，观察其受到刺激后的反应状况，判断母畜是否发情。

在生产实践中采用仿生学法对猪的发情鉴定的试验较多，结果表明，只用压背试验时，发情母猪中仅有 48% 呈现静立反应；若同时公猪在场，则 100% 出现静立反应，当公猪不在场，但能听到公猪叫声和嗅到公猪的气味，发情母猪中有 90% 呈现静立反应。用天然的或人工合成的公猪性外激素，在母猪群内喷雾，可刺激发情母猪“静立反应”。因此，有人提出在利用公猪气味和声音的同时，再配合模拟公猪的形象出现，将会优化母猪发情鉴定的效果。

7. 电测法

即应用电阻表测定雌性动物阴道黏液的电阻值来进行发情鉴定，以便决定最适当的输精时间。用黏液电阻法探索母畜发情变化的研究开始于 20 世纪 50 年代，经反复研究证实，黏液和黏膜的总电阻变化与卵泡发育程度有关，与黏液中的盐类、糖、酶等含量变化有关。一般地说，在发情期电阻值降低，而在周期其他阶段则趋升高。

该测定仪由探棒（长约 50cm 有机玻棒）并连接电流表而成。据报道，用国产 XZ—I 或 XZ—Ⅱ型母畜发情电测仪测定，电测值 40μA 以上相当于发情中期，定为发情期以 40μA 为界，电测值 50μA 以上相当于自然发情状态下的输精适期，输精期以 50μA 为界。

8. 生殖道黏液 pH 值测定法

雌性动物性周期中，生殖道黏液 pH 值呈现一定的变化规律，一般在发情盛期为中性或偏碱性，黄体期偏酸性。母牛子宫颈液 pH 值一般在 6.0 ～ 7.8，当经产母牛 pH 值在 6.7 ～ 6.8 时输精受胎率最高，处女牛的 pH 值在 6.7 时输精受胎率最高。长白、大白和汉普夏三个品种猪在发情开始的当天，阴道黏液的 pH 值大于 7.3，发情盛期为 7.2，妊娠期小于 7.2，在 pH 值为 7.2 ～ 7.3 时输精，3 个品种猪受胎率分别为 93.8%、96.7% 和 92.3%。小母猪在其 pH 值为 7.2 ～ 7.3

时输精，情期受胎率最低。

测定生殖道黏液 pH 值似乎不能明显区别发情周期的各阶段，但是在一定 pH 范围内输精的受胎率较高，因此在发情周期的表现正常时，具有发情表现，再测 pH 值更有参考价值。

雌性动物的发情鉴定除了上述方法外，另外还有颜色标记法、子宫颈黏液透析法、离子选择性电极法、宫颈黏液结晶法和阴道上皮细胞抹片法等。

三、母牛的发情鉴定

母牛发情期较短，但发情时外部表现比较明显，因此母牛的发情鉴定主要靠外部观察，并结合试情和阴道检查。操作熟练的技术人员，可利用直肠检查来触摸卵巢变化及卵泡发育程度以判断发情阶段和确定配种适期。

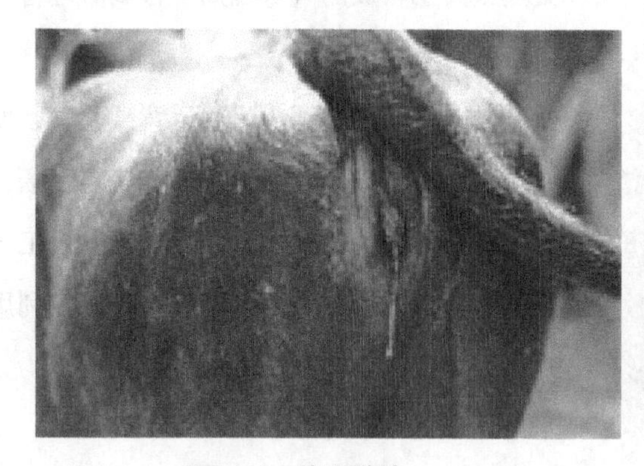

图 4-1　外阴黏液

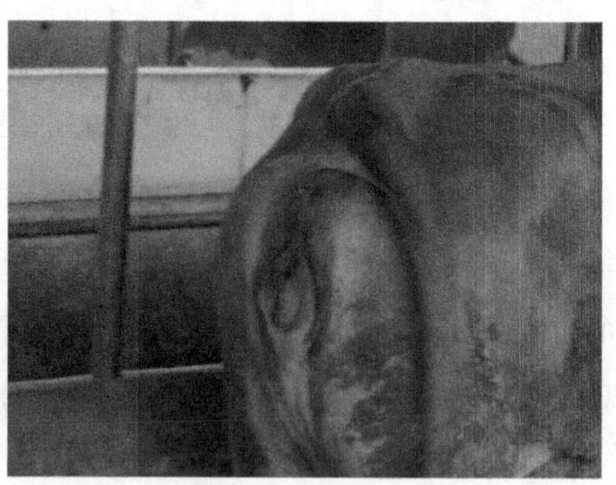

图 4-2　外阴红肿

（一）外部观察

根据母牛爬跨行为或接受爬跨反应来观察母牛发情是一种常用的方法。一般早晚观察，母牛发情时常有公牛或其他母牛跟随爬跨，并且爬跨其他母牛。发情初期的母牛并不接受爬跨，后来才愿意接受爬跨，此时表现静立不动，两后肢叉开举尾。另外，发情母牛精神不安，食欲减退、鸣叫、反刍减少或停止，产乳量下降，常弓腰举尾，频频排尿。发情盛期阴户肿胀、充血、皱襞展开、潮红、湿润，阴道、子宫黏膜充血，子宫颈口开张，从阴门流出大量透明黏液，牵缕性强。发情后期黏液量少，黏性差，呈乳白色而浓稠，流出的黏液常粘在阴唇下部或臀部周围。处女母牛从阴门流出的黏液常混有少量血液，因此呈淡红色（图 4-1，图 4-2）。

水牛的发情表现没有黄牛、奶牛明显，但也有兴奋不安表现，常站在一边抬头观望，头仰起，注意外界的动静，吃草减少，偶尔鸣叫或离群，常有公牛跟随。发情开始时，外阴部微充血肿胀，黏膜稍红，子宫颈口微开，黏液量少，稀薄透明，不接受爬跨。发情盛期时，外阴户充血肿胀明显，子宫颈口开张，排出大量透明、牵缕性强的黏液。发情末期症状逐渐减退至消失。水牛出现安静发情者多（图 4-3）。

图 4-3　试情法

（二）直肠检查卵泡发育规律

牛的卵泡体积不大，发情期短，一般在发情期配种一次或两次即可，多不用直肠检查来鉴定排卵时间。但有些母牛常出现安静发情或假发情，有些母牛营养不良，生殖器官机能衰退，卵泡发育缓慢，排卵时间延迟或提前。对这些母牛通过直肠检查判断其排卵时间是很有必要的。

在进行母牛直肠检查时，寻找卵巢卵泡的方法是：将手掌伸进直肠狭窄部之后，手指并拢，手心向下，轻轻下压并左右抚摸，在骨盆底上方摸到坚硬的子宫颈，然后沿子宫颈向前移动，便可摸到子宫体、子宫角间沟和子宫角，再向前伸至角间沟分叉处，将手移到一侧子宫角上，手指向前并向下，在子宫角弯曲处即可摸到卵巢，此时可用手指仔细触诊感觉卵巢大小、形状、质地和卵泡的发育情况。触摸完一侧后，按同样顺序触摸另一侧子宫角及卵巢。母牛在间情期，多数情况是一侧卵巢大些，卵巢上有或大或小的黄体突出于卵巢的表面。而在发情期，卵巢上则有发育的卵泡，卵泡由小变大，由硬变软，由无弹性到有弹性。母牛卵泡发育过程可分为四期。

母牛发情鉴定的准备工作：

1. 外部观察法

将母牛放于运动场内，让其自由活动。

2. 引导检查法

（1）保定。在六柱栏内利用保定绳，保定母牛，将尾巴拉向一侧。

（2）外阴部的洗涤和清毒。先用温肥皂水洗净外阴部，然后用 1% 煤酚皂溶液进行消毒，最后用消毒纱布或酒精棉球擦干。在清洗或消毒时，应先由阴门裂开始，逐渐向外扩大。

（3）开膣器的准备。首先用 75% 的酒精棉球消毒开膣器的内外面，然后用火焰或消毒液浸泡消毒，最后用 40℃的温水冲去药液并在其湿润时使用。

3. 直肠检查法

（1）将待检母牛牵入保定栏内保定，将尾巴拉向一侧，清洗外阴。

（2）检查人员将指甲剪短磨圆，防止损伤肠壁。同时，穿好工作服，戴上一次性长臂手套，清洗并涂抹滑润剂。

（三）具体方法

1. 外部观察法

注意观察母牛精神状态和行为表现，并结合外阴部的肿胀程度和黏液的状态及生产力等即发情征兆来判断其是否发情，一般早晚各观察一次。

2. 阴道检查法

（1）送入开膣器。用左手拇指和食指打阴门，以右手持开膣器把柄，把柄向右或向左，使开膣器闭合，以尖端向前斜上方插入阴门。当开膣器的前 1/3 进入阴门后，即改成水平方向插入阴道，同时慢慢旋转开膣器，使其柄部向下。轻轻撑开阴道，用手电筒或反光镜照明阴道，迅速进行观察（图 4–4）。

（2）观察阴道。应特别注意观察阴道黏膜的色泽及湿润程度，子宫颈的颜色及形状，子宫颈口是否开张及其开张程度，黏液的分泌情况。

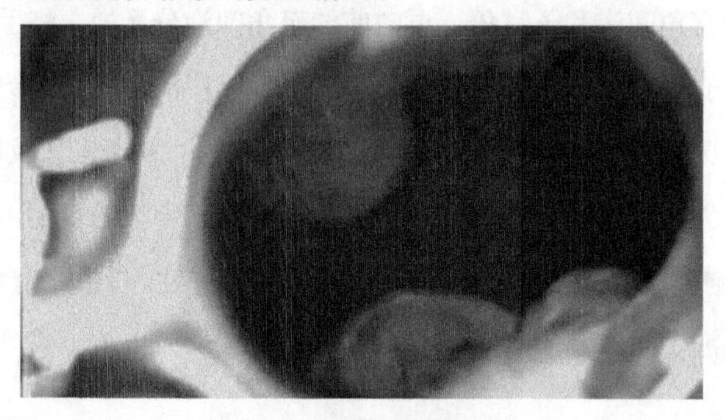

图 4–4　开膣器观察阴道

3. 直肠检查法

（1）检查人员站于母牛正后方，五指并拢呈锥形，旋转缓慢伸入直肠。

（2）手伸入直肠后，如有宿粪可用手暂时轻轻堵住，使粪便蓄积，刺激直肠收缩。当粪便达到一定量时，手臂在直肠内向上抬起，使空气进入直肠，促进宿粪排尽。

（3）手伸入直肠达骨盆腔中部，将手掌展平，掌心向下压肠壁，可触摸到一个质地坚实较硬、软骨棒状的子宫颈，沿着子宫颈向前触摸，在子宫体的前下方有一纵行的凹沟，即子宫间沟。再向前触摸，可摸到分叉的绵羊角状的一对子宫角，沿子宫角大弯向外侧下行，即可摸到呈扁椭圆形、有弹性的卵巢。用手指固定卵巢并体会卵巢的形状、有无卵泡、卵泡大小和质地等情况。检查完一侧再用同样的方法触摸另一侧卵巢（图 4-5）。

（4）结果判定。

第一期（卵泡出现期）：卵巢稍增大，卵泡直径为 0.50 ～ 0.75cm，触诊时为一软化点，波动不明显，母牛一般已开始有发情表现。从发情开始算起，此期约 10 h。

第二期（卵泡发育期）：卵泡直径达 1.0 ～ 1.5cm，呈小球状，波动明显，这一期为 10 ～ 12 h。在此期后半期，发情表现已减弱甚至消失。

第三期（卵泡成熟期）：卵泡不再增大，但卵泡壁变薄，紧张性增强，触诊时有一触即破之感，这一期为 6 ～ 8 h。

第四期（排卵期）：卵泡破裂排卵，由于卵泡液流失，卵泡壁变为松软，成为一个小凹陷。排卵后 6 ～ 8 h 开始变为黄体，原来的卵泡开始被填平，可触摸到质地柔软的新黄体。

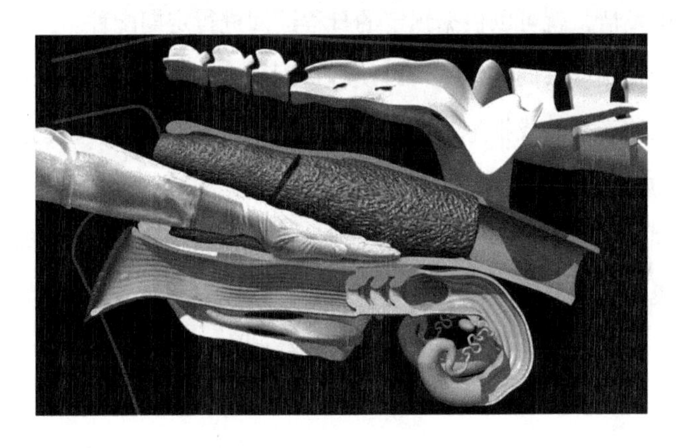

图 4-5 直肠检查法操作

注意事项：

①利用阴道检查法检查时，开膣器一定要彻底清洗和消毒，以防感染；插入开膣器时，要小心谨慎，以免损伤阴道黏膜。

②在直肠检查过程中，检查人员应小心谨慎，避免粗暴。如遇母牛努责时，应暂时停止操作，等待直肠收缩缓解时再进行检查。

③由于母牛的发情持续时间短，依据外部观察法就可以准确判断母牛的排卵时间。但在生产中，有些营养不良的母牛，由于其生殖机能衰退，造成卵泡发育缓慢，因此排卵时间可能会延迟。而有些母牛的排卵时间可能会提前，没有规律；还有一些母牛出现安静发情和假发情。对于这些牛，为了准确确定最佳配种时期，除了进行外部观察和阴道检查外，还有必要进行直肠检查。通过直肠检查，可以准确判断卵泡的发育情况。

第二节　发情控制

一、同期发情

同期发情又称同步发情，就是利用某些激素制剂人为地控制并调整一群母畜发情周期的进程，使之在预定时间内集中发情。

（一）同期发情的意义

有利于推广人工授精。人工授精往往由于畜群过于分散或交通不便而受到限制。如果能在短时间内使畜群集中发情，就可以根据预定的日程巡回进行定期配种。

便于组织生产。控制母畜同期发情，可使母畜配种、妊娠、分娩及仔畜的培育在时间上相对集中，便于家畜及其产品的成批生产，从而有效地进行饲养管理，节约劳动力和费用，对于工厂化养殖有很大的实用价值。

提高繁殖率。同期发情不但用于周期性发情的母畜，而且也能使乏情状态的母畜出现性周期活动。例如，卵巢静止的母牛经过孕激素处理后，很多表现发情，因此，可以提高繁殖率。

在胚胎移植中，当胚胎长期保存的问题尚未解决前，同期发情是经常采用的；而在鲜胚移植中，同期发情则是必不可少的环节之一。

（二）同期发情的机理

母畜的发情周期，从卵巢的机能和形态变化方面可分为卵泡期和黄体期两个阶段。卵泡期是在周期性黄体退化继而血液中黄体酮水平显著下降后，卵巢中卵泡迅速生长发育，最后成熟并导致排卵的时期。卵泡期之后，卵泡破裂并发育成黄体，随即进入黄体期。黄体期内，在黄体分泌的孕激素的作用下，卵泡发育成熟受到抑制，母畜不表现发情，在未受精的情况下，黄体即行退化，随后进入另一个卵泡期。相对高的孕激素水平可抑制卵泡发育和发情，由此可见黄体期的结束是卵泡期到来的前提条件。因此，同期发情的关键就是控制黄体寿命，并同时终止黄体期。

现行的同期发情技术有两种方法：一种是向畜群同时施用孕激素，抑制卵泡的发育和发情，经过一定时期同时停药，随之引起同期发情。这种方法，在施药期内，如黄体发生退化，外源孕激素代替了内源孕激素（黄体分泌的孕激素），造成了人为黄体期，推迟了发情期的到来。另一种方法是利用前列腺素药物使黄体溶解，中断黄体期，从而提前进入卵泡期，使发情提前到来。

一、诱发发情

诱发发情是人为地在母畜乏情期内，使用外源激素诱发其正常发情，以开展配种工作，提高繁殖率。其技术方法与同期发情方法相似，不同之处在于，同期发情是针对群体，而诱发发情是针对个体。

（一）母牛的诱发发情

对于属生理情况下（卵巢上无卵泡发育，也无功能性黄体。如产后长期不发情或产后提前配种的牛等）的乏情母牛的诱发发情方法，一般采用孕激素处理 9 ～ 12d，如在停药时注射一定量孕马血清促性腺激素，则效果更好。

对于病理状况下（持久黄体）的乏情母牛的诱发发情方法，可注射前列腺素，以溶解黄体，使母牛发情排卵。

（二）准备工作

（1）了解各种跟同期发情相关激素的作用原理、方法及应用剂量。

（2）器械及药品的准备。

①受体。选择健康、繁殖性能良好、体型中等的母畜。

②器具。注射器（5 mL 和 20 mL），套管针，无刺激性塑料细管，大头针，酒精灯，手术刀片，脸盆，肥皂，毛巾，纱布，搪瓷盘，工作服，胶靴，保定架。

③药品。18- 甲基炔诺酮，氯前列烯醇，PGF2a，消炎粉，苯甲酸雌二醇，色拉油，PMSG（孕马血清促性腺激素），hCG（人绒毛膜促性腺激素），70% 酒精，碘酒，消毒药。

（3）同期发情之前，首先对母牛进行直肠检查，触摸卵巢是否处于活动状态及子宫有无炎症变化，只有处于活动状态且子宫无炎症的母牛才可以进行同期发情处理。

（三）发情控制方法

孕激素和前列腺素是诱导母牛同期发情最常用的激素，前者通常用皮下埋植法或阴道栓法给药，后者一般以肌内注射方式给药。

1. 孕激素埋植法

（1）埋植管的制备。取外径 3 mm，内径 2 mm，长为 8 ～ 15 mm 无刺激性塑料管，将管壁用大头针烫刺 16 ～ 20 个孔，并把管的一端在酒精灯上烧软，稍加挤压，使其缩成小孔。再把小管浸于 70%酒精中约 20 min，然后将其放在消毒干纱布上，吸去酒精。然后将 18- 甲基炔诺酮粉和消炎粉按 1 ：1 混合研细，装入小管内，使每支小管含混合粉 40 ～ 60 mg。

（2）混悬剂的制备。3 ～ 5mg 18- 甲基炔诺酮研细与 2 ～ 4mg 苯甲酸雌二醇及事先煮沸消毒的色拉油制成混悬剂，使每毫升含 1.5 ～ 2.5mg 18- 甲基炔诺酮及 1 ～ 2 mg 苯甲酸雌二醇，用时先混匀后肌内注射。

（3）药管埋植。取与埋植药管相应直径的套管针，在被选母牛耳背侧中部无明显血管区，先剪毛，并用 70%酒精消毒，顺着耳方向，在皮下及耳软骨之间刺入约 20 mm，然后将药管装入套管针管内，使其开口端向上，再用套管刺针将药管推下皮下。注意切勿埋植过深或推入肌肉层，否则不易取出。埋植同时，给每头牛注射上述混悬剂 2mL。

（4）药管取出。经 10 ～ 12 d 后，用小号尖刀，在靠近埋植管开口端，将皮切开一小口，挤出埋植药管。取管时注意不要用力过猛，以免将药管内剩余 18- 甲基炔诺酮压出管外，残留皮下，导致发情时间推迟。为使排卵更为同期化，可在取管时注射孕马血清促性腺激素 400 ～ 500 IU，还可在第一次输精时注射促排 2 号 60 ～ 100 μg 或人绒毛膜促性腺激素 1 000 IU。

2. 孕激素阴道栓塞法

栓塞物可用泡沫塑料块或硅橡胶环，后者为一螺旋状钢片，表面敷以硅橡胶。它们包含一定量的孕激素制剂。将栓塞物放在子宫颈外口处，其中激素即渗出。

处理结束时，将其取出即可，或同时注射孕马血清促性腺激素。

孕激素处理结束后，在第二、第三、第四天内大多数母牛有卵泡发育并排卵。

3. 前列腺素法

用国产氯前列烯醇 0.4 mg 进行肌内注射，可诱导大多数牛在处理后 3 ～ 5 d 发情排卵。由于前列腺素对新生黄体（排卵后 5 d 内）没有作用，因此一次注射前列腺素往往一些牛不发情。为了提高同期发情效果，可间隔 9 ～ 12 d 分两次注射前列腺素。前列腺素也可用输精管进行子宫内灌注，虽然操作麻烦，但可减少激素用量一半。其余项目同埋植法。

有人将孕激素短期处理与前列腺素处理结合起来，效果优于两者单独处理。即先用孕激素处理 5 ～ 7d 或 9 ～ 10d，结束前 1 ～ 2d 注射前列腺素。不论采用什么处理方式，处理结束时配合使用孕马血清促性腺激素，可提高同期发情率和受胎率。

注意事项：

（1）参与教学的受体母牛，应体质健壮，无任何繁殖障碍疾病，且在操作时，应注意消毒工作及个人防护工作，防止人畜共患病的传播。

（2）有人将孕激素短期处理与前列腺素处理结合起来，效果优于两者单独处理。即先用孕激素处理 5 ～ 7d 或 9 ～ 10d，结束前 1 ～ 2d 注射前列腺素。不论采用什么处理方式，处理结束时配合使用孕马血清促性腺激素，可提高同期发情率和受胎率。

第三节　人工授精

一、准备工作

一是将用于采精的已被调教好的种公牛牵到采精室，准备好用于爬跨的活台畜或者假台畜。

二是准备好用于检查精液品质的相关器械，如精液品质分析仪、显微镜、烘干箱等。

三是将稀释液所用材料准备好，如奶粉、蛋黄、葡萄糖、酶类物质和抗生素等，也可直接使用稀释粉直接调配。

四是准备好精液储存容器，如液氮罐、恒温箱等，将分装的精液进行保存。

五是准备好牛体消毒清洗药品和输精器械，准备对受体母牛进行输精。

二、具体方法

（一）采精

采精者一般应立于公畜的右后侧。当公畜爬上台畜时，要沉着、敏捷地将假阴道紧靠于台畜臀部，并将假阴道角度调整好使之与公畜阴茎伸出方向一致，同时用左手托住阴茎基部使其自然插入假阴道。射精完毕当公畜跳下时，假阴道不要硬行抽出，待阴茎自然脱离后立即竖立假阴道，使集精杯（瓶）一端在下，迅速打开气嘴阀门放掉空气，以充分收集滞留在假阴道内胎壁上的精液。

牛、羊对假阴道内的温度比压力要敏感，因此要特别留意温度的调节。应用手掌轻托公畜包皮，避免触及阴茎。牛、羊射精时间非常短促，用力向前一冲时即行射精；因此要求动作敏捷准确并注意防止阴茎导入时突然弯折而损伤阴茎，还要紧紧握住假阴道，防止掉落（图 4–6）。

图 4-6　假阴道图示

（二）精液品质检查

1. 精液外观检查

本项目主要是用肉眼观察，可对精液品质作出初步估测。

（1）精液量。采精后将精液盛装在有刻度的试管或精液瓶中，可测出精液量的多少。

（2）色泽。观察装在透明容器中的精液颜色。

（3）气味。用手慢慢在装有精液的容器上端扇动，并嗅闻精液的气味。

（4）云雾状。观察装在透明容器中的精液的状态，主要观察液面的变化情况。

2. 精子活力检查

精子活力是指精液中呈前进运动精子所占的百分率。由于只有具有前进运动的精子才可能具有正常的生存能力和受精能力，所以活力与母畜受胎率密切相关，从而它是目前评定精液品质优劣的常规检查的主要指标之一。一般在采精后，稀释保存和运输前后以及输精前后都要进行检查。活力检查方法有多种：

（1）目测评定法。活力检查通常还是采用显微镜放大 200 ~ 400 倍，对精液样品进行目测评定。精液样品检查标本的制作有 3 种方法：平板压片法——是在普通载玻片上滴一滴精液，然后用盖玻片均匀覆盖整个液面，作成压片。这种方法简便，但精液容易变干影响精子活动力。悬滴法——是在盖玻片中央滴一滴精液，然后翻转覆盖在凹玻片的凹窝处，即制成悬滴检查标本。这种方法虽然不易变干，但由于精液厚度不匀，在观察时也较容易产生误差。精液检查板法——精液检查板由日本西川义正等人设计，可使被检查的精液样品厚度均匀地保持在 50μm，因此观察时不易产生误差。使用时，将精液滴在检查板的中央 S 处，过量的精液将会自动流向四周，再盖上盖玻片，置于具有恒温装置的显微镜载物台上，将恒温装置前后左右移动；使检查板的中央置于视野，然后调节焦距进行活力评估。

（2）死活精子计数法。死活精子的计数一般采用染色检测的方法。这种方法是利用活精子对特定染料不着色而死精子着色的特点来区分死、活精子。因为活精子的细胞膜的半透过性的机能，能阻止色素渗入；而死精子的细胞膜特别是核后帽处的通透性增强，不能阻止色素渗入。所以染色后，着色的精子（特别是头部）即为死精子，不着色或几乎不着色的是活精子。在 400 ～ 600 倍的光学显微镜下从染色抹片中随机观察一定数量的精子（通常为 500 个）的着色情况，即可计算出死活精子的比例。由于一些非前进运动的活精子也可能不着色，所以由此测得的结果，比按前进运动目测评定的精子活率往往偏高，但两者高度相关，因此可以作为目测精子活力的补充证明。

（3）其他检查法。用于测定精子活率的方法，还有用电阻抗频率变化测定精子活率的电阻抗检查测定法；从精子通过光电管时观察精子运动速度、游泳方式和活率的光电法、电子法；暗视野显微定时曝光照片法；显微电视录像计数法；精子进入子宫颈黏液深度测定法等。但由于这些方法所用的检查仪表价格昂贵，操作步骤复杂，影响测定准确度的因素较多，故在生产实践中一时尚难以推广应用。

3. 精液 pH 值检查

测定 pH 值的最简单方法是用 pH 试纸比色，目测即得结果，适合基层人工授精站采用。另一种方法是取精液 0.5mL，滴上 0.05mL 的溴化麝香兰，充分混合均匀后置于比色计上比色，从所显示的颜色便可测知 pH 值。用电动比色计测定 pH 值结果更为准确，但玻璃电极球不应太大，一次测定的样品量要少。国外已有一次只需 0.1 ～ 0.5mL 样品的微量 pH 计。

4. 精液密度测定

精子密度也称为精子浓度，指每毫升精液中所含的精子数。精子密度的大小直接关系精液稀释倍数和输精量的有效精子数，也是评定精液品质的重要指标之一。评定方法一般有目测法和计数法。

5. 目测法

与检查活率的方法相同，往往与观察活率同时进行，只是精液不作稀释。具体操作是取 1 小滴原精液在清洁载玻片上，加上盖玻片，使精液分散成均匀一薄层，无气泡存留，精液也不外流或不溢于盖玻片上，置于 400 ～ 600 倍显微镜下观察。根据精子密度的大小粗略分为密、中、稀 3 个等级。

“密”指整个视野内充满精子，几乎看不到精子间的空隙和单个精子的运动。

“中”指视野内精子之间相当于一个精子长度的明显空隙，可见到单个精子的活动。

“稀”指视野内精子之间的空隙很大，能容纳 2 个或 2 个以上精子。

这种评定方法带有一定的主观性，误差较大。另外，由于各种家畜精子密度相异较大，很难统一制定一个标准。此法只在基层人工授精站常用。

6. 计数法

（1）血吸管计算。

清洗器械：

吸管：自来水、蒸馏水、95%酒精、乙醚。

计数室：自来水、蒸馏水、白绸布擦干净备用。

精液稀释：

①用 1 mL 移液枪吸 3% NaCl 0.2 mL 或 2 mL，放入小试管中，用血吸管吸出 10 μL 或 20 μL NaCl（根据稀释倍数确定）抛掉。

②用血吸管将精液吸至刻度 10 μL 或 20 μL 处。

③用纱布擦去吸管尖端所附的精液。

④用拇指按住试管口，振荡 2 ～ 3 min 使其均匀混合。

精子的计数：

①将擦洗干净的血细胞计数室放于显微镜的载物台上，盖上盖玻片。

②将试管中稀释好的精液滴一滴于计数室上面的盖玻片的边缘，使精液自动渗进计数室内。注意不要使精液溢出于盖玻片之外，并不可使精液不够而计数室内有现气泡或干燥之处，如有这些现象应重做。

③静置 2 min 便可在 400 ～ 600 倍的显微镜下检查。

④计算计数室的四角及中央共五个中方格即 80 个小方格内的精子数。

⑤计算每小格内的精子，只数格内及压在左线和上线者。

⑥由五个中方格（80 个小方格）所数到的精子数代入下式即得出每毫升的精子数。

每毫升内所含精子数 =5 个中方格内的精子数 ×400×10×1 000× 稀释倍数。

为了减少误差，必须进行两次计数，如果前后两次误差大于 10%，应作第三次检查。最后在三次检查中取两次误差不超过 10%，求出平均数，即为所确定的精子数。

（2）血球吸管计算。介绍血球吸管的构造及各种家畜应该使用何种血球吸管（红血球吸管或白血球吸管）。由于同学们在学习动物生理时已熟悉有关血细胞计数室的运用，故不再详述它的结构。

清洗器械：

吸管：自来水、蒸馏水、95%酒精、乙醚。

计数室：自来水、蒸馏水、白绸布擦干净备用。

精液稀释：

①牛、羊、鸡的精液（密度高）用红血球吸管：若将精液吸至“0.5”刻度处，然后再吸 3% NaCl 至“101”刻度，为稀释 200 倍。如将精液吸至“1.0”刻度处，再吸 3% NaCl 至“101”刻度，则为稀释 100 倍。

②猪、马、兔的精液（密度低）用白血球吸管：若将精液吸至“0.5”刻度处，然后再吸 3% NaCl 至“11”刻度，为稀释 20 倍。如将精液吸至“1.0”刻度处，再吸 3% NaCl 至“11”刻度，则为稀释 10 倍。

精子的计数：

①将计数室推上盖玻片。要求盖玻片被推上后以立起计数室不掉下来为原则，并且盖玻片在折光时可见到清晰的彩色条纹。

②将盖好盖玻片的计数室置于低倍镜下观察，首先要求找到清晰的计数室。

③用血球吸管吸精液，用药棉擦去吸管尖端外围附着的精液，并用 3% NaCl 稀释，不同的家畜用不同的吸管稀释。

④吸管吸好精液和 3% NaCl 以后，用拇指及食指堵住吸管两端进行来回的充分摇动混匀。然后弃去吸管中的前 2 滴，再将吸管尖端置于血球计数室和盖玻片交界处的边缘上，吸管内的精液自动渗入计数室内，使之自然、均匀地分充满计数室。注意不要使精液溢出盖玻片，也不可因精液不足而使计数室内有气泡或干燥处，否则，应重新操作。静放 2 min，开始计数。

⑤移到高倍镜下镜检和计数。首先数出四角和正中间的五个中方格中的精子数，也就是 80 个小方格中的精子数。载物台要平置，不能斜放，光线不必过强。计数时先数出四个角及中央的五个中方格中的精子数，然后用下列公式计算。重复次数同前。

每毫升原精液内的精子数 =5 个中方格内的精子数 ×5×10×1 000× 稀释倍数 × X（如果是原精液不要 ×“X”）。

（三）对精液的稀释

精液稀释应在采精后尽快进行（一般要求最多不超过半小时），并尽量减少与空气和其他器皿接触。所以，采精前就应将精液品质检查、稀释以至保存的各项准备工作做好。

稀释前应防止精液温度发生突然变化，特别是防止遭受低于 20℃以下的低温刺激；同时要求稀释液的温度要调整至与精液相同。因此，一般是将精液和稀释液同时置于 30℃左右的水浴锅或保温瓶中。

稀释时，将稀释液沿杯（瓶）壁缓缓加入精液中，然后轻轻摇动或用灭菌玻棒搅拌，使之混合均匀。如作 20 ~ 30 倍以上的高倍稀释时，则应分两步进行。先作低倍稀释（如 3 ～ 5 倍或加入稀释液总量的 1/3 ～ 1/2），稍待片刻后再作高倍稀释，即将其余所剩的稀释液全部加入，以防精子所处环境条件的突然改变，造成稀释打击。稀释后，静置片刻再作活力检查。如果稀释前后活力一样，即可进行分装与保存；如果活率下降，说明稀释液的配制或稀释操作有问题，不宜使用，并应查明原因。

（四）精液的保存

细管冻精的制作：

1. 采精及精液品质检查

做好采精前的各项准备工作，特别是应尽可能做到精液品质纯净而不受污染，同时要认真熟练进行采精技术操作，力争做到采得的精液质高量多。特别是精子活力要高，密度要大，因为精液品质与冷冻效果密切相关。此外，马、驴、猪的精液还要经过过滤或高离心浓缩处理，其中猪精液最好采用浓份精液。

2. 精液稀释和降温

采用的冷冻精液剂型不同，所采取的稀释液配方、稀释倍数和次数也不尽相同，一般多采用一次或两次稀释法。三次稀释法应用不多。

一次稀释法：常用于颗粒型精液，近年来也应用于细管型、安瓿型或袋装精液。方法是将采出的精液用含甘油的同温稀释液按比例要求一次加入。

二次稀释法：为尽可能减少甘油对精子的有害作用，采用二次稀释法效果较好。一定甘油浓度的稀释液在室温条件下，会显著地降低精液质量，其危害程度是随着稀释精液温度的增高而加剧，因此采用二次稀释法既可保持甘油最终浓度不变，但又只在低温精液中才加入含甘油稀释液，从而可以减少甘油的毒害。一般常用于细管、安瓿或袋装型精液冷冻。方法是将采得的精液在常温的等温条件下，立即用不含甘油的第 I 稀释液，稀释倍数应根据精液品质作 1 ～ 2 倍的稀释。稀释后的精液经 40 ～ 60 min 缓慢降温至 4 ～ 5℃（猪精液先缓慢降温至 15℃维持 4 h，再从 15℃经 1 h 降至 5℃），然后加入等温的含甘油的第 Ⅱ 液，加入量等于第一次稀释后的精液量。第 Ⅱ 液加入方法又分为一次性或三四次（间隔 10 min）、缓慢滴入等方法。至于猪还有一种独特的二次精液稀释法；有人认为采得的原精液在室温下静止数小时，可提高猪精子抗冷打击能力，冻后活率有所提高。操作方法是先将采得的浓份精液，直接放到保温瓶中在室温环境下静置 2 h，然后以 1 500 ～ 2 000 r / min 速度离心除去精清（然我国有的试验认为浓份精液离心与否，效果差异不显著，故亦可不经离心），作第一次稀释，经 2 h 降温至 5℃再作第二次稀释。

三次稀释法：猪精液有时采用三次稀释法。首先用等温的脱脂乳（I液）将采得的浓份精液，在30℃下按1 ：0.5倍作第一次稀释，经1 h降温至15℃；用等温的蔗糖卵黄液（Ⅱ液）按原精液量1 ：1作第二次稀释，经2～3 h降至5℃；用等温含甘油的蔗糖卵黄液（Ⅲ液）按原精液量1 ：1作第三次稀释。第三次稀释后的精液取样在38～40℃下镜检活率不应低于原精液，方可用来制作冻精。

3. 稀释精液的平衡

经含甘油稀释液稀释后的精液；放入冰箱或冰瓶，使在恒定的原温度（4～5℃）环境下放置一段时间（2～4 h），主要是使甘油能充分渗入精子内部，达到渗透的活性物质平衡，产生抗冻保护作用。含甘油稀释液对精液这一作用的时间，称为平衡过程。平衡过程中注意保持温度不变。在平衡过程中还可能有助于精细胞的完成离子平衡变化，精子在稀释后重建离子平衡也可能需要平衡的时间，而精子在低温下的离子平衡也可以增强耐冻性，为下一步超低温冷冻做好生理上的准备，减少在冷冻过程中冰晶化危险温度区对精子的损害。

4. 精液的分装

前已述及，稀释与平衡后的精液，可按畜禽种类、冷源、设施条件等具体情况，选用不同冻精剂型进行分装。这里要特别重复强调，如果是在平衡温度中进行精液分装，则必须注意防止精液温度的回升。

5. 精液的冷冻

细管型冷冻精液法——事先在大口径（80cm以上）的冻精专用液氮罐中，灌入占罐腔1/2容量的液氮，调整罐中冷冻支架和液氮面的距离，使冷冻支架上的温度维持在−135～−130℃。先将精液细管平铺在梳齿状的冷冻屉上，注意彼此不得相互接触，然后把冷冻屉搁置于冷冻支架上，以液氮蒸气迅速降温，经10～15 min，使细管精液遵循一定的降温曲线。当温度降至−130℃以下并维持一定时间后，即可收集细管冻精装入液氮罐提筒置罐内贮存。更先进的细管精液冷冻方法，是使用控制液氨喷量的自动记温速冻器效果更好。

6. 冻精的库贮

（1）质量检测。各种剂型成品冻精，每批须抽样2～3头剂份，解冻后按照有关规定项目进行精液质量检测。不合格的冻精应予废弃不可入库存贮。

（2）分装。各种剂型的冻精须在液氮中计数分装。细管型冻精可每10支装入小塑料筒中，或按50～100支装入纱布袋中，颗粒型冻精可按一定数额分装于塑料盒，玻璃瓶或纱布袋等各种小容器内。安瓿型冻精则须包装在特制的安瓿卡或包装袋中。

（3）标记。冷冻精液的包装上，须明确标记公畜品种、编号、冻精生产日期以及冻精活率等质量指数，然后按照公畜品种及编号分类装人液氮罐提筒内，浸入液氮罐内贮存。不得使不同品种或编号公畜冻精混杂贮存。

（4）贮存。贮存冻精的液氮罐应放置在干燥、凉爽、通风和安全的专用室内。由专人负责保管，并每隔 5 ～ 7 d 检查一次液氮容量，当只剩余液氮罐容量 2 /3 的液氮时，即应及时补充；要经常观察检查液氮罐的状况，如发现罐体外壳有小水珠或盖塞挂霜，或发觉液氮消耗过快时，说明由于液氮罐部件破损使其保温性不佳，应及时更换与修理。作长期贮存的冻精，每半年左右应抽样检测精子活力。如发现有异常情况则应随即抽检，以确保库贮冻精质量符合国家标准要求。

（5）分发、转移。冻精的分发或转移，应在 5L 广口液氮罐或其他容器内的液氮中进行。冻精一次离开液氮时间不得超过 5 s。零星冻精取用，则贮精提筒不得超过液氮颈管的下沿，开罐时间一次 3 ～ 5 s，最长也不得超过 10 min。

（6）记载。每次入库、分发、转移、取用、耗损、废弃的冻精数量，均须及时记载，每月结算一次。

7. 冻精的解冻

冻精的解冻是使用冷冻精液的重要环节，因为解冻温度、解冻方法和解冻液的成分，都直接影响着解冻后精子的活力。前已述及冻精的解冻过程，如同冷冻过程一样，必须迅速通过精子冰晶化的危险温度区，才不致对精子细胞造成损伤。目前的解冻温度有低温冰水解冻（0 ～ 5℃），温水解冻（30 ～ 40℃）和高温解冻（50 ～ 70℃）等。实践中以 30 ～ 40℃的解冻较为实用，因为比较安全、稳妥，解冻效果也较好。其实高温快速方法（75℃ 12 s）效果更好，精子活力高，受胎率也高，但必须注意不得使解冻后的精液温度快速上升，这就必须掌握冻精融化 1 /2 时就立即取出备用。

精液解冻虽然可用较高的温度，但是冻精全部融化后的温度不宜超过 5 ～ 8℃。因为如果精液温度较高，而在输精时候的气温较低，会使吸入输精器的精液温度急剧下降，而当接着输入母畜生殖道后，精液温度又会自然上升到体温，这样就造成解冻后的精液温度反复变化，从而不利于精子的存活。因此在精液中解冻过程中，当细管中的精液或颗粒精液融化 1/2 时，即应脱离解冻温度，使解冻后的精液比较稳定地维持在 5 ～ 8℃。

实践中应用的解冻操作方法有五种：一是将冻精放在如上所述不同温度的水里；二是放在室温下自然融化；三是握在手中或装在衣袋里依靠体温来解冻；四是将冻精细管装在输精枪内直接输入生殖道，靠母牛阴道及子宫颈温度来解冻；五是浸入 1 ～ 2℃的酒精内（只限于玻璃安瓿）。由于冻精剂型不同，解冻方法也有不同。

（五）输精

1. 输精时间的确定

适宜输精时间是根据各种母畜排卵时间、精子和卵子的运行速度和到达受精部位（输卵管壶腹部）的时间，以及它们可能保持受精能力的时间和精子在母畜生殖道内完成获能时间等综合决定的。总的说来，各种母畜都适宜在排卵前的 4 ～ 6 h 进行输精。以便刚刚完成获能并已到达受精部位，生命力强的精子恰恰和排出不久的卵子相遇而受精。如果输精太早，等卵子到达受精部位时，精子已衰老或丧失受精能力甚至已死亡，从而降低受精能力；输精过迟时，即使精子具有很强的受精能力，但卵子排出时间已久而衰老，同样不能受精。

在生产实践中，常用发情鉴定来判定输精适宜时间；同时根据配种繁殖档案分析和向饲养员（畜主）的调查询问，来具体摸索和掌握各头母畜发情排卵规律和成功输精受胎的经验也是十分重要的。一般的经验是发现母牛早晨发情，当天下午或傍晚输精；下午发情的特别是傍晚发情的于次日早晨输精。

2. 输精的方法

（1）阴道开张器输精法。此法是用一手持涂抹有少量灭菌的润滑剂的阴道开张器，插入阴道将其张开，借助额灯等光源寻找子宫颈外口。然后用另一手将吸有精液的输精器的导管尖端小心插入子宫颈内 1 ～ 2 cm 深处，徐徐注入精液，随之取出输精器，接着取出阴道开张器。为了防止母牛拱背而使精液倒流，可在输精时和输精后由助手用力按捏母牛背腰部，并稍待片刻后再将母牛缓步牵回牛舍。输精过程中如果母牛左右摆动不定，则应暂时中止操作，并立即将阴道开张器和输精器交由一手握住保定，使两者一起随着母牛一个方向摆动，以免输精器突然折断。等母牛安定后再继续输精。此法能直接看到输精管插入子宫颈口内，适应于初学者。但操作烦琐，容易引起母牛骚动，易使阴道黏膜受伤，因输精部位浅，精液容易倒流，故受胎率较低。因此，目前已很少采用。

（2）直肠把握子宫颈输精法。简称直把输精法，亦称深部输精法。右手将阴门撑开，左手将吸有精液的输精器，从阴门先倾斜向上插入阴道 5 ～ 10 cm，即通过阴道前庭避开尿道口后，再向前水平插入直抵子宫颈外口。随后右手伸入直肠，隔着直肠壁探明子宫颈位置，并将子宫颈半捏于手中，使子宫颈下部紧贴固定在骨盆腔底上。然后在两手协同配合下，使输精管导管尖端对准子宫颈外口，并边活动边向前插，当感觉穿过 2 ～ 3 个子宫颈内横行的月牙形皱襞时，即可徐徐注入精液。输精完毕后。先抽出输精器，然后抽出手臂。输精过程中，输精器不可握得太死，应随牛的后躯摆动而摆动，以防折断输精器的导管。输精器插入阴道和子宫颈时，要小心谨慎，不可用力过猛，以防黏膜损伤或穿孔。由于此法将精液注入子宫颈深部，受胎率较高；用具较少，操作安全，阴道不易感染；母牛无痛感刺激，处女牛也好使用；但此法初学者较难掌握，在操作时要特别注意把握子宫颈的手掌位置，不能太靠前，也不能太靠后，否则都不易将输精管插入子宫颈的深部（图 4–7）。

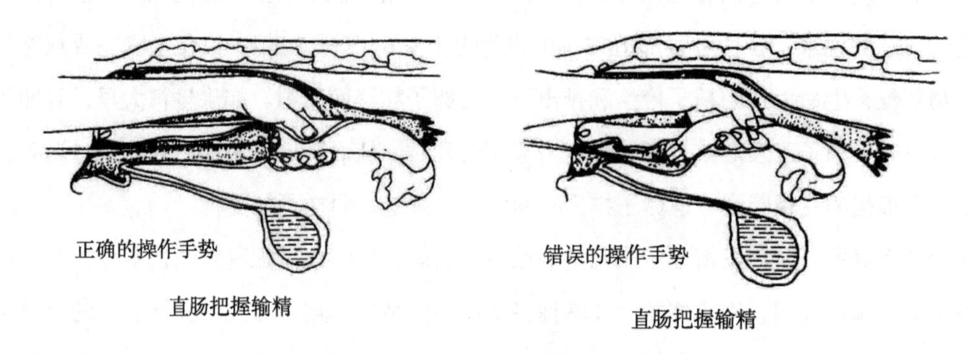

图 4–7　输精方法

第四节　妊娠诊断技术

一、准备工作

准备妊娠中、后期母牛，以未孕母牛作为参照进行鉴定。

准备妊娠诊断所用的器械，包括：保定架、听诊器、绳索、鼻捻捧、尾绷带、开膣器、额灯或手电筒、热水、脸盆、肥皂、液状石蜡、酒精棉球、细竹捧（长约 40 cm）消毒棉花、滴管、显微镜、载玻片、毛巾、多普勒妊娠诊断仪。

准备妊娠诊断所用的药品，包括：95%酒精、姬姆萨染液。

母牛站立保定，将尾巴拉向一侧，排出宿粪，清洗外阴。

直肠检查法诊断时，检查人员将指甲剪短磨光，穿好工作服，戴上长臂手套，清洗并涂抹润滑剂。

超声波诊断法利用 B 超鉴定时，将防水探头连接到 B 超仪上，打开主机，之后将 B 超仪戴在手臂上。

二、具体办法

（一）外部检查法

外诊包括视诊、触诊和听诊 3 种方法。

1. 视诊

怀孕母牛，可以看到腹围增大，臁部凹陷，乳房增大，出现胎动。但不到怀孕末期，通常难以得到确诊。

由于母牛左后腹腔为瘤胃所占据，所以，站于妊娠母牛后侧观察时，可以发现右腹壁突出。

2. 触诊

在怀孕后期，可以从外部触知胎儿。

早晨饲喂之前，用手掌在右膝襞之前方，臁部之下方，压触以诱发胎儿运动，亦可用拳头在臁部往返抵动。以触知胎儿，但此方法不可过于猛烈，以免引起流产。能触知的时间一般须在怀孕 6 个月以后。如果从右侧触诊不到可在左侧试验。

3. 听诊

听取胎儿的心音。

在怀孕第六个月以后，可在安静场所由右臁腹下方或膝襞内侧听取。

（二）阴道检查法

1. 准备工作

（1）保定。母牛保定在保定架内，用绷带缠尾后扎于一侧。如无保定架也可用三角绊。母畜阴唇及肛门附近先用温水洗净，最后用酒精棉花涂擦。如需将手伸入阴道进行检查时，消毒手的方法与手术前手的准备相同，但最后必须用温开水或蒸馏水将残留于手上的消毒液冲净。

（2）消毒。金属用具先用清水洗净后，再以火焰消毒或用消毒液浸泡消毒。但其后必须再用开水或蒸馏水，将消毒液冲净。

2. 检查阴道的变化

（1）检查方法。

①给已消毒过的开膣器前端约 5cm 处向后涂以滑润剂（石蜡油等），在检查之前用消毒纱布覆盖，以免灰尘沾污。

②检查者站于母牛左右侧，右手持开膣器，左手拇食指将阴唇分开，将开膣合拢呈侧向，并使其前端略微向上缓缓送入，待完全进入后，轻轻转动开膣器，使其两片成扁平状态，最后

压紧两柄使其完全张开，进行观察。

③检查完毕，将开膣器恢复如送入时状态，然后再缓慢抽出，抽出时切忌将开膣器闭合，否则易于损伤阴道黏膜。

④检查完毕将开膣器进行消毒。

（2）阴道黏膜及子宫颈变化。

①妊娠时阴道黏膜变为苍白、干燥、无光泽（妊娠末期除外）至妊娠后半期，感觉阴道肥厚。

②子宫颈的位置改变，向前移（随时间不同而异），而且往往偏于一侧，子宫颈口紧闭，外有浓稠黏液，在妊娠后半期黏液量逐渐增加，非常黏稠（在妊娠末期则变为滑润）。

③附着于开膣器上之黏液成条纹状或块状，灰白色，以石蕊试纸检查呈酸性反应。

阴道检查时注意事项：对于妊娠母牛开张阴道是一种不良刺激，因此，阴道检查动作要轻缓，以免造成妊娠中断。

（三）直肠检查法

1. 准备工作

检查前的准备工作与发情鉴定的直肠检查准备相同。

2. 检查步骤和方法

（1）手臂伸入直肠（图 4-8）。

（2）一般当手腕伸入肛门，手向下轻压直肠肠壁，即可触摸到棒状坚实纵向子宫颈。

（3）将食指、中指、无名指分开沿着子宫向前摸索，在子宫体前，中指可摸到一纵行子宫角间沟，再向前探摸，食指和无名指可摸到类似圆柱状两侧子宫角。

（4）沿子宫角的大弯向外侧下行，即可触到呈扁卵圆形、柔软、有弹性的卵巢。

（5）触摸过程中如摸不到子宫角和卵巢时，应再从子宫颈开始向前逐渐触摸。

（6）母牛妊娠诊断时须触摸：

①子宫角的大小、形状、对称程度、质地、位置及角间沟是否消失。

②在子宫体、子宫角可否摸到胚泡并判断其大小，子宫颈粗细、位置及牵拉感觉。

③有无漂浮的胎儿及胎儿活动状况。

④子宫内液体性状。

⑤子宫动脉粗细及妊娠脉搏的有无，子叶大小。

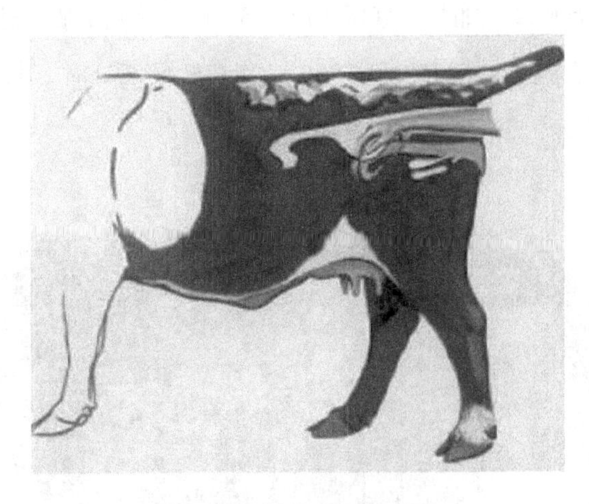

图 4-8 母牛妊娠诊断操作

（四）实验室诊断法

1. 阴道组织切片法

母畜妊娠后，阴道复层扁平上皮的层数明显减少。一般用于绵羊，母猪的妊娠诊断。

2. 免疫诊断法

通过抗原抗体反应，检测母畜在妊娠期产生的特异因子，如 hCG、PMSG 等，如早孕因子（EPF）广泛存在于妊娠早期的牛、羊和猪的血液中，通过检测是否阳性，可判断妊娠状况。

3. 激素测定法

（1）黄体酮。妊娠早期，由于黄体的存在，体液中黄体酮水平明显升高，通过放免测定体液中的黄体酮含量进行妊娠诊断。可用于牛、马、绵羊和猪。

如测定配种后 21 ～ 24 d 牛奶中 P4 含量，妊娠诊断准确率达 80%，阳性大于 11ng/mL，阴性小于 2ng/mL，绵羊配种后 18 d 测定，妊娠判断准确率达 83.5%，未妊娠诊断为 100%。

（2）硫酸雌酮。它是由孕体产生，但在母体血液、乳汁和尿液中可检测到，猪：20 d，马：40 d，羊：40 ～ 50 d，奶牛：72 d 可检测到。

（五）超声波诊断法

超声波是人耳感觉不到的声波，频率范围 1 ～ 10MHz。人们可利用超声波的物理特性和动物组织结构的声学特点，制成特殊的探测仪器对妊娠胎儿活动、胎儿脉搏、脐带血管和子宫动脉等进行探测，根据这些资料进行妊娠诊断。常用的是 B 型超声波仪，即 B 超，是妇女进行妊娠诊断的主要方法。这一仪器主要由四部分构成：电脉冲发生器、传感器、数字扫描转换器和显示器构成（图 4-9）。

它对在妊娠早期进行诊断，如马在妊娠 10 ～ 15 d 时，诊断准确率达 100%，牛在妊娠 20 d 时，准确率为 100%，绵羊在 60 d，准确率 90%，猪在妊娠 30 d 时，准确率为 95%。缺点：仪器成本昂贵，操作不方便。

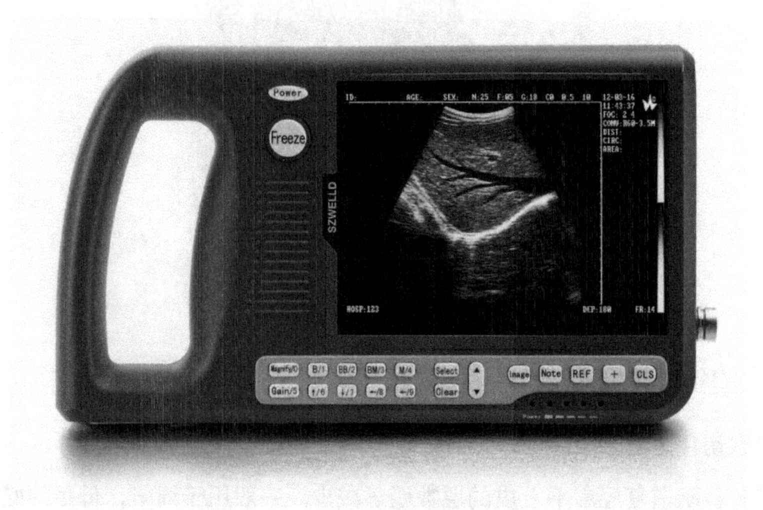

图 4-9　B 型超声波诊断仪

注意事项：

（1）妊娠诊断所使用器具如开膣器等，一定要彻底清洗和消毒，以防感染；插入开膣器时，要小心谨慎，以免损伤阴道黏膜。

（2）在直肠检查过程中，检查人员应小心谨慎，避免粗暴。如遇母牛努责时，应暂时停止操作，等待直肠收缩缓解时再进行检查。

（3）学生应掌握母牛怀孕各月份生殖器官各部分的变化，从而确定其是否怀孕及怀孕时间的长短。

第五节　助产技术

一、准备工作

准备好产房，产房要求宽敞，清洁干燥，光线充足，通风良好而无贼风。产房的墙壁及饲槽要便于消毒，褥草要柔软。

根据母牛的预产期和分娩预兆，要在分娩前 1 ～ 2 周将待产母牛转入产房，以便让其熟悉环境，安定母牛情绪。每天要观察检查待产母牛的健康状况，注意分娩预兆。

准备好接产器具及药品，器具放在较固定的地方。要准备的用具和药械有肥皂、毛巾、刷子、棉花、纱布、注射器、针头、体温表、听诊表、细绳、产科绳、大塑料布、照明设备、70%酒精、2%～5%碘酒、0.1%新苯扎氯铵和催产药等。

接产者应选择有接产经验的人员来承担，新手应事先进行培训，以使其熟悉母牛的分娩规律，严格遵守协产操作规程。母牛多数在夜间分娩，因此要建立值班制度。助产时，要预防布氏杆菌的感染，做好自身防护工作。

二、具体方法

（一）分娩和助产

1. 分娩预兆的观察

主要注意以下几点。

（1）妊娠后期，母牛的乳房发育加快，特别在初产母牛更为明显。到分娩前约半个月，乳房迅速发育膨大，腺体充实，乳头膨胀，临产前一周有初乳滴出。

（2）荐坐韧带松弛，触诊尾根两旁即可感觉到荐坐韧带的后缘极为松软。牛、羊表现较明显，荐骨后端的活动性增大。

（3）阴唇肿胀，前庭黏膜潮红、滑润，阴道检查可发现子宫颈口开张、松弛。

（4）母牛产前几小时体温下降 0.4 ～ 1.2℃。

（5）临产母畜表现不安、常起卧、徘徊、前肢刨地、回顾腹部、拱腰举尾、频频排便。母马常出汗，母猪常用衔草做窝的表现。

2. 正常分娩的助产

母牛的助产是及时处理母牛难产，进行正确的产后处理以预防产后母牛炎症和犊牛健康的重要环节。分娩是母牛正常的生理过程，一般情况下，不需要助产而任其自然产出。但在胎位不正、胎儿过大、母牛分娩无力等情况下，母牛自动分娩有一定的困难，必须进行必要的助产。因此，特别是对于一定规模的牛场，必须有专门的产房、固定的接产人员。产房内应保持安静、卫生，地面应铺洁净的软垫草。炎热季节应注意通风降温，但不能用大功率风扇直接吹母牛；寒冷季节则应采取保暖增温措施，地面增加干垫草，降低室内湿度。

助产者要穿工作服、剪指甲、准备好酒精、碘酒、剪刀、镊子、药棉以及助产绳等。助产人员的手、工具和产科器械都要严密消毒，以防病菌带入子宫内，造成生殖系统的疾病。

当发现母牛有分娩症状，助产者先用0.1%～0.2%的高锰酸钾温水或1%～2%煤酚皂溶液，洗涤外阴部或臀部附近，并用毛巾擦干，然后等待母牛的分娩。

当观察到胎膜已经露出体外时，不应急于将胎儿拉出，应将手臂消毒后伸入产道，检查胎儿的方向、位置和姿势，如胎位正常，可让其自然分娩。如是倒生，后肢露出后，则应及时拉出胎儿，因为当胎儿腹部进入产道时，脐带容易被压在骨盆上，如停留过久，胎儿可能会窒息死亡。如果当胎儿前肢和头部露出阴门，但羊膜仍未破裂，可将羊膜扯破，并擦净胎儿口腔、鼻周围的黏液，以便胎儿呼吸。当破水过早，产道干燥或狭窄而胎儿过大时，可向阴道内灌入肥皂水或植物油润滑产道，以便于拉出胎儿。犊牛产出后，应先将其鼻、口腔中的黏液除去，用干草将身上的黏液擦净，也可让母牛自己舐干。同时将蹄端的软蹄除去，称其初生重。然后，助产人员用5%碘酊消毒自行断裂的脐带。如果初生犊牛有呼吸障碍，或无呼吸尚有心跳（称为窒息），应进行人工呼吸。先将犊牛头部放低，后肢抬高，两手握住前肢，来回前后牵动前肢，并交替扩展和压迫胸腔。或侧卧双手有节律地压迫腹肋部，要求耐心持久，直至出现正常呼吸。犊牛产出后，还要注意母牛的胎衣的排出。一般应在胎儿排出后2～8h排出胎衣，超过时间时（一般为12h，夏季则不宜超过4～6h，以防胎衣腐败导致的牛子宫感染），就应及时采取胎衣剥离措施或其他处理方法。

最后需要说明，牛的助产，特别是难产的处理，应在兽医师的参与下进行，并以保证牛健康，特别是母牛正常的繁殖力为前提。

3. 新生仔畜的护理

犊牛由母体产出后应立即做好如下工作：即消除犊牛口腔和鼻孔内的黏液，剪断脐带，擦干被毛，饲喂初乳。

（1）清除口腔和鼻孔内的黏液。

①犊牛自母体产出后应立即清除其口腔及鼻孔内的黏液，以免妨碍犊牛的正常呼吸和将黏液吸入气管及肺内。

②如犊牛产出时已将黏液吸入而造成呼吸困难时，可两人合作，握住两后肢，倒提犊牛，拍打其背部，使黏液排出。也可用稻草搔挠小牛鼻孔或冷水洒在小牛头部刺激呼吸。

③如犊牛产出时已无呼吸，但尚有心跳，可在清除口腔及鼻孔黏液后将犊牛在地面摆成仰卧姿势，头侧转，按每6～8s一次按压与放松犊牛胸部进行人工呼吸，直至以犊牛能自主呼吸为主。

（2）断脐。在清除犊牛口腔及鼻孔黏液以后，如其脐带尚未自然扯断，应进行人工断脐。方法是挤出脐带潴留的血液，在距离犊牛腹部8～10cm处，两手卡紧脐带，往复揉搓2～3min，然后在揉搓处的远端用消毒过的剪刀将脐带剪断，挤出脐带中黏液，并将脐带的残部放入7%～10%的碘酊中浸泡1min。出生两天后应检查小牛是否感染，正常时应很柔软，若感染则小牛表现沉郁，脐带区红肿并有触痛感。脐带感染能很快发展成败血症（血液受细菌感染），常引起死亡。

（3）擦干被毛。断脐后，应尽快擦干犊牛身上的被毛，以免犊牛受凉，尤其在环境温度较低时，更应如此。也可让母牛自己舔干犊牛身上的被毛，其优点是刺激犊牛呼吸，加强血液循环，促进母牛子宫收缩，及早排出胎衣，缺点是会造成母牛恋仔，导致挤奶困难。

（4）编号、称重、记录。犊牛出生后应称出生重，对犊牛进行编号，对其毛色花片、外貌特征（有条件时可对犊牛进行拍照）、出生日期、谱系等情况作详细记录。在奶牛生产中，通常按出生年度序号进行编号，既便于识别，同时又能区分牛只年龄。标记的方法有画花片、剪耳号、打耳标、颈环数字法、照相、冷冻烙号、剪毛及书写等数种。

（5）喂初乳。初乳是母牛产犊后 3 ～ 5d 所分泌的乳，与常奶相比初乳有许多突出的特点，因此对新生犊牛具有特殊意义，根据规定的时间和喂量正确饲喂初乳，对保证新生犊牛的健康是非常重要的。

4. 母畜的护理

（1）擦净外阴部、臀部和后腿上黏附的血液、胎水及黏液。

（2）更换褥草。

（3）及时饮水并给予疏松易消化的饲料。

（4）注意胎衣排出的时间和排出的胎衣是否完整，如发现胎衣不下或部分胎衣滞留的情况，应及早剥离或请兽医处理。

（二）难产的救助

1. 产畜异常引起的难产

（1）阵缩及努责微弱。分娩时子宫及腹肌收缩无力、时间短、次数少，间隔时间长，以致不能将胎儿排出，称为阵缩及努责微弱。

①病因。原发性阵缩微弱，是由于长期舍饲、缺乏运动，饲料质量差，缺乏青绿饲料及矿物质，老龄、体弱或过于肥胖的家畜。家畜患有全身性疾病，胎儿过大，胎水过多等。

继发性阵缩微弱，在分娩开始时阵缩努责正常。进入产出期后，由于胎儿过大、胎儿异常等原因，长时间不能将胎儿产出，腹肌及子宫由于长时间的持续收缩，过度疲乏，最后导致阵缩努责微弱或完全停止。

②症状。母畜怀孕期已满，分娩条件具备，分娩预兆已出现，但阵缩力量微弱，努责次数减少，力量不足，长久不能将胎儿排出。

产道检查：子宫颈已松软开大，但还开张不全，胎儿及胎囊进入子宫颈及骨盆腔。在此种情况下，常因胎盘血液循环减弱或停止，引起胎儿死亡。

③助产。大家畜原发性阵缩和努责微弱，早期可使用催产药物，如脑垂体后叶素、麦角等。在产道完全松软、子宫颈已张开的情况下，则实施牵引术即可。胎位、胎向、胎势异常者经整复后强行拉出，否则实行剖腹产手术。

中、小动物可应用脑垂体后叶素 10 万～ 80 万 IU 或已烯雌酚 1 ～ 2mg，皮下或肌内注射。否则可借助产科器械拉出胎儿，强行拉出胎儿后，注射子宫收缩药，并向子宫内注入抗生素药物。

（2）产道狭窄。产道狭窄包括硬产道和软产道狭窄。多发生于牛和猪，其他家畜少见。

①病因。骨盆骨折及骨质异常增生而形成。肉牛与黄牛杂交，胎儿相对过大，产道相对狭窄，造成分娩困难。软产道狭窄主要是子宫颈、阴道前庭和阴门狭窄。多见于牛，尤其是头胎分娩时往往产道开张不全；或由于早产，也可能由于雌激素和松弛素分泌不足，致使软产道松弛不够；此外牛子宫颈肌肉较发达，分娩时需要较长时间才能充分松弛开张；这些都属于开张不全，临床上比较多见。而由于以往分娩时或手术助产及其他原因，造成子宫颈和阴道的损伤，使子宫颈形成疤痕、阴道发生粘连、愈合，以致分娩时产道不能充分开张。

②症状。母畜阵缩及努责正常，但长时间不见胎膜及胎儿的排出，产道检查可发现子宫颈稍开张，松软不够或盆腔狭小变形。

③助产。硬产道狭窄及子宫颈有疤痕时，一般不能从产道分娩，只能及早实行剖腹产术取出胎儿。轻度的子宫开张不全，可通过慢慢地牵拉胎儿机械地扩张子宫颈，然后拉出胎儿。

2. 胎儿异常引起的难产

（1）胎儿过大。胎儿过大是指母畜的骨盆及软产道正常，胎位、胎向及胎势也正常，由于胎儿发育相对过大，不能顺利通过产道。

①病因。可能是由于母畜或胎儿的内分泌机能紊乱所致，母畜的怀孕期过长，使胎儿发育过大。多胎动物在怀胎数目过少时，有时也有因胎儿发育过大而造成难产的。

②助产。胎儿过大的助产方法，就是人工强行拉出胎儿，其方法同胎儿牵引术。强行拉出时必须注意，尽可能等到子宫颈完全开张后进行；必须配合母畜努责，用力要缓和，通过边拉边扩张产道，边拉边上下左右摆动或略为旋转胎儿。在助手配合下交替牵拉前肢，使胎儿肩围、骨盆围，呈斜向通过骨盆腔狭窄部。强行拉出确有困难的，而且胎儿还活着，应及时实施剖腹产术；如果胎儿已死亡，则可施行截胎术。

（2）双胎难产。双胎难产是指在分娩时两个胎儿同时进入产道，或者同时楔入骨盆腔入口处，都不能产出。

①诊断。可能发生在一个正生另一个倒生，两个胎儿肢体各一部分同时进入产道。仔细检查，可以发现正生胎儿的头和两前肢及另一个胎儿的两后肢，或一个胎头及一前肢和另一胎儿的两后肢等多种情况，但在检查时，必须排除双胎畸形和腹竖向。

②助产。双胎难产助产时要将后面一个推回子宫，牵拉外面的一个，即可拉出。手伸入产道将一个胎儿推入子宫角，将另一个再导入子宫颈即可拉出。但是在操作过程中要分清胎儿肢体的所属关系，用附有不同标记的产科绳各捆住两个胎儿的适当部位避免推拉时发生混乱。在拉出胎儿时，应先拉进入产道较深的或在上面的胎儿，然后再拉出另一个胎儿。

（3）胎儿姿势不正。

①胎儿头颈姿势不正。分娩时两前肢虽已进入产道，但是胎儿头发生了异常。如胎头侧转、后仰、下弯及头颈扭转等，其中以胎头侧转，胎头下弯较为常见。

诊断：胎头侧转时，可见由阴门伸出一长一短的两前肢，在骨盆前缘可摸到转向一侧的胎头或颈部，通常头是转向伸出较短前肢的一侧。胎头下弯时，在阴门处可见到两蹄尖，在骨盆前缘胎儿头向下弯于两前肢之间，可摸到胎头下弯的颈部。

助产：

徒手矫正法：适用于病程短，侧转程度不大的病例。矫正前先用产科绳拴住两前肢，然后术者手伸入产道，用拇指和中指握住两眼眶或用手握住鼻端，也可用绳套住下颌将胎儿头拉成鼻端朝向产道，如果是头顶向下或偏向一侧，则把胎头矫正拉入产道即可。

器械矫正法：徒手矫正有困难者，可借助器械来矫正。用绳索把产科绳双股引过胎儿颈部拉出与绳的另端穿成单滑结，将其中一绳环绕过头顶推向鼻梁，另一绳环推到耳后由助手将绳拉紧，术者用手护住胎儿鼻端，助手按术者指意向外拉，术者将胎头拉向产道。

马、牛等大家畜胎头高度侧转时，往往用手摸不到胎头，须用双孔梃协助，先把产科绳的一端固定在双孔梃的一个孔上，另一端用绳导带入产道。绕过头颈屈曲部带出产道，取下绳导，把绳穿过产科梃的另一孔。术者用手将产科梃带入产道，沿胎儿颈椎推至耳后，助手在外把绳拉紧并固定在梃柄上，术者手握住胎儿鼻端，然后在助手配合下把胎头矫正后并强行拉出。

无法矫正时，则实施截头术，然后分别取出胎儿头及躯体。

胎头下弯时，先捆住两前肢，然后用手握住胎儿下颌向上提并向后拉。也可用拇指向前顶压胎头，并用其他四指向后拉下颌，最后将胎头拉正。

②胎儿前肢姿势不正。右腕关节屈曲、肩关节屈曲和肘关节屈曲，或两前肢压在胎头之上等。临床上常见者为一前肢或两前肢腕关节屈曲，其他异常姿势较少见。

诊断：一侧腕关节屈曲时，从产道伸出一前肢，两侧腕关节屈曲时，则两前肢均不见伸出产道。产道检查，可摸到正常的胎头和弯曲的腕关节。肩关节屈曲时，前肢伸入胎儿腹侧或腹下，检查时，可摸到胎头和屈曲的肩关节。有时胎头进入产道或露出于阴门，而不见前肢或蹄部。

助产：腕关节屈曲时，先将胎儿推回子宫，推的同时术者用手握住屈曲的肢体的掌部，一面尽力往里推，一面往上抬，再趁势下滑握住蹄部，在趁势上抬的同时，将蹄部拉入产道。另外，也可用产科绳捆住屈曲前肢的系部，再用手握住掌部，在向内推的同时，由助手牵拉产科绳，拉至一定程度，术者转手拉蹄子，协助矫正拉出。如果胎儿已死亡，可实施腕关节截断术。

肩关节屈曲，有时不进行矫正也可以拉出，如果拉出有困难，可先拉前臂下端，尽力上抬，使其变成腕关节屈曲，然后再按腕关节屈曲的方法进行矫正。如仍无法拉出，且胎儿已死亡，可实施一前肢截除术，再拉出胎儿。

③胎儿后肢姿势不正。在倒生时，有跗关节屈曲和髋关节屈曲两种，临床上以一后肢或两后肢的跗关节屈曲较为多见。

诊断：两侧跗关节屈曲时，在阴门处什么也看不到，产道检查，可摸到屈曲的两个跗关节、尾巴及肛门，其位置可能在耻骨前缘，或与臀部一齐挤入产道内。一侧跗关节屈曲时，常由产道伸出一蹄底向上的后肢。产道检查，可摸到另一后肢的跗关节屈曲，并可摸到尾巴及肛门。

助产：先用产科绳捆住后肢跗部，然后术者用手压住臀部，同时用产科梃顶在胎儿尾根与坐骨弓之间的凹陷内，往里推，同时助手用力将绳子向上向后拉，术者顺次握住系部乃至蹄部，尽力向上举，使其伸入产道，最后用力将胎儿后肢拉出。如跗关节挤入骨盆腔较深。无法矫正且胎儿过大时，可以把跗关节推回子宫内，使变为髋关节屈曲坐（骨前置），此时可以用产科绳分别系于两大腿基部，并将绳子扭在一起，并向产道注入大量滑润剂，强行拉出胎儿。如果前法无效或胎儿已死亡时，则实行截胎术，再拉出胎儿。

④胎位不正：有下胎位和侧胎位。

下胎位：有正生下位和倒生下位两种。

诊断：正生下位时，阴门露出两个蹄底向上的蹄子，产道检查可摸到腕关节、口、唇及颈部。倒生下位时，阴门露出两个蹄底向下的蹄子。产道检查可摸到跗关节、尾巴，甚至脐带，即可确诊。

助产：上述两种下位，均需将胎儿的纵轴作 180° 的回转，使其变为上位，或轻度侧位，再实行强行拉出。或者由术者先固定住胎儿，然后翻转产畜，以期达到使下位变为上位的目的，不过这样矫正难度较大。如矫正无效，应及时施行剖腹产术。

侧胎位：有正生和倒生两种侧胎位。

诊断：正生侧胎位时，两前肢以上下的位置伸出于阴门外，产道检查，可摸到侧胎位的头和颈；倒生时，则两后肢以上下的位置伸出于阴门外，产道检查，可摸到胎儿的臀部、肛门及尾部。

助产：倒生时的侧位，胎儿两髋结节之间的距离较母畜骨盆入口的垂直径短，所以胎儿的骨盆进入母畜骨盆腔并无困难，或稍加辅助，即可将侧位胎儿变为上位而拉出。但正生侧位时，常由于胎头的妨碍，而难以通过骨盆腔，所以需要矫正胎头，通常是推回胎儿，握住眼眶，将胎尖扭正拉入骨盆入门，然后再拉出胎儿。

⑤胎向不正。胎向不正是指胎儿身体的纵轴与产畜的纵轴不呈平行状态。

腹部前置的横向和腹部前置的竖向 即胎儿腹部朝向产道，呈横卧或犬坐姿势。分娩时，两前肢或两后肢伸入产道，或四肢同时进入产道。

助产：先用产科绳拴住两前肢往外拉，同时将后肢及后躯推回子宫，使其变为正常胎位，而后强行拉出。

背部前置横向和背部前置竖向 即胎儿的背部朝向产道。胎儿呈横卧或犬坐姿势，分娩时无任何肢体露出，产道检查，在骨盆入口处可摸到胎儿背部或项颈部。

助产：将产科绳拴住胎儿头部往外拉，同时将后躯向里推；或将后躯往外拉，将前躯向里推，使其变为正生下位或倒生上位，再行矫正拉出。

胎向不正一般较少发生，一旦发生矫正和助产也很困难，应尽早实施剖腹产手术。

注意事项：

一是助产时，尽量避免产道的感染和损伤，注意器械的使用和消毒。

二是母畜横卧保定时，尽量将胎儿的异常部分向上，以利操作。

三是为了便于推回或拉出胎儿，尤其是产道干燥，应向产道内灌注润滑剂，如肥皂水或油类。

四是矫正胎儿反常姿势，应尽量将胎儿推回到子宫内，否则产道容积有限不易操作，推回的时机应在阵缩的间歇期。前置部分最好拴上产科绳。

五是拉出胎儿时，应随母畜的努责而用力，对大家畜人数亦不宜过多，并在术者统一指挥下试探进行。注意保护会阴，特别是初产母牛胎头通过阴门时，会阴容易撕裂。

六是发生难产的原因也是由于母畜分娩力不足、产道狭窄及胎儿异常三个方面因素引起。为此，助产前应详细检查是属于哪种原因引起。如对阵缩及努责微弱引起的难产，助产原则是促进子宫收缩，应用药物催产。

七是应用催产药物，子宫颈必须完全扩张，若子宫颈未开张，禁止使用垂体后叶素和催产素。子宫颈扩张不全，可使用己烯雌酚，提高母畜对垂体后叶素的敏感性，促进子宫收缩，而且还能促子宫颈再扩张。使用催产药物必须剂量适宜，剂量过大往往引起子宫强直性收缩。特别是垂体剂量大时，还能引起子宫颈收缩，对胎儿排出更不利。难产母畜，如因产程过长使体质衰弱时，可静脉注射葡萄糖及葡萄糖酸钙以增强体力，增加肌肉的收缩力。

八是切忌让母牛过早配种，并且在妊娠期间对母牛要进行合理饲养，给予完善营养。安排适当的使役和运动。

第五章　猪繁殖技术

第一节　发情鉴定技术

一、准备工作

外部观察法进行发情鉴定，需要将母猪放入圈舍或运动场中，让其自由活动。

压背反射法进行鉴别时，需要将母猪放入保定栏或独立的圈舍中。

二、具体方法

（一）母猪的性机能和发育阶段

初情期一般 3 ～ 6 个月，性成熟 5 ～ 8 个月，母猪的初配年龄应根据其个体发育决定，不能千篇一律。不同品种差别很大。通常在性成熟后，当母猪的体重达到成年猪体重 70% 左右时进行配种，一般是在 8 ～ 12 月龄。

（二）母猪的发情周期

母猪的发情周期为 21 d（18 ～ 23 d）。当母猪生长发育到一定年龄后，在垂体促性腺激素的作用下，卵巢上卵泡发育并分泌雌激素，引起生殖器官和性行为的一系列的变化，并产生性欲，母猪所处的这种生理状态称为发情。

1. 正常发情症状

卵巢上的卵泡发育、成熟和雌激素产生是发情的本质；而外部生殖器官变化和性行为变化是发情的外部现象。

卵巢变化：发情开始前 3 ～ 4d，卵泡开始生长，卵泡内膜增生，卵泡液分泌开始增多。

行为变化：表现为鸣叫、举尾拱背、频频排尿、食欲减退、泌乳量减少等。

生殖道变化：发情时随着卵泡分泌的雌激素量增多，生殖道血管增生并充血，阴部表现充血、水肿、松软，阴道黏膜充血、红肿，子宫颈松弛，子宫黏膜分泌能力增加，有黏液分泌。

2. 发情周期的划分

根据机体在发情周期中所发生的一系列生理变化，一般多采用四期分法和二期分法来划分发情周期的阶段。

（1）二期分法。它是根据卵巢上组织学变化以及有无卵泡发育和黄体存在为依据，将发情周期分为卵泡期和黄体期。

卵泡期：是指黄体进一步退化，卵泡开始发育直到排卵为止。实际上包括发情前期和发情期两个阶段。

黄体期：是指从卵泡破裂排卵后形成黄体，直到黄体萎缩退化为止。相当于发情后期和间情期两个阶段。

（2）四期分法。发情前期、发情期、发情后期、间情期。

发情前期：黄体退化萎缩；新的卵泡开始生长发育；阴道和阴门黏膜轻度充血、肿胀；子宫颈略为松弛，子宫腺体略有生长，腺体分泌活动逐渐增加，分泌少量稀薄黏液，阴道黏膜上皮细胞增生；但尚无性欲表现。

发情期：卵巢上的卵泡迅速发育；阴道及阴门黏膜充血肿胀明显，子宫黏膜显著增生，子宫颈充血，子宫颈口开张，子宫肌层蠕动加强，腺体分泌增多，有大量透明稀薄黏液排出；性欲达到高潮的时愿意接受雄性动物交配。

发情后期：卵泡破裂排卵后，黄体开始形成并分泌黄体酮；动物由性欲激动逐渐转入安静状态；生殖道充血肿胀逐渐消退，子宫肌层蠕动逐渐减弱，腺体活动减少，黏液量少而稠；子宫颈管逐渐封闭，子宫内膜逐渐增厚；排卵后黄体开始形成的时期。

间情期：又称休情期或发情间期，是黄体活动时期。性欲已完全停止，精神状态恢复正常。

3. 影响发情和发情周期的因素

（1）遗传因素。动物种类、同种动物不同品种以及同一品种不同家系或不同个体的发情周期长短不一。

（2）气候因素。纬度、光照、气温和湿度等环境气候条件均对雄性动物发情和发情周期有影响，尤其是光照和环境温度影响更大。

（3）饲养管理水平。饲养水平过高或过低，均可影响发情。

三、母猪的发情特点

（一）母猪的发情规律

母猪全年发情不受季节限制，后备母猪在 150 ～ 170 日龄发情，断奶后母猪 3 ～ 10 d 发情。

母猪发情周期为 16 ～ 25 d，平均 21 d。母猪发情一般可持续 3 ～ 5 d, 发情症状从出现到结束需要 60 ～ 72 h，而排卵在表现发情症状后的 36 ～ 40 h。 一般 8:00 和 14:00 各检查一次母猪是否发情。根据母猪的发情症状，母猪发情可分为前、中、后三期。前期：表现为兴奋不安，采食量明显下降，外阴部红肿，并试图爬跨其他猪只。但拒绝交配，人走近时就会走开。中期：外阴有可见黏稠分泌物，两耳竖立 (大约克猪最明显)；被其他母猪爬跨时站立不动，这时用手按压母猪背部，母猪站立不动 (称为静立反射等)。这时配种受胎率最高。后期：外阴部开始收缩，颜色变淡，食欲正常，精神安定，站立反应消失，拒绝交配。

（二）母猪发情症状

母猪本身表现症状。神经症状: 母猪对外周环境敏感,东张西望,一有动静马上抬头,竖耳静听。平时吃饱后爱睡觉的母猪，发情后常在圈内来回走动，或常站在圈门口。常常发出哼哼声，食欲不振，急躁不安，耳朵直立，咬圈栏杆，咬临栏母猪，愿意接近公猪或爬跨其他母猪。外阴部变化。发情初期阴门潮红肿胀，后备母猪肿胀程度明显，经产母猪肿胀程度不明显。阴道逐渐流出稀薄、白色的黏液，经产母猪明显。阴道黏膜颜色由浅红变深红再变浅红。接受公猪爬跨：母猪发情中期，接受公猪爬跨。压背反射：配种员用手按压母猪背腰部，发情母猪经常两后腿叉开，呆立不动，尾巴上翘，大白母猪耳尖向后背，长白耳根轻微上翘，杜洛克耳朵轻微向上翘。经产母猪的这些表现将持续 2 ～ 3 d，后备母猪的这些表现将持续 1 ～ 2 d。

用不同检查方法时母猪表现症状。外部观察法 : 母猪发情时极为敏感，一有动静马上抬头，竖耳静听。平时吃饱后爱睡觉的母猪，发情后常在圈内来回走动，或常站在圈门口。另外，外来母猪在非发情期，阴户不肿胀，阴唇紧闭，中缝像一条直线。若阴唇松弛，闭合不严，中缝弯曲，阴唇颜色变深，黏液量较多，即可判断为发情。公猪试情法：把公猪赶到母猪圈内，如母猪拒绝公猪爬跨，证明母猪未发情；如主动接近公猪，接受公猪爬跨，证明母猪正在发情。母猪试情法 : 把其他母猪或育肥猪赶到母猪舍内，如果母猪爬跨其他猪，说明正在发情；如果不爬跨其他母猪或拒绝其他猪入圈，则没有发情。人工试情法 : 通常未发情母猪会躲避人的接近和用手或器械触摸其阴部。如果母猪不躲避人的接近，用手按压母猪后躯时，表现静立不动并用力支撑，用手或器械接触其外阴部也不躲闪，说明母猪正在发情，应及时配种。

（三）母猪的发情鉴定

1. 外部观察法

在检查时注意母猪的外部及行为变化，观察母猪的阴门肿胀程度和黏液分泌情况，检查时间一般选在早晨进行，特别是母猪喂料后半小时进行发情检查最理想，因为此时母猪较安静，其发情现象容易观察。

当母猪发情时，在外阴部有明显的变化。开始阴户轻度肿胀、随后明显，阴道湿润、黏膜充血逐步由浅红变桃红直到暗红、阴道内黏液流出从多到少、由淡变浓，阴户肿胀微时应配种。之后阴门肿胀更加减退，呈淡红色。

在行为变化上，母猪发情时，精神兴奋不安、食欲减退、有时鸣叫，发情前期，对公猪或外圈任何猪的出现，甚至对饲养人员都表现注意和警惕，常追逐同伴，企图爬跨。遇到公猪时，表现出极大的兴趣，也以挑逗行为作出回应，但不接受爬跨。这些行为尤以青年母猪更为强烈。发情期，常越圈寻找公猪。对于公猪的逗情，甚至只闻到公猪的气味或听到公猪的求偶叫声，立即表现静立，僵直不动，两耳频频扇动，直立耳型猪的两耳耸立，以稳定姿态等待爬跨，也接受同圈其他发情母猪的爬跨。一旦发现某个体的腰荐部沾有粪便、尘土，或有被磨蹭的印迹，足以说明这头母猪已经接受了其他母猪的爬跨。通过这些变化可以鉴定母猪发情。

2. 压背反射法

压背反射法是利用仿生学的手段鉴别母猪发情，在没有公猪在场的情况下，检查人员把手按压母猪背部或骑跨在母猪的背部，观察母猪的反应。在公猪在场的情况下，检查人员用挡板隔住公母猪，同时观察母猪的精神状态，并用手按母猪的背部或骑跨在母猪的背部，观察母猪的行为（图 5–1）。

未发情母猪在检查人员压背时，反应不稳定。在公猪在场的情况下，母猪对公猪没有反应或反应不强烈。

当母猪发情时，操作人员用手按压或骑跨在母猪背部，母猪有时会静立不动，并且尾巴上翘露出阴门，这说明母猪已经到了发情盛期。此时公猪在场进行压背反射，母猪的发情现象更加明显，发情时间更长。一般上午发现静立反射的母猪，下午应第一次输精，第二天下午再第二次输精；下午发现静立反射的母猪，第二天上午第一次输精，第三天上午再进行第二次输精。两次输精时间间隔至少 8 h。

图 5–1　公猪试情法结合压背反射法

第二节　母猪发情控制技术

一、准备工作

母猪的准备：要求母猪达到正常交配年龄，发情正常，饲养管理良好。

药物的准备：18- 甲基炔诺酮、氯前列烯醇、PGF2a、消炎粉、苯甲酸雌二醇、色拉油、PMSG（孕马血清促性腺激素）、hCG（人绒毛膜促性腺激素）、70% 酒精、碘酒、消毒药。

器具的准备：注射器（5 mL 和 20 mL）、套管针、无刺激性塑料细管、大头针、酒精灯、手术刀片、脸盆、肥皂、毛巾、纱布、搪瓷盘、工作服、胶靴。

二、具体方法

（一）同期发情

同期发情的基本原理，是通过调节发情周期，控制母猪群体的发情排卵在同一时期发生，使黄体期延长或缩短的方法，通过控制卵泡的发生或黄体的形成，均可使动物达到同期发情并排卵。

延长黄体期最常用的方法是进行孕激素处理。孕激素种类很多，常用的有黄体酮、甲羟孕酮、甲地黄体酮等，它们对卵泡发育具有抑制作用，通过抑制卵泡期的到来而延长黄体期。处理方法有皮下埋植，阴道海绵栓，口服和肌肉注射等。缩短黄体期的方法有：注射前列腺素、注射促性腺激素、注射促性腺激素释放激素等。总之，所有能诱导动物发情排卵的方法均可用于诱导同期发情。

1. 青年母猪的同期发情

未进入初情期的青年母猪发情同期化——促性腺激素 +PGF2a 法

每 4 ～ 6 头青年母猪为一群进行群养，根据经验预测青年母猪初次发情的时间，在青年母猪初次发情前 20 ～ 40 d，每头母猪一次注射 200U 的人绒毛膜促性腺激素（HCG）和 400 单位孕马血清促性腺激素（eCG 或 PMSG）一般注射 3 ～ 6 d 后母猪表现发情，但发情时间差异较大。如果从注射当日开始，每天让青年母猪与试情公猪直接接触，可增强同期发情效果。在禁闭栏内饲养的青年母猪同期发情处理效果不及群养母猪。第一次激素处理尽管能使绝大多数青年母猪在一定时间内发情，即使不表现发情，一般也会有排卵和黄体形成。但发情时间相差天数可达 3 ～ 4 d。要提高第二个发情期的同期发情率，应该在第一次注射促性腺激素后 18 d 注射 PGF2a 及其类似物，如注射氯前列烯醇 200 ～ 300μg。通常在注射 PGF2a 及其类似物后 3 d 母猪表现发情，而且发情时间趋于一致。如果母猪此时体重已达到配种体重，就可以安排配种。此法达到青年母猪同期发情目的的关键是掌握好青年母猪的初情期的时间。如果注射过早，青年母猪在发情后很长时间仍未达到初情年龄，则不再表现发情；如果注射太晚，青年母猪已经进入发情周期（即在初情期之后），则很多母猪不会因为注射促性腺激素而发情，发情时间就不会趋于一致。用此法进行同期发情处理后，在受胎率方面不低于自然发情配种的受胎率。

初情期后或已妊娠母猪发情同期化——PGF2a 法：如果母猪已经过了初情期，要进行同期发情处理，可对已经发情的母猪进行单圈配种 2 周，再经过 2 周后对已经配种的母猪群注射 PGF2a 或其类似物。这样再注射激素后，妊娠母猪会流产，配种未受孕的母猪在发情后超过 12 d 后的青年母猪都会因黄体退化而同时发情。由于妊娠早期的母猪流产后不会有明显的反应，因此对再发情和受胎没有太大的影响。

初情期后的青年母猪发情同期化方法——孕激素法：初情期后的青年母猪可用黄体酮处理 14 ～ 18 d，停药后，母猪群可同期发情。母猪需要较高水平的孕激素来抑制卵泡的生长和成熟，如用烯丙基去甲雄三烯醇酮，每天按 15 ～ 20 mg 的剂量饲喂母猪，18 d 后停药可以有效地达到母猪群的同步发情，其每窝产仔猪与正常情况下相同或略有提高。

2. 经产母猪的同期发情

（1）同期断奶法。经产母猪发情同期化，最简单，最常用的方法是同期断奶。对于分娩 21 ～ 35 d 的哺乳母猪，一般都会在断奶后 4 ～ 7 d 发情。对于分娩时间接近的哺乳母猪实施同期断奶，可达到断奶母猪发情同期化目的。但单纯采用同期断奶，发情同期化程度较差。

（2）同期断奶和促性腺激素结合。在母猪断奶后 24 h 内注射促性腺激素，能有效地提高同期断奶母猪的同期发情率。使用 PMSG 诱导母猪发情应在断奶后 24 h 内进行，初产母猪的剂量是 1 000U，经产母猪 800U；使用 HCG 或 GnRH 及其类似物进行同步排卵处理时，哺乳期为 4 ～ 5 周的母猪应在 PMSG 注射后 56 ～ 58 h 进行，哺乳期为 3 ～ 4 周的母猪应在 PMSG 注射后 72 ～ 78 h 进行；输精应在同步排卵处理后 24 ～ 26 h 和 42 h，分 2 次进行。

（二）诱导发情

诱导发情的方法主要有早期断奶、用 PMSG 来治疗母猪乏情、公猪刺激。

1. 早期断奶

哺乳期由于激素的作用，母猪一般处于乏情的状态，一旦仔猪断奶，母猪一般在 1 周左右重新发情。现在养猪业有缩短母猪哺乳期的趋势，一般水平的种猪场，猪在 20 ～ 21 d 断奶，高水平的猪场已经将断奶日期缩短到 14 d。

2. 用 PMSG 来治疗母猪乏情

对于后备母猪的初情期延迟，可采用 PMSG 400 ～ 600 IU 肌内注射，以诱导发情和排卵；经产母猪断奶后不发情可肌内注射 PMSG 1 000 ～ 1 500 IU 1 ～ 2 次，隔日或连续 2 d，3 ～ 4 d 后肌内注射 HCG 500 IU 效果更佳。

3. 公猪刺激

让乏情母猪养在临近公猪的栏内，或让成年公猪在乏情母猪栏里追逐 10 ～ 20 min，让公、母猪有直接的身体接触，通过这样的生物手段可以促使母猪发情。

（三）诱导分娩

诱导分娩的方法主要有以下几种。

1. 单独使用前列腺素及其类似物

目前简便易行的方式是在母猪妊娠 110 d 后，一次性肌内注射氯前列烯醇，剂量为 0.05 ～ 0.20mg/头，可使母猪在药物注射后 24 h 左右集中产仔，缩短产程。由于母猪通常在注射后 24 h 左右发动分娩，所以利用该方法可以有效地控制母猪在白天分娩。由于母猪所产死胎中，部分是因为妊娠期及产程延长所引起的，通过利用该技术则可合理缩短妊娠期及产程，从而降低死胎率，提高产活仔数。

2. 氯前列烯醇与催产素或孕激素配合使用

在妊娠 110 ～ 113 d 注射氯前列烯醇 0.10mg/ 头，次日再注射催产素 10IU/ 头，可于注射催产素后数小时分娩。注射催产素后产仔时间平均为 2.94 h 左右，氯前列烯醇处理后 30 h 内分娩率为 90%，单用氯前列烯醇处理后 25 ～ 30 h 内分娩率为 80%，配合使用分娩更加集中。

在预计分娩前数日，先注射 3 d 黄体酮，每天 100mg/ 头，第 4 天再注射氯前列烯醇 0.2mg/ 头，也能使分娩时间控制在较小范围内，分娩平均时间在氯前列烯醇处理后 25 h 左右。

3. 单独使用催产素

单独使用催产素也可诱发母猪分娩，但会出现母猪产程延长或产出 1 ～ 2 头仔猪后分娩停止等不良效果。

（四）同期分娩

将诱发分娩技术应用于大群配种时间相近的妊娠母猪，使其在较小的时间范围内分娩，即为同期分娩。可采用下列方法。

（1）妊娠 112 d，肌内注射氯前列烯醇 175μg，多数母猪在 30 个小时内分娩。

（2）肌内注射 PGF2a 8 ～ 20mg，平均为 16mg，效果也很好。

（3）肌内注射国产合成品 15 甲基 PGF2a 5 ～ 10mg，也有类似效果。

（4）更严格的控制分娩时间，还可以在妊娠 112 d 注射氯前列烯醇，翌日注射催产素 50IU，数小时后即可分娩。

第三节　猪人工授精技术

由于猪具有很高的繁殖力，因此，它的人工授精与单胎家畜如牛相比优越性并不突出，直到 1948 年才有人首先报道利用新鲜猪精液进行人工授精的应用技术。随着猪人工授精技术的研究与发展，目前猪的人工授精技术较牛的人工授精技术简单，虽然猪精液的冷冻还没有取得理想的结果，但常温保存已经相当成功，猪精液常温保存 3 ～ 4 d，甚至 7 ～ 8 d，受胎率仍然较高。这些都为人工授精的推广提供了技术保障，此外，随着现代化饲养规模的日益扩大，为人工授精提供了可能。减少公猪的饲养头数，不仅意味着可以加大公猪的选择强度，充分发挥优秀公猪的遗传潜力，同时，可以通过人工授精减少性传播疾病，提高生产效率，获得更多的经济效益。另外，人工授精技术与繁殖控制技术相结合，如同期发情和诱发分娩，使猪群管理更加方便，有利于全进全出的现代化养猪生产体系的建立。

人工授精还为猪精液的交流提供了方便，如在偏僻的山区，人们不需要驱赶公猪去给当地发情母猪配种，只需携带几管精液给母猪进行人工授精即可，不仅解决了单个母猪饲养无公猪配种的困难，而且还可以进行有目的的猪种改良，十分方便。由于此项技术有上述许多优点，目前采用猪人工授精的国家和地区已达 60 多个，其中欧洲发达国家的普及率较高。

中国是世界第一养猪大国，生猪饲养量接近 4 亿头。自 1978 年以来，我国猪人工授精技术的推广有了很大的进步，但发展很不平衡，其中以江苏省的普及率为最高。人工授精的普及还有巨大的潜力，如果我国全部采用猪人工授精，可以提高效率至少 15 倍以上，就可少养几百万头公猪，节约下来的饲料又可以多养几百万头肥猪，一少一多，是一笔可观的经济收入。因此，大力推广猪人工授精技术，不仅可以提高猪群品质，而且还可以减少劳动力和饲料，提高经济效益，一举多得，这应是我国养猪业发展的一个方向。

一、准备工作

动物：种公猪、发情母猪。

仪器：精子密度仪、电热恒温板、显微镜、恒温干燥箱、磁力搅拌器、恒温水浴锅、电子天平、精液分装机、恒温箱。

材料：假台猪、精液运输箱、保温杯、猪精液、注射器、移液器、量筒、烧杯、三角烧瓶、玻璃漏斗、定性滤纸、铁架台、输精导管、一次性手套、小试管、玻璃棒、水温计、擦镜纸、试管刷、大方盘、计算板、计数器、载玻片、盖玻片、葡萄糖、碳酸氢钠、氯化钠、氯化钾、枸橼酸钠、EDTA、青霉素、链霉素、染料、蒸馏水等。

二、具体方法

（一）公猪的调教

对于初次用假母猪采精的公猪必须进行调教。调教要有耐心，反复训练，切勿操之过急，严禁强迫、抽打、恐吓等，实践证明，新用的公猪如同后备猪交配 1 ～ 2 次有助于调教。

调教的方法

（1）在假母猪后部涂抹发情母猪的尿液或阴道黏液，诱引公猪爬跨假母猪，经几次采精后即可调教成功。

（2）在采精室关一头发情母猪引诱公猪爬跨后，不让交配，待公猪性冲动至高峰时，迅速赶走发情母猪，再诱导公猪直接爬跨假台畜采精。

（3）将待调教的公猪关于采精室旁，让其观察熟悉另一头已调教好的公猪爬跨采精，然后诱导其爬跨采精。生产证明，如果一头公猪完成采精后，将另一头公猪赶至假母猪前，多数公猪都会对假母猪表现出浓厚的兴趣，并会仔细地观察假母猪，数分钟后就会爬跨假母猪。

调教公猪时应特别重视第一次采精，第一次采精要完全并确保公猪不受任何形式的伤害或不良刺激，如果调教公猪半小时都不成功，应将其友善地赶走，等待合适的时候或多关于采精台附近使之熟悉后再试。

（二）精液的采集

1. 采精前的准备

（1）人员的准备。人工授精的成功需要该人员精确、耐心、自信、仔细且热情和具有钻研的精神，该人员必须熟练地掌握怎样清洁、消毒人工授精技术设备、器械，怎样调教公猪和采集、处理、储存精液，能精确地对母猪进行发情鉴定、适时配种等。

（2）采精室。采精一般应规范在采精室内进行，将公猪赶至采精室内即可引起公猪的性兴奋。设计时应保证采精室宽敞、安静、清洁。安设的假母猪要稳定，最好固定在采精室的中间，为防止个别公猪对人的伤害，应在采精室两边设置保护栏。

（3）台畜的准备。公猪采精用的台畜，生产中人们都称之为假母猪。假母猪有多种设计，根据实际情况可设计为单端式、高低可调节的活动式等，最简单的做法，做成一条长凳（采精台）即可，且不一定覆盖猪皮，也不必追求猪的形状，长可以为 1 ～ 1.3m，高 50 ～ 65cm，背宽 20 ～ 25cm，为便于调教公猪，采精台还可以短些、矮些、轻巧些，制作中多用钢架加木材面子，上面用粗厚的帆布或麻袋覆盖。

（4）人工授精实验室及相关采精设备、设施的准备。为便于场内人工授精中准备采精器皿，检测精液、准备精液稀释液及稀释精液，贮存精液，消毒和清洗人工授精器械等，应建立猪场内部的“人工授精实验室”。

实际建设中，实验室应尽可能地位于采精室附近，可能的话，应直接同采精室相连以便于快速地处理精液，用一窗口来连接人工授精实验室和采精室有助于增强防疫。人工授精实验室的建设应充分地考虑卫生和防疫的要求，房间的地面要易于清洗，墙面可擦洗，布置可清洗的工作台、污水池和晾干架等。水电齐备，室温可调，有冷热水源为佳。实验室的布置要视具体的操作规程而定。采用小房间易于保持清洁和调节室温。

人工授精采精用的设备主要包括：采精瓶（各种不同的容器均可，但最好有保温隔热的效果，要能被消毒，便于清洗）；漏斗；消毒外科用纱布；一次性乳胶手套（注意无毒）；显微镜（放大倍数可为 100 倍、400 倍、1 000 倍，最好配备有 2 个目镜，有显微镜保温箱，以便保持精液样本的温度）；载玻片；滴管；温度计；各种容量的烧杯、量筒和瓶子（玻璃或塑料的均可，用于准备稀释液、稀释精液以及对精液进行分装等）；输精瓶和管嘴；精液保存设施（聚乙烯或聚苯乙烯泡沫藏箱、冷热水袋等，用于精液的短时间存放；恒温控制柜或保温箱）；消毒设施（消毒盘或电热网、电热输精导管消毒器械、高压消毒锅等）；输精导管；蒸馏水或反渗透水；干燥柜（干燥和存放所有采精和检测设备）。

条件好的场还应配备：水软化器、比色计或分光光度计、水浴恒温箱、加热器、磁力搅拌器等。

2. 采精方法

手握法采取公猪精液是目前广泛使用的一种方法，其操作简单、准确、高效。操作过程为采精员戴上消毒手套，立于假台畜一侧，先用 0.1% 的高锰酸钾溶液将公猪包皮附近洗净消毒，待公猪爬上台畜后，用手揉搓公猪阴茎诱引伸出，并导入空拳的掌心内，让其转动片刻，用手指由轻至紧带着节奏握住螺旋状阴茎龟头部不让其转动。待阴茎充分勃起时，顺势牵伸向前（不要强牵），同时手指有弹性、有节奏地调节压力，结果就会引起公猪射精。射精时停止弹性调节，将手指稍微张开，露出龟头部，让精液射至另一手持的带过滤纱布和保温的集精瓶内。公猪第一次射精停止后，按原姿势不动，又恢复弹性调节挤压即可第二或第三、第四次射精，直至射精全部完结为止。

3. 采精注意事项

（1）采精频率。后备公猪每周采精一次，生产公猪采精 2 次，必要时不得超过 3 次，严禁频繁采精。

（2）采精前先将公猪尿囊中的尿液挤去，然后洗净并消毒公猪的包皮部，如阴毛太长，还须剪短。

（3）采精过程中，工作人员态度要温和，切忌粗暴，操作要规范，小心损伤公猪的阴茎。

（4）采精过程中前后的稀精及其间的胶体部分应弃去。

（5）若发现采得的精液品质不好，在保证正常饲养条件下，对该公猪每隔半个月检查一次精液，一个月后再决定去留。

（6）作好采精记录，认真分析和总结精液品质等情况。

（三）精液检查及品质评定

精液检查的目的在于鉴定精液品质的优劣，以便于进一步的处理或用于授精和保存。

采精后应立即进行检查，检查要迅速、准确、全面及操作科学、规范。实际生产中，没有必要对每次的每头公猪的精液都进行精子形态检查，但应对新公猪的最初几次精液进行形态检查，以后每头公猪每半个月检测一次。

1. 感观检查

射精量：通常一头公猪的射精量为 150 ～ 300 mL，但因品种、年龄、性准备情况以及采精方法、技术水平、采精频率和营养状况等差异很大，变化范围一般为 50 ～ 500 mL。相应地也可以称量精液的重量（1 g 约等于 1mL）来衡定其射精量的大小。一般测定公猪的射精量时，不能仅凭一次的采精记录，应以一定时期内多次射精量总和的平均数为准。

颜色、气味：公猪的精液呈淡乳白或浅灰白色，精液乳白程度越浓，表明精子数量越多，如色泽异常，应检查其生殖器官是否有疾病。干净的精液只有一点气味，如受包皮的污染或精液品质异变，则气味很大。

2. 测 pH 值

猪的精液 pH 值为 7.3 ～ 7.9，测定 pH 值最简单的方法是用万用试纸比色即可测得。

3. 活力的检查

活力的检查是精液品质检查的重要项目，活力用来测定精子的运动，活力检查包括评估直线运动的精子比例。操作方法为：用一经过预热到 35℃的载玻片，用滴管吸一滴精液，再用盖玻片均匀地盖住液面，这样以便在检查这一薄层精子细胞时就能看到精液的清晰画面。用放大 100 倍或 400 倍的显微镜来检查并评定精子的活力（表 5–1）。如果活力很差，就评分为 0 或 1，评分为 0 或 1 的精液就应弃去。实际操作中为保证测定评估的准确，一般都有要重复检查一次。

表 5–1 活力评分表

活 力 评 估	评分
很好（运动波出现）	5
好～很好（出现一些运动波或成群运动）	4
好（出现成群运动）	3
一般	2
差（只有蠕动）	1
死精或无精	0

4. 密度的检查

精子密度的检查可采用估测法、精子计数法或利用精子的透光性（混浊度）测定。生产中常于检查精子活力时同步进行，在显微镜下根据精子稠密程度的不同，将精子密度粗略地分为“稠密”“中等”“稀薄”，简略为“密”“中”“稀”三级。镜检下，精子密集，精子间的距离不到 1 个精子长度，其密度就为“密”；若精子间能容纳 1 ～ 2 个精子，就为“中”；精子间间隙大，能容纳 2 个以上的精子，则为“稀”。这种评定，与精子活力的评定一样，需要有一定的评定经验，但简单易行，可粗略的确定稀释倍数。另外也可利用比色计或分光光度计对精子密度进行准确测定，但设备投入昂贵，一般的生产场难以承受。

5. 精子形态的检查

精子形态正常与否与受胎率有着密切的关系，如果精液中含有大量的畸形精子，其受精能力就低。一般品质优良的猪精液，其畸形率应在 18% 以下，品质普通的精液精子畸形率也应不超过 20%，如超过 20% 则表示精液品质不良，应弃去，不作输精用。

6. 其他检查

包括细菌学检查、精子染色涂片、精子存活时间等的检查，这些可根据各生产场的具体条件和生产规模等要求选择开展。

（四）精液的稀释及保存

对精液进行品质检查后，为增加精液容量，以生产更多的输精头份，同时也为精液的保存提供良好的营养环境，应立即对精液进行稀释。

1. 稀释液的准备

可以配制多种适用的稀释液，其中几种相对比较复杂，需借助实验室技术来准备，一般只用于商业化人工授精站。生产中常用的是那些简单且只有一次混合的稀释液，可以购买已配备好的精液稀释液粉剂，按照说明书操作配制即可。比如 BTS 、Guelph、 Kiev、 Merck、 Zorp-va、 Reading、 Modena 等稀释液，它们有的可保存 3 d，有的可保存 5 ～ 7 d，表 5-2 列举了一些稀释液的配方供大家参考。实际配制稀释液时应注意所用的各种化合物都必须是“分析纯”的，加入的蒸馏水必须纯净，条件允许的应用双蒸水稀释；各种物料都应准确称量，且一定要完全溶解，充分混合；稀释液最好是现配现用，最长也应在 24 h 内用完。

表 5-2　稀释液成分表

稀释液品名配制（g）	BTS	Guelph	Zorpva	Reading	Modena
葡萄糖	37.15	60.00	11.50	11.50	27.5
枸橼酸钠	6.00	3.75	11.65	11.65	6.9
EDTA	1.25	3.70	2.35	2.35	2.35
碳酸氢钠	1.25	1.20	1.75	1.75	
氯化钾	0.75			0.75	
青霉素钠	0.60	0.60			
硫酸链霉素	1.00	0.50	1.00	0.50	
聚乙烯乙醇（PVA）			1.00	1.00	
TRIS（甲胺）			5.50	5.50	
柠檬酸			4.10	4.10	2.9
半胱氨酸			0.07	0.07	
苯氧甲基青霉素			0.60		
海澡糖				1.00	
Lincospectin				1.00	
二羟甲（基）氨甲烷					5.65
硫酸多黏霉素（B）					0.0167
可保存精液的天数（d）	3	3	5	5	7

2. 精液的稀释

稀释精液要根据精子的密度按一定比例进行，如果对精子的密度有准确的测定，其稀释倍数则易于计算。但实际生产中，因投入成本等诸多因素考虑，常只能对精液密度进行“密”“中”“稀”的测评。在这种情况下稀释精液时，应控制稀释比例在（1 ∶ 4）～（1 ∶ 10），最好控制在 6 ～ 8头份内，即如果你有 200 mL 精液，其稀释后的精液容量不能超过 1 000 mL。且要保证一头份输精液内有（1.5 ～ 6.0）$\times 10^9$ 个精子，且其容量至少应在 50 mL 以上。最好保证稀释倍数 8 头份内，因为一头正常公猪一次射精的平均精子数为（30 ～ 40）×10^9 个，变化范围为（20 ～ 120）×10^9 个，如稀释倍数控制在 8 头份内，仍可确保有足够的精子来保证受精率。

如果精确测定过精子密度，则易于确定稀释倍数，例如测得某公猪精液的密度为 2 亿 / mL，采精量为 300mL，且计划稀释后密度为 40 亿 / 100 mL 头份，则此公猪精液可稀释 300×2/40 = 15 头份，即需加 1 500 ～ 3 000 = 1 200 mL 稀释液。

在对精液进行烯释时，最重要的是在混合时，精液与稀释液的温度要相同，操作中一般都将稀释液加热并维持在 36℃，且在稀释时尽量维持精液和稀释液为等温 36℃，若有温差也一定要控制在 1℃以内。稀释时将稀释液慢慢地倒入精液中充分混合，动作要轻慢，防止剧烈振荡。

3. 精液的保存

稀释后的精液要保存在恒温箱内，维持温度 17 ～ 18℃，并每隔 12 h 轻轻摇动一次以防稀释液出现沉淀现象。生产中要切忌将精液保存在冰箱（2 ～ 8℃）或高于 20℃的环境中。

（五）人工授精操作技术（输精）

输精是人工授精的最后一个技术环节，只有适时准确地将一定量的优质精液输入发情母猪的生殖道内的适当部位，才能获得好的受胎率。

输精剂量不能太少，人工授精的正常剂量一般为 1 个剂量 30 亿～ 50 亿个精子，体积为 80 ～ 100 mL，美国一般采用每头份 30 亿 /80 mL，我国一般采用每头份 40 亿左右 /100mL，不过，这主要根据实际情况而定，与品种、输精人员的技术水平等密切相关。

实际生产中，为提高猪的受胎率，一般都采用两次输精，即第一次输精后，间隔 8 ～ 24 h 后再重复输精一次。对个别发情持续时间特别长的母猪，除了要细心观察其发情症状变化，掌握输精时机外，还采用多次输精的方法，即连续几天，每天输精一次，以增强其受胎几率。

对母猪进行输精前，还应对保存后的稀释精液进行检查，镜检精子的活力不低于 0.5 的精液方可用来输精，用于输精的器具必须严格清洁、消毒，从处理室到生产线，要用保温箱携带精液，以免外界温度过高或过低而使精子受到应激死亡。输精前，要对母猪外阴进行清洗、消毒。输精时间掌握在发情开始后的 19 ～ 30 h，实际操作中，最佳输精时间掌握在母猪的盛情期。输精时先将输精管涂以少许稀释液使之润滑，然后向上、向前边逆时针方向旋转边插入，直至锁定在子宫颈内不能前进为止，再向外微微拉动一点，并缓慢地对输精瓶加压，将精液注入子宫内，输精时间的长短要与自然交配相近，为 5 ～ 15 min。输完后缓慢抽出输精管，并用手掌按压母猪腰荐结合部，防止精液倒流。

第四节　妊娠诊断技术

一、准备工作

动物：配种后的母猪。

材料：A 型、B 型超声波诊断仪，耦合剂，消毒药水，水盆，纸巾，毛巾，温水等。

二、具体方法

（一）A 型超声诊断仪诊断

使待测母猪安静，自然站立，测试开始可以在母猪的右边进行，在探头的表面或母猪的身上抹上一定数量的油，把探头放在母猪乳头线 2.5cm 以上和母猪后腿前 5cm 之间的位置，大约在倒数第二与第三乳头之间，把超声波对准母猪的身体以扫描子宫，这个角度大约是 45° 向前面，45° 向侧面，在这个位置上再调整怀孕探测仪的角度来扫描整个子宫，你将会听到一个回断的音调，这意味着良好的皮肤接触，待发出的声音稳定后，记录下测试的结果，然后开始测试下一头母猪，请记住每测试一头母猪前必须抹上油，如果一头母猪在右边测试的结果是空怀的话，请在左边重复同样的测试程序以保证测试的准确性。

好的测试结果将需要 15 ～ 30 s 的时间，当你对测试程序熟悉以后，5 s 的时间就可以得到好的结果：如果是间断的音调那么这头母猪是空怀母猪，如果是连续的音调那么这头母猪是妊娠母猪。

（二）B 型超声诊断仪诊断

被检母猪可在限饲栏内自由站立或保定栏内侧卧保定，于其大腿内侧、最后乳头外侧腹壁上洗净、剪毛，涂 B 超耦合剂。

打开 B 超仪，调节好对比度、灰度和增益以适合当时当地的光线强弱及检测者的视觉。探头涂布耦合剂后置于检测区，使超声发射面与皮肤紧密相接，调节探头前后上下位置及入射角度，首先找到膀胱暗区，再在膀胱顶上方寻找子宫区，观察 B 超显示屏上子宫区的图像。记录每头的检测结果，登记检测表，并作统计分析。当看到典型的孕囊暗区即可确认早孕阳性。

（三）触诊法进行妊娠诊断

先用抓痒法使猪侧卧，然后用一只手在最后两对乳头的上腹壁下压，并前后滑动，如能触摸到若干个大小相似的硬块(胎儿)，即确诊为妊娠。

触诊法适合于妊娠后期的检查。

（四）其他方法

（1）公猪试情法。配种后 18 ～ 24 d，用性欲旺盛的成年公猪试情，若母猪拒绝公猪接近，并在公猪 2 次试情后 3 ～ 4 d 始终不发情，可初步确定为妊娠。

（2）阴道检查法。配种 10 d 后，如阴道颜色苍白，并附有浓稠黏液，触之涩而不润，说明已经妊娠。也可观看外阴户，母猪配种后如阴户下联合处逐渐收缩紧闭，且明显地向上翘，说明已经妊娠。

（3）直肠检查法。要求为大型的经产母猪。操作者把手伸入直肠，掏出粪便，触摸子宫，妊娠子宫内有羊水，子宫动脉搏动有力，而未妊娠子宫内无羊水，弹性差，子宫动脉搏动很弱，很容易判断是否妊娠。但该法操作者体力消耗大，又必须是大型经产母猪，所以生产中较少采用。

除上述方法外，还有血或乳中黄体酮测定法、EPF 检测法、红细胞凝集法、掐压腰背部法和子宫颈黏液涂片检查等。母猪早期妊娠诊断方法有很多，它们各有利弊，临床应用时应根据实际情况选用。

（五）注意事项

（1）使用 A 型超声诊断仪进行诊断时，每测试一头母猪前必须抹上油，这样可以保证探头和猪体接触良好。最好选择在母猪安静的情况下进行测试，以保证测试顺利进行。初次测试时为无孕时，请隔些时日（7 ～ 10 d），再复测以进行确定。最早可在母猪配种 18 d 进行测试，最晚不能超过 75 d。A 型超声诊断仪只能测出是否妊娠，不能确定个数。

（2）使用 B 型超声诊断仪进行诊断时，早孕阴性的判断须谨慎，因为在受胎数量少或操作不熟练时难以找到孕囊。未见孕囊不等于没有受孕，因此会存在漏检的可能。判断早孕阳性时应于两侧大面积仔细探测，并需几天后多次复检。估测怀胎数时更需双侧子宫全面探查，否则估测数不准。探测怀胎数的时间在配种后 28 ～ 35 d 最适宜，此时能观察到胎体，而且胎囊并不是很大，在一个视野内可观其全貌，随着胎龄增加和胎体增大，一个视野只能观察到胎囊的一部分，且估测误差也会增大。

（3）母猪的妊娠期是 102 ～ 140 d，平均为 114 d。妊娠期的长短跟很多因素有关，如品种、年龄、胎次、胎儿个数、饲养水平和环境条件等。

（六）母猪预产期的推算

第一种方法：最后一次配种的日期月份加 4，日数减 6。

第二种方法：最后一次配种的日期加 3 月，加 3 周，加 3 天。

第五节　助产技术

一、准备工作

准备好产房，产房要求宽敞，清洁干燥，光线充足，通风良好而无贼风。产房的墙壁及饲槽要便于消毒，褥草要柔软。

准备好接产器具及药品，器具放在较固定的地方。要准备的用具和药械有肥皂、毛巾、刷子、棉花、纱布、注射器、针头、体温表、听诊表、细绳、产科绳、大塑料布、照明设备、70%酒精、2%～5%碘酒、0.1%新苯扎氯铵和催产药等。

应做好产房的保暖工作，加设红外线灯或温水循环或者电加热板。

接产者应选择有接产经验的人员来承担，新手应事先进行培训，以使其熟悉母牛的分娩规律，严格遵守协产操作规程。母牛多数在夜间分娩，因此要建立值班制度。

二、具体方法

（一）分娩与接产

1. 临产征兆

待分娩的母猪赶到产床后，应每天注意观察，母猪分娩前 24 h 一般表现为坐卧不安、频频排尿、排粪、吃料减少或不吃经常翻身，乳头可挤出乳汁，当最后一对奶头能挤出乳汁时，约 6 h 分娩，并此时呼吸加快为 90 次 /min，当降为 70 次时开始分娩。阴户流出液体——破水临产（图 5–2）。

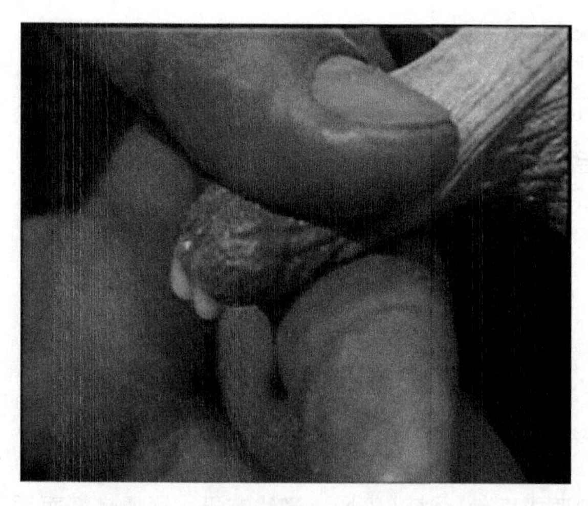

图 5-2　母猪临近分娩时有乳汁分泌

2. 接产

根据临产诊断确定母猪即将产仔时就要进行接产。产前用 1%～2%的来苏尔等消毒药水洗净母猪臀部、外阴部，再用温热毛巾擦一遍，祛除消毒药水气味。把消毒剪刀、碘酒或酒精棉球、毛巾、木板箱或箩筐等放在接产人员顺手的地方，做好接产准备。木板箱或箩筐底上应垫上柔软卫生的垫草或破衣服，上面盖上麻袋。仔猪生下后，接产人员立即用毛巾将仔猪口中和鼻端的黏液擦净，再擦拭全身，以利仔猪呼吸，防止受冷感冒。擦净全身后即行断脐，方法是将脐血往仔猪腹部挤压，然后用消毒剪刀在离仔猪腹部约 4 cm 处将脐带剪断，再用碘酒擦抹断脐处，然后放入事先备好的木板箱或箩筐内。如断脐后流血不止，用消毒棉线在脐带断端结扎止血。有时产下的仔猪还包在羊膜内，需先将羊膜撕破取出仔猪，再行擦净断脐带。有时产出的仔猪出现呼吸停止、心脏跳动的“假死”状态，接产人员应在擦拭之后，立即进行人工呼吸。方法是先迅速掏出口中黏液，用 5% 碘酒棉球擦一下鼻子，一手抓住两后肢，头向下把仔猪提起，排出鼻中羊水，然后进行人工呼吸。待呼吸正常后再行擦净断脐。生出 4～5 头仔猪后，用 1%的高锰酸钾水洗净母猪乳房乳头，把小猪放在母猪胸前哺乳，这样仔猪既温暖又可及早吃到初乳，并可加强子宫的阵缩，利于缩短分娩过程。

难产处理。如果母猪出现长时间剧烈阵痛，仔猪却产不出来，这时若母猪出现呼吸困难，心跳加快，这就是发生了难产，应实行人工助产。助产方法一般采用注射人工合成催产素法，用量按每 50kg 体重 1mL，注射后 20～30min 一般可产出仔猪，特殊情况下可配合强心剂使用，甚至采用手术掏出法。在进行手术时，应先剪磨指甲，用肥皂、来苏尔洗净，消毒手臂，涂润滑剂，然后沿着母猪努责间歇时手心朝上，五指并拢慢慢伸入产道，母猪努责时停止伸入，手伸入产道后，先检查仔猪胎位，若是正胎位或倒胎位，摸到仔猪并抓牢后随母猪努责慢慢将仔猪拉出，若是横胎位或竖胎位，应先进行胎位较正后再行掏出（母猪努责时用力掏位，不努责时停止，以免损伤产道或伤及胎儿）。较止胎位时，先在努责间歇时将胎儿向宫腔后移，慢慢翻转成正胎位。掏出一二头仔猪后，如转为止常分娩，就不需再继续掏仔，如还不能正常分娩，则需继续掏仔甚至全部掏完。分娩结束后，应立即将胎衣，剪下的脐带，被污染的垫草等清除出去，更换新垫草，不让母猪吞食胎衣，避免养成咬吃仔猪的恶习，并将母猪臀部和乳房清洗干净。

3. 母猪产后护理

（1）防产后感染。正常分娩的注射 2 d 安乃近、青链霉素等抗生素以防感染，每天一次；手术助产或人工掏出的注射 4 d 抗生素，每天一次，有条件的最好使用长效抗生素。

（2）产后护理。母猪分娩后因水分、钾、钠离子等流失较多，易口渴，分娩时母猪消耗大量体力，消化力降低。因此母猪分娩后不能喂配合饲料或干稠饲料，应喂麸皮盐水（1kg 水加食盐 25g，麸皮 0.2kg），第二天喂麸皮粥，第三天开喂清淡饲料，并经常照管，以防仔猪被母猪压死或踏伤。

4. 假死仔猪的急救

（1）用手捂住仔猪的鼻、嘴，另一只手捂住肛门并捏住脐带。当仔猪深感呼吸困难而挣扎时，触动一下子猪的嘴巴，以促进其深呼吸。反复几次，仔猪就可复活。

（2）将仔猪放在垫草上，用手伸屈两前肢或两后肢，反复进行，促其呼吸成活。

（3）仔猪四肢朝上，一手托肩背部，另一手托臀部，两手配合一屈一伸猪体，反复进行，直到仔猪叫出声为止。

（4）倒提仔猪后腿，并抖动其躯体，用手连续轻拍其胸部或背部，直至仔猪出现呼吸。

（5）用胶管或塑料管向仔猪鼻孔内或口内吹气，促其呼吸。往仔猪鼻子上擦点酒精或氨水，或用针刺其鼻部和腿部，刺激其呼吸。

（6）将仔猪放在 40℃温水中，露出耳、口、鼻、眼，5 min 后取出，擦干水汽，使其慢慢苏醒成活。

（7）将仔猪放在软草上，脐带保留 20 ～ 30cm 长，一手捏紧脐带末端，另一只手从脐带末端向脐部捋动，每秒钟捋 1 次。连续进行 30 余次时，假死猪就会出现深呼吸；捋至 40 余次时，即发出叫声，直到呼吸正常。一般捋脐 50 ～ 70 次就可以救活仔猪。

（8）一只手捏住假死子猪的后颈部，另一只手按摩其胸部，直到其复活。

（二）难产的救护

确定一头母猪是否难产，首先看它是否烦躁极度紧张，其次看出生间隔是否大于45min，还要看它的腹部饱满程度（是否还有仔猪），最后根据它产仔数来确定母猪分娩是否结束。母猪分娩如果出现以下三种情形，很有可能是难产。

一是已经出生一头或几头仔猪，但母猪不再用力的时间已超过45min。

二是母猪已经努责，但是已超过至少45min还没有仔猪产出。

三是所有出生仔猪的黏液都已经干了，但饲养员仍能确定母猪体内有仔猪。

两头相邻仔猪出生间隔要有一个准确的时间记录。当确定需要助产时，要做好助产准备：

（1）应用温水和消毒剂（新苯扎氯铵、氯已定等）或肥皂洗母猪的阴户及周围的部分，去掉有机物和污物。

（2）助产者手和胳膊要戴新的经过消毒的长臂手套并涂上润滑剂（如液状石蜡）。

助产过程：将手卷成锥形，当母猪不努责和产道扩张时胳膊才能进入（如果母猪右侧卧，就用右手，反之用左手），慢慢穿过阴道，进入子宫颈（子宫在骨盆边缘的正上方或正下方）。手一进入子宫常可摸到仔猪的头或后腿，要根据胎位抓住仔猪的后腿或头或下颌慢慢把仔猪拉出。注意：不要将胎盘和仔猪一起拉出，在拖出的过程中，不可将阴门、子宫颈和子宫碰伤；如果两只仔猪在交叉点堵住，先将一只推回，抓住另一只拖出；如果胎儿头部过大，骨盆相对狭窄，用手不易拉出，可用打结的绳子伸进仔猪口中套住下颌拉出。

如果通过检查发现产道内无仔猪，可能是子宫阵缩无力，胎儿仍在子宫角未下来，这时可用催产素，促使子宫肌肉收缩，帮助胎儿尽快出生。注射剂量为20 ~ 30U，笔者试用外阴内侧注射20U，效果很好，不仅发挥作用快，而且还能节省用量。如果30 min仍未见效，可第二次注射催产素。如果仍然没有仔猪出生，则应驱赶母猪在分娩舍附近活动，可使产道复位以消除分娩障碍，使分娩过程得以顺利进行。仔猪全部产出后，还要观察胎盘是否全部娩出，只有胎盘完全娩出，才标志分娩结束。

第六章　鸡的繁殖

第一节　人工授精技术

一、准备工作

在输精前 1 周把已选择好的公鸡单笼饲养，剪掉泄殖腔周围的羽毛，以避免采精时污染精液，每天 14：00 定时用手按摩公鸡的腰荐部，以建立条件反射。按摩时将鸡头朝后，夹在腋下，左手紧抓双腿，不让其挣扎，右手从腰荐部顺尾部方向按摩数次。有的公鸡按摩一次就有性反射，可以采到精液。大部分鸡需要按摩 3 ～ 4 次方能建立条件反射，对一些虽经多次按摩，仍无射精或精液量少的公鸡要及早淘汰。

二、具体方法

（一）采精

给公鸡采精经常用按摩采精法。

1. 双人采精法

需 2 人协作完成，保定人员双手握住鸡的腿部，并用大拇指压住几根主翼羽，使公鸡头朝后，尾部向前，平放于保定者的左侧腰部。采精者左手小拇指和无名指夹住采精杯，杯口贴于手心，左手的拇指和食指伸开，以虎口部贴于公鸡后腹部柔软处。右手五指自然分开，以掌面自腰背部向尾部按摩数次，公鸡很快出现性反射动作，当看到公鸡尾羽上翘，泄殖腔外翻，露出勃起的生殖器时，集精人员右手顺势将其尾羽拨向背侧，用拇指和食指在泄殖腔上方两侧软部轻轻挤压，乳白色的精液流出，左手将集精杯放在生殖器下缘，就可以收集到精液，反复挤压几次，直到无精液流出为止。

2. 单人采精

采精人员坐在约 35cm 高的小凳上，左腿放在右腿上，将公鸡双腿夹于两腿之间，使其头向左，尾向右。右手持采精杯贴于公鸡后腹部柔软处，左手由背向尾部按摩 3 ～ 5 次，即可翻尾、挤肛、承接精液。

（二）精液品质的评定

（1）外观检查。正常精液为乳白色、不透明液体。

（2）精子密度检查。把精液放在显微镜下观察，只要每毫升含精子数 30 亿个以上则可正常输精。

（3）精子活力检查。采精后 30min 内，取精液和生理盐水各 1 滴，置于载玻片一端混匀，放入盖玻片。精液不宜过多，以布满盖玻片且不溢出为宜。在 37℃条件下，在 400 倍显微镜下检查。直线前进运动，精子密度大，呈漩涡翻滚状态为精子活力强、受精力高。评定时按直线前进运动的精子占全部精子的比例分为 1 ～ 9 级。

（4）精液的 pH 值。精液的 pH 值一般要求为 6.2 ～ 7.4，用 pH 试纸就可测出。

（三）精液的稀释与保存

1. 精液的稀释

采精后，应尽快稀释，将稀释液沿装有精液的试管壁缓慢加入，并轻轻转动，混合均匀。在稀释时应注意稀释液和精液温度要相近，以免影响精子活力。高倍稀释应分层进行，稀释比例应以精液品质和稀释液的质量而定。常用的稀释液的成分有葡萄糖、果糖、生理盐水、磷酸缓冲液等。

2. 精液的保存

用生理盐水和磷酸缓冲液稀释的精液不能存放，必须立即用于输精，稀释的比例以 1 ：1 为宜。常温保存的精液用含糖稀释液按 1 ：（1.5 ～ 2）的比例稀释（另外，每毫升稀释液中添加青霉素 1 500U、链霉素 1.5mg），然后置于 10 ～ 20℃环境条件下密封保存，这种方法可保存 3 ～ 5h。低温保存时，在常温下稀释后，将外周包有棉花的贮精试管的管口塞严，（达到缓慢降低温度，每分钟下降 0.2 ～ 0.5℃的要求），置于 3 ～ 5℃环境中保存，保存时间可达 24h。

（四）输精技术

输精操作一般由 3 人组成，其中 1 人输精，2 人翻肛。

输精的方法：翻肛人员打开笼门，将鸡抓出，用左手大拇指与食指、小指和无名指分别夹住母鸡的两大腿，掌心紧贴鸡胸骨末端，将手直立，使母鸡的背部紧贴自己的胸部，鸡头朝下，泄殖腔向上。然后，右手拇指和其余四指呈八字形横跨在泄殖腔两侧柔软部，轻轻下压使输卵管口外翻，输精人员立即插入吸有精液的输精器 2 ～ 3cm 深，然后推动活塞将精液输入输卵管口内。另一种方法为翻肛人员用右手抓住鸡的双腿稍向上提，将鸡提到笼门口，左手大拇指和其余四指自然分开，紧贴泄殖腔向腹部方向轻轻一压，使位于泄殖腔左侧的输卵管口外翻，输精人员立即输精。

注意事项：

（1）采精前要停食，以防吃的过饱采精时排粪，污染精液品质。采精人员应相对固定，因为每一个采精人员的手法轻重是不同的，引起性反射的程度也不一样，造成采精量差异较大，同时有的公鸡反应很快，稍按摩就射精，人员不固定，对每只公鸡的情况不熟悉，容易使精液损失。每只公鸡最好使用 1 只集精杯。每只公鸡 1 ～ 2d 采精 1 次，且要求 1 次采精成功。采精期间满足饲料中蛋白质水平。训练时要求学生穿工作服、戴口罩，避免大声喧哗。

（2）输精起始时间。掌握在母鸡产蛋重量上升到 50g 时，每天的输精时间要求在 15:00 之后；翻肛人员向腹部方向施压时，一定要着力于腹部左侧，因输卵管开口在泄殖腔左侧上方，而右侧为直肠开口，用力相反，则可能引起母鸡排粪造成污染；翻肛人员用力不能太大，以防止输卵管内的蛋被压破，从而引起输卵管炎和腹膜炎；输精器要垂直插入输卵管口的中央，不能斜插。否则会损伤输卵管壁造成出血引起炎症；翻肛人员要与输精人员密切配合，当输精人员将输精器插入输卵管内时，翻肛人员应立即解除对腹部的压力，使精液全部输入并利用输卵管的回缩力将精液引入输卵管深部；母鸡每隔 5d 输精 1 次，每次输精量以原精 0.025mL，按照 1 ∶ 1 比例稀释时以 0.05mL 为准，首次输精应加倍，或连输 2 次，以确保所需的精子数。输精人员应熟练掌握输精量，以免浪费精液或使输入量过少而影响受精率；母鸡输精后待外翻的肛门回收后再放回鸡笼。

第二节　孵化技术

一、温度

（一）温度对胚胎发育的影响

温度是禽蛋孵化的最重要因素，它决定着胚胎的生长、发育和生活力。只有在适宜的温度下才能保证胚胎的正常发育，温度过高或过低都对胚胎的发育有害，严重时会造成胚胎死亡。温度偏高则胚胎发育快，且胚胎较弱，如果温度超过 42℃经过 2 ～ 3 h 后就会造成胚胎死亡；

温度较低则胚胎的生长发育迟缓，如果温度低于24℃时经30 h就会造成胚胎死亡。

（二）温度的标准及控制

孵化温度的标准常与家禽的品种、蛋的大小、孵化室的环境、孵化机类型和孵化季节等有很大关系。如水禽蛋含脂肪量高且蛋重大，孵化后期的温度应低于鸡蛋；蛋用型鸡的孵化温度略低于肉用型鸡；气温高的季节低于气温低的季节等。一般情况下，鸡蛋的孵化温度保持在37.8℃（100F）左右，单独出雏的出雏器温度保持在37.3℃（99F）左右较为理想。

孵化温度的控制，实际生产中主要是“看胎施温”。所谓“看胎施温”，就是在不同孵化时期，根据胚胎发育的不同状态，给予最适宜的温度。在定期检查胚胎发育情况时，如发现胚胎发育过快，表示设定的温度偏高，应适当降温；如发现胚胎发育过慢，表示设定的温度偏低，应适当升温；胚胎发育符合标准，说明温度恰当。

（三）电孵箱孵化的两种施温方案

（1）恒温孵化就是在整个孵化过程中，孵化温度和出雏温度（比孵化温度略低）都保持不变。种蛋来源少或者高温季节，宜分批入孵并采用恒温孵化制度。因为室温过高如采用整批孵化时，孵化到中、后期产生的代谢热势必过剩，而分批入孵能够利用代谢热作热源，既能减少自温超温，又可以节省能源。

（2）变温孵化也称降温孵化，即在孵化过程中，随胚龄增加逐渐降低孵化温度。对于来源充足的种蛋，一般采用整批入孵，此时孵化器内胚蛋的胚龄都是相同的，可采用阶段性的变温孵化制度。因为胚胎自身产生的代谢热量随着胚龄的增加而增加。因此，孵化前期温度应高些，中后期温度应低些。

二、湿度

（一）湿度对胚胎发育的影响

湿度也是重要的孵化条件，它对胚胎发育和破壳出雏有较大的影响。孵化湿度过低，蛋内水分蒸发过多，破坏胚胎正常的物质代谢，易发生胚胎与壳膜粘连，孵出的雏禽个头小且干瘦；湿度过高，影响蛋内水分正常蒸发，同样破坏胚胎正常的物质代谢。当蛋内水分蒸发严重受阻时，胎膜及壳膜含水过多而妨碍胚胎的气体交换，影响胚胎的发育，孵出的雏禽腹大，弱雏多。因此，湿度过高或过低都会对孵化率和雏禽的体质产生不良影响。

（二）孵化湿度的标准及控制

孵化机内的湿度供给标准因孵化制度不同而不同，一般分批入孵时，孵化机内的相对湿度应保持在50%～60%，出雏器内为60%～70%。整批入孵时，应掌握“两头高、中间低”的原则，即在孵化初期（鸡1～7 d）相对湿度掌握在60%～65%，便于胚胎形成羊水、尿囊液；孵化中期（鸡8～18 d）相对湿度掌握在50%～55%，便于胚胎逐步排除羊水、尿囊液；出壳时（鸡19～21 d）相对湿度掌握在65%～70%，以防止绒毛与蛋壳粘连，有利于出雏。

（三）通风换气

1. 通风换气的作用

胚胎在发育过程中，需要不断吸入氧气，呼出二氧化碳。随着胚龄的增加，胚胎新陈代谢加强，其耗氧量和二氧化碳的排出量也随着增加，胚胎代谢过程中产生的热量也逐渐增多，特别是孵化后期，往往会出现“自温超温”现象，如果热量不能及时散出，将会严重影响胚胎正常生长发育，甚至积热致死。因此，通风换气既可以保持空气新鲜，又有助于驱散胚胎的余热，以利于胚胎正常发育。

2. 通风换气的控制

在正常通风条件下，要求孵化器内氧气含量不低于21%，二氧化碳含量控制在0.5%以下。否则，胚胎发育迟缓，产生畸形，死亡率升高，孵化率下降。因此，正确地控制好孵化器的通风，是提高孵化率的重要措施。

新鲜空气中含氧气21%，二氧化碳0.03%，这对于孵化是合适的。孵化机内通风系统设计合理，运转、操作正常，保证孵化室空气的新鲜，可以获得较高的孵化率。在孵化箱内一般都安装一定类型的风扇，不断地搅动空气，一方面保证箱内空气新鲜，满足胚胎生长发育的需要，另一方面还能使箱内温度、湿度均匀。箱体上都有进、排气孔，孵化初期，可关闭进、排气孔，随着胚龄的增加，逐渐打开，到孵化后期进、排气孔全部打开，尽量增加通风换气量。

通风换气与温度和湿度有着密切的关系。通风不良，空气流动不畅，温差大；湿度大；通风过度，温度、湿度都难以保持，浪费能源。所以，通风应适度。

（四）翻蛋

翻蛋也称转蛋，就是改变种蛋的孵化位置和角度。

1. 翻蛋的目的

翻蛋的目的首先是改变胚胎位置，防止胚胎与壳膜粘连；其次是使胚胎各部受热均匀，有利于胚胎的发育。翻蛋还有助于胚胎的运动，改善胎膜血液循环。

2. 翻蛋的方法

正常孵化过程中，一般每隔 2 h 翻蛋一次，每次翻蛋的角度以水平位置为准，前俯后仰各 45° ，翻蛋时要做到轻、稳、慢，不要粗暴，以防止引起蛋黄膜和血管破裂，尿囊绒毛膜与蛋壳膜分离，死亡率增高。

（五）晾蛋

1. 晾蛋的目的

家禽胚胎发育到中期以后，由于物质代谢增强而产生大量生理热。因此，定时晾蛋有助于禽蛋的散热，促进气体代谢，提高血液循环系统机能，增加胚胎调节体温的能力，因而有助于提高孵化率和雏禽品质。水禽蛋的脂肪含量高于鸡蛋，而单位质量蛋壳的表面积小于鸡蛋，从而使水禽蛋与外界的热交换速度较鸡蛋缓慢。因此，水禽蛋在孵化中期以后随着胚胎的增长，脂肪代谢的加强，胚蛋产热量增多，需要散发的热量也随之增加。这样容易造成蛋温升高，出现孵化机内超温现象，影响孵化效果。为此，水禽蛋在孵化到第 14 天以后要定时晾蛋。

2. 晾蛋的方法

（1）孵化机内晾蛋。关闭加温电源，开动风扇，打开机门。此法适用于整批入孵、气温不高的季节。

（2）孵化机外晾蛋。将胚蛋连同蛋盘移出机外晾凉，向蛋面喷洒 25 ～ 30℃的温水。此法适用于分批入孵和高温季节。每昼夜晾蛋次数为 2 ～ 3 次，每次晾蛋 15 ～ 30 min，使蛋温降至 32℃左右。

机内通风晾蛋和机外喷水晾蛋均应根据室温和胚胎发育情况灵活运用。如发现胚胎发育过快，超温严重，晾蛋时期应提前，晾蛋次数和时间要增加。某些专门为水禽蛋孵化而设计的孵化器，加大了通风量，并辅之以水冷降温，不晾蛋也可取得较好的孵化率。

三、准备工作

孵化前根据具体情况先制订好孵化计划，安排好孵化进程。在正式孵化前 1 ～ 2 周要检修好孵化机，并对孵化室、孵化机进行清洗消毒，而后校对好温度计，试机运转 1 ～ 2 d，无异常时方可入孵。

四、具体办法

（一）上蛋操作

上蛋就是将种蛋码到蛋盘上，蛋盘装在蛋车上或蛋盘架上放入孵化机内准备孵化的过程。种蛋应在孵化前 12 h 左右以钝端向上装入蛋盘中，并将蛋车或蛋盘架移入孵化室内进行预温。上蛋时间最好在 16：00 以后，这样大批出雏就可以在白天，工作比较方便。若实行分批孵化，一般鸡蛋 5 ～ 7 d 上蛋一次，鸭、鹅蛋 7 ～ 9 d 上蛋一次。上蛋时，注意将不同批次的种蛋在蛋盘上做上标记，放入孵化机时将不同批次种蛋交错放置，以利不同胚龄的种蛋相互调节温度，使孵化机内温度均匀。

（二）日常管理

1. 温度的观察

孵化过程中应随时注意孵化温度的变化，观察调节仪器的灵敏程度。一般每隔 1 ～ 2 h 检查并记录一次孵化温度，遇到不稳定的情况应及时调整。

2. 湿度的观察

经常观察孵化机内的相对湿度。没有自动调湿装置的孵化机，要注意增减水盘及定时加水调节水位高低等，以调节孵化湿度。自动控湿的孵化机，要经常检查各控制装置工作是否正常以及水质是否良好。使用干湿球温度计测量相对湿度时，应经常清洗或更换湿球上包裹的纱布。

3. 通风系统的检查

定期检查孵化箱各进出气孔的开闭程度，经常观察风扇电机和皮带传动的情况。

4. 翻蛋操作的检查

自动翻蛋的孵化机，应对其传动机构、定时器、限位开关及翻蛋指示等定时进行检查，注意观察每次翻蛋的时间和角度，及时处理不按时翻蛋或翻蛋角度达不到要求的不正常情况。没有设置自动翻蛋系统的孵化机，需要定时手工翻蛋，每次翻蛋时动作要轻，并留意观察蛋盘架是否平稳，发现有异常的声响和蛋架抖动时都要立即停止操作，待查明原因故障排除后再行翻蛋。

（三）照蛋

使用照蛋器通过灯光透视胚胎发育情况，及时捡除无精蛋和死胚蛋。整个孵化期中通常要照蛋 2 ～ 3 次，如鸡蛋孵化时，第一次照蛋在入孵后 5 ～ 6d 进行，主要任务是捡出无精蛋和中死蛋，观察胚胎发育情况。第二次照蛋一般在孵化的第 18 天或第 19 天进行，其目的一方面是观察胚胎的发育情况，另一方面是剔除死胚蛋，为移盘或上摊床作准备。有时在孵化的第10～11天还抽检尿囊血管在蛋小头的合拢情况，以判定孵化温度的高低。

每次照蛋之前，应注意保持孵化室（或专用照蛋室）的温度在25℃以上，防止照蛋时间长引起胚蛋受凉和孵化机内温度大幅度下降。照蛋操作力求稳、准、快，蛋盘放上蛋架车时一定要卡牢，防止翻蛋时蛋盘脱落。

（四）晾蛋

鸭、鹅蛋孵化时通常要晾蛋。一般鸭蛋从孵化第13～14天起，鹅蛋从孵化第15天起开始晾蛋。鸡蛋孵化时是否晾蛋，应视孵化器的性能、孵化制度和孵化季节等灵活掌握。

（五）移盘

就是将胚蛋从孵化机内移入出雏机内继续孵化，停止翻蛋，提高湿度，准备出雏。一般鸡蛋在孵化的第18～19天、鸭蛋在第25～26天、鹅蛋在第28～29天时进行。移盘的动作要轻、稳、快。

（六）出雏及助产操作

鸡蛋孵化满20 d即开始出雏。这时要及时将已出壳并干了毛的雏鸡和空蛋壳捡出，捡雏时要求动作轻、快，防止碰破胚蛋和伤害雏鸡。不要经常打开机门，防止机内温湿度下降过大而影响出雏。正常时间内出雏的，一般不进行助产，但在后期，要把内膜已橘黄或外露绒毛发干、在壳内无力挣扎的胚蛋轻轻剥开，分开黏膜和壳膜，把头轻轻拉出壳外，使其自己挣扎破壳。

（七）孵化结束工作

出雏结束后，应及时清扫雏机内的绒毛、碎蛋壳等污物，对出雏室、出雏机及出雏盘等进行彻底清洗和消毒，然后晒干或晾干，准备下次出雏再用。整理好孵化记录，做好孵化效果统计。

第七章　犬的繁殖

第一节　雄犬的生殖生理

一、性成熟及性行为

（一）性成熟

出生后的雄犬生长发育到一定时期时，开始表现性行为，并具有第二性征。其生殖器官及生殖机能已经基本发育成熟，能够产生成熟的生殖细胞（精子），一旦在此期间交配就可能使发情雌犬受孕。这个时期通常称为雄犬的性成熟。

雄犬的性成熟时间受品种、气候、地区、温度及饲养管理条件的影响，即使是同一品种，甚至同窝的雄犬，在性成熟期上也存在着个体差异。一般来讲，小型犬性成熟较早，大型犬性成熟较晚；管理水平较高、营养状况好的雄犬性成熟较早。小型雄犬出生后 8 ～ 12 月龄，大型雄犬出生后 18 ～ 24 月龄达到性成熟。一般来说，雄犬在 9 月龄以后才能达到性成熟。通常情况下，雄犬的性成熟稍晚于雌犬。性成熟后，雄犬可以交配并使发情的雌犬受孕产仔，但还不宜投入配种繁殖，因为此时的雄犬尚未达到体成熟。体成熟是指雄犬具有成年犬的固有体况，体内各器官功能生长发育基本完成的时期。体成熟一般在性成熟之后，目前国内外犬业界公认的雄犬的适宜配种年龄为 18 ～ 24 月龄，具体视品种和个体发育情况而定。

（二）雄犬的性行为

雄犬的性行为是在性激素的作用下，通过嗅觉、视觉、听觉的感觉神经接受刺激，对雌犬发生的性反射，其中嗅觉起主要作用。雄犬的性行为不受季节和时间的限制，而雌犬则只在发情期才产生性兴奋。雄犬在达到性成熟以后随时可产生性欲，最能引起雄犬性欲的刺激因素是发情雌犬尿液的气味。发情雌犬尿液中含有能引起雄犬性欲的物质：甲基（对）羟苯甲酸，它在尿中的含量比阴道分泌物中的多。把这种化学物质涂抹到未发情雌犬的外阴部即能引起雄犬的性兴奋。雄犬可通过气味寻找雌犬，对雌犬表现一些求爱行为。

雄犬的性行为表现为对雌犬的性兴奋和交配两个方面。雄犬的爬跨行为是雄犬的基本性行为方式。5周龄的小雄犬就出现爬跨动作。据报道，最早表现爬跨行为的雄犬在22日龄，雌犬在27日龄；最早表现嗅闻生殖器行为的雄犬在34日龄，雌犬在41日龄。16周龄有41%的雄犬和23%的雌犬表现爬跨行为，63%的雄犬和55%的雌犬表现嗅闻生殖器行为。但这时并不是真正的性行为，只是犬的一种游戏行为，是对成年性行为的一种模仿。

同许多其他哺乳动物一样，雄犬的爬跨行为也用做优势信号。在群养时，犬群中地位较高的雄犬才能爬跨，如果地位较低者敢越轨，很可能引起争斗。年轻雄犬在没有优势个体的压制时，性成熟稍提前。雄犬在与雌犬隔绝的环境中饲养，长大以后可能表现出不正常的爬跨行为，甚至不会爬跨雌犬。

（三）影响性行为的因素

影响雄犬性行为的因素很多，概括起来有以下几个方面。

遗传因素不同。品种乃至不同个体之间，犬的性行为都有很大差异，这些差异表现在个体间交配行为的强度、频率、精力、体力以及性兴奋高峰期持续时间长短等方面。这是由个体的基因构成以及作用于该个体的环境因素决定的。雄犬性行为表现变化很大，也很灵活，不同个体的性欲水平高低不同，有的雄犬对雌犬特别感兴趣，有的则不然。

环境因素。季节和气候对雌、雄犬都有影响，在炎热的季节，精子生成减少，精液品质下降，性欲降低，受胎率也明显降低。

把陌生雌雄犬放在一起使其熟悉，比起让它们仓促相遇更容易解除交配时的焦虑。没有性经验的年轻雄犬在初次交配时，如果相遇的是凶暴的雌犬，可能会产生性抑制，进而影响以后交配的积极性。

犬在选择配偶方面是有所偏好的，据观察，经常在一起嬉戏、追逐的雌雄犬，发情时很少发生过分激动的相互接触。相反，非发情期很少共同嬉戏的雌雄犬，在该雌犬发情时都较频繁地相互接触，这可能是由于新异刺激的缘故。

雄犬交配过程中易受外界环境的影响。如果雄犬与雌犬相距很远，应把雌犬运往雄犬处，以免陌生的环境影响雄犬的性欲；害怕主人的雄犬交配时，如果主人站在旁边，会使雄犬的性欲受压抑；但也有的雄犬则喜欢主人在旁。

某些雄犬有时不受某些雌犬的欢迎，即使发情也不接受该雄犬的交配。有时即使是优秀的雄犬，也可能不被雌犬接受。至今对雌犬挑选雄犬的原因尚不清楚，可能雄犬的性情和其求爱方式会影响雌犬对它的接受。这种行为在东非猎犬和拉布拉多犬表现得特别明显。

（1）性经验。有的雄犬在与雌犬交配前有挑逗游戏等求偶行为，有的则没有，但都不影响交配的结果。

有的雄犬用鼻子嗅闻雌犬的外阴部或舔舐耳朵。嗅闻雌犬时间的长短，与雄犬过去的经验、雌犬所处的发情阶段和双方的性欲水平都有关系。雄犬愿意爬跨站立不动的雌犬。

性经验对雌、雄犬的行为都有明显的影响。从小将犬从群体中隔离饲养，有碍于性行为的发生。被隔离的雌犬有的表现不能正常交配，有的则缩短性欲高潮所持续时间；被隔离的雄犬性行为缺陷主要表现在对雌犬的空间定位能力上，最初与雌犬交配往往慌张、犹豫或不经勃起就急于爬跨。隔离不仅影响犬的性行为，而且使犬缺乏更多的感觉信息。在正常群体生活中，这种信息是参与犬性行为调节过程的。

（2）性抑制。性抑制是由于内、外因素造成的性反应缺陷。除前几种因素能引起性抑制外，通常多因错误或粗暴的管理手段所致。如交配和采精时的恐惧、痛感、干扰及过分的刺激等，这些因素对于容易建立条件反射的犬来说，影响特别明显。

（3）配种前的性刺激。在配种前通过感觉的性刺激对配种很有利。配种前雄犬与雌犬的逗玩和爬跨，能激发雄犬的性行为。这种配种前的性刺激还有助于提高精液质量和精液数量，能引起间质细胞刺激素（ICSH）的分泌，提高血液中雄激素的浓度。

（4）疾病与性行为异常。有的雄犬会发生性行为反常。可能是由于器质性疾病造成雄犬阴茎不能勃起或丧失性欲，或者由于关节炎以及后躯外伤造成的疼痛所致。雄犬在幼年时缺少与同类的接触，也会影响其交配行为。

二、精子与精液

（一）精子的发生

精子的发生是指精子在睾丸内形成的全过程。睾丸产生精子的能力取决于遗传因素，并受垂体促性腺激素和其他因素的控制，这些因素有的间接通过垂体作用，有的直接作用于睾丸组织。睾丸的曲精小管是精子生成的部位，其上皮主要由生精细胞和营养（支持）细胞组成。犬一般在出生时曲精小管还没有管腔，只有性原细胞和未分化细胞，它们在胎儿期就已形成。精子的发生始于性原细胞变成精原细胞，以牧羊犬为例，在 5 ～ 6 月龄时，未分化细胞变成支持细胞，它虽然不直接参与精子的发生，但对精细胞起着营养和支持作用。

由精原细胞变成精子需经过复杂的分裂和形成过程，大致上可分为下列四个阶段。

第一阶段，精原细胞的分裂和初级精母细胞的形成。精原细胞可分三类：A 型精原细胞，由它分裂为 A1KA4 型细胞；中间型精原细胞，由 A4 型细胞分裂而成，核内富含染色质；B 型精原细胞，由中间型细胞分裂产生。

最后由B型精原细胞分裂产生初级精母细胞。B型精原细胞经过四次分裂，先后成为16个初级精母细胞，这时曲精小管内才出现管腔，此阶段大约需14d。

第二阶段，初级精母细胞的第一次减数分裂和次级精母细胞的形成。由初级精母细胞进行第一次减数分裂，形成两个次级精母细胞，其中的染色体数目减半。这个阶段经过的时间较长，大约需要21d。

第三阶段，初级精母细胞的第二次减数分裂和精子细胞的形成。由次级精母细胞再分裂形成两个精细胞，然后移进曲精小管管腔，附着在支持细胞尖端上。这个阶段经过的时间很短，需要0.5d。

第四阶段，精子细胞的变形和精子的形成。这时的精细胞已不再分裂，并从支持细胞获得发育所必需的营养物质，经过形态改变过程，使圆形的精子细胞逐渐形成蝌蚪状的精子，并脱离精小管上皮的支持细胞，游离于精小管腔内，这个过程称为精子形成，需时约为0.5d。

精子发生过程中，在精小管任何一个断面上都存在着精子发生系列中不同类型的生精细胞，这些细胞群中的细胞类型是不断变化的、周期性的。从理论上讲，1个A型精原细胞能够形成64个精子，整个过程在犬类中大约需要46d。

（二）精子的形态

犬的精子由头部、颈部和尾部三部分构成，呈蝌蚪状，总长度约为60 μm。头部呈卵圆形，长约7 μm宽约4 μm，厚约1 μm；颈部长度约为10 μm；尾部长度约为44 μm。头部中间有核，由遗传物质脱氧核糖核酸（DNA）与蛋白质结合组成。颈部短，为供能部分。尾最长，是精子的运动器官。精子的运动主要依靠尾部的鞭索状波动，而使精子朝某一方向移动。正常精子的尾是直的，边缘整齐。在睾丸内，刚形成的精子经常成群附集在曲精小管的支持细胞游离端，尾部朝向管腔，精子成熟后脱离支持细胞进入管腔。

（三）精子的运动

运动能力是有生命力精子的重要特征之一。精子运动的动力是靠尾部弯曲时出现自尾前端或中段向后传递的横波，压缩精子周围的液体使精子向前泳动。犬精子本身在静止液体中的游动速度为45 μm/s，其运动方式主要有直线前进运动、圆圈运动、原地摆动三种形式。其中只有直线前进运动为精子的正常运动形式。

（四）精子的代谢

精子是特殊的单细胞，只能进行分解代谢，利用精清或自身的某些能源物质，而不能合成新的物质。精子的分解代谢主要有两种形式即糖酵解和精子的呼吸作用。精子的糖酵解，是指不论在有氧或无氧的条件下，精子可以把精清（或稀释液）中的果糖（或其他糖类）分解成乳酸释放能量的过程。精子的呼吸作用，是精子在有氧的条件下，精子可将果糖分解成为二氧化碳和水，产生比糖酵解更多的能量。在人工授精实践中，常用隔绝空气等措施来防止精子的呼吸或降低其代谢强度，减少能量消耗以延长精子的存活时间来保存精液。

（五）精液的组成

精液由精清和精子组成。正常情况下呈白色或淡黄色，混浊而黏稠，有特殊的腥味，pH值平均为 6.4（5.8 ～ 7.0），渗透压与血浆相近。

精清主要来自副性腺的分泌物。犬的副性腺，包括壶腹腺、前列腺和尿道小腺体等，分泌物中含有蛋白酶、磷脂化合物、各种无机盐类和大量水分。其生理功能是为精子活动提供适宜的理化环境和营养，增加精液容量，以保证正常精子的受精能力和防止精液倒流。

雄犬射精时副性腺的分泌有一定顺序，这对保证受精有着重要作用。首先分泌的是尿道小腺体，以冲洗和润滑尿道；然后附睾排出精子，前列腺液开始分泌，它是一种稀薄的蛋白样液体，含有一些酶类，呈弱酸性，有特殊的腥味，能促进精子在雌犬生殖道内的活动能力；最后是壶腹腺分泌，分泌物在雌犬的生殖道内很快成胶冻状，起栓塞作用，防止精液从阴道外流，以保证足够的精子数量和精子在雌犬生殖道的停留时间，给受精过程的完成提供必要的条件。

（六）精液的特性

（1）精液量指雄犬自生殖器官中射出的精液总量。它受品种、个体、年龄、营养状况、性准备、采精方法、技术水平、采精频率等多种因素的影响而变化。一般雄犬的射精量约为 10mL，其范围为 5 ～ 80mL。

（2）精液的颜色。因精子的密度不同，其颜色也不相同，由灰白色到乳白色。浓度越高，颜色越深；浓度越低，颜色越淡。精液颜色若呈黄色、绿色、淡红色或红褐色为不正常现象。色泽异常表明生殖器官有疾病，应立即停止配种并进行诊断治疗。精液密度又称精液浓度，是指每毫升精液中所含精子的数目。犬每毫升精液中精子数平均为 1.25 亿个（0.4 亿～ 5.4 亿个）。

（3）精液的其他理化特性。精液的 pH 值平均为 6.4（5.8 ～ 7.0），它与副性腺分泌有关。第一部分精液的 pH 值居中，第二部分精液的 pH 值最低，第三部分精液的 pH 值最高。另外，采精方法不同，pH 值也不同。

精液的比重为 1.011，冰点下降度为 0.58 ～ 0.60℃，电导性为（129 ～ 138）$\times 10^{-4}$。

（七）外界因素对精子的影响

很多因素能影响精子而使精液发生变化，特别是在体外或射精后，其生活环境改变，很多因素能直接影响精子的代谢和生活力。

（1）温度的影响。温度是影响精子的主要外界因素，不同的环境温度对精子有着不同影响，一些是有利的，一些是有害的，因此在实际工作中常利用温度对精子的影响来保存精液。在体温状态下，精子的运动和代谢正常。

①高温。在高温环境下，精子的代谢增强，能量消耗增加，运动加快，使精子在短时间内死亡。精子能忍受的最高温度约在 45℃。

②低温。在低温下，精子的代谢和运动能力下降，当温度降至 10℃以下时，精子的代谢非常微弱，几乎处于休眠状态。新鲜精液从体温状态缓慢降到 10℃以下，精子逐渐停止运动，待升温后恢复正常活力。如果精液的温度从体温状态急剧降到 10℃以下，精子会不可逆的失去活力，这种现象称为“冷休克”。出现“冷休克”的原因是精子的细胞膜遭到破坏，使三磷酸腺苷、细胞色素、钾等从细胞膜渗出，渗透压增大，精子不能存活。将稀释的精液放在 25℃的条件下，由于低温能抑制精子的运动，减少精子的能量消耗，因此可以相对延长精子的存活时间。如用消毒的奶液做等量稀释，在 4℃的温度下保存 120h，其精子活力仍为 50%，并能使雌犬怀孕。

③超低温。现在生产中常用液氮做冷源保存精液。经过稀释、降温、平衡等处理后的精液，在 –196℃（液氮）条件下，其代谢和活动完全停止，可长期保存，解冻后，精液中的精子仍具有活力，通过人工授精可使雌犬怀孕。在精液冷冻中要防止冰晶的出现，在 –60 ～ 0℃的环境对精子存活不利，其中 –25 ～ –15℃为最危险区域，需加甘油等保护剂才能成功。

（2）pH 值的影响。雄犬精液的正常 pH 值为 6.4（5.8 ～ 7.0）。有研究表明，精子易在弱酸性的环境中生存，在精液中精子能进行糖酵解产生乳酸，使精液的 pH 值下降，从而减弱精子的代谢活动，对精子存活有利；在弱碱环境中，精子代谢和运动加快，能量消耗较快，不利于精子存活。但 pH 值过高或过低都容易导致精子死亡。

（3）光和辐射的影响。日光中含有紫外线和红外线。红外线能使精液升温，精子代谢增强。紫外线对精子的影响取决于其强度，强烈的紫外线照射能使精子活力下降甚至死亡。荧光灯能发射紫外线，对精子有不利影响。因此，在处理精液时，应避免阳光直射，减少光的辐射，盛装精液的玻璃容器最好用棕色瓶，以阻隔光的影响。

（4）渗透压的影响。精子在等渗透压环境中才能正常代谢和存活。在高渗透压环境下，精子会失水皱缩，原生质变干，内部结构发生变化而死亡；在低渗透压环境下，精子发生吸水膨胀而死亡。精子对渗透压有逐渐适应的能力，但这种适应能力是有限度的。相对而言，低渗危害更大。

（5）化学药品的影响。凡消毒药、具有挥发性异味的药物对精子均有危害。在精液处理过程中，常加入一些化学药品，如抗生素、甘油等，使用时也要注意用量。

（6）稀释的影响。精液经一定倍数的稀释后有利于增强活力，精子的代谢和耗氧量增加。但高倍稀释后，精子膜发生变化，细胞的通透性增大，精子内各种成分渗出，而精子外的离子又向内入侵，影响精子代谢和生存，这就是稀释打击。

第二节　雌犬的生殖生理

一、性机能的发育阶段

（一）初情期

初情期是指雌犬初次出现发情或排卵现象的时期。这时雌犬虽具有发情症状，其生殖器官仍在继续生长发育，发情和发情周期是不正常和不完全的，有时发情的外部表现较明显，但卵泡并不一定能发育成熟至排卵；有时卵泡虽然能发育成熟，但外部表现不明显，假发情和间断发情比例高。初情期是性成熟的初级阶段，经过一段时间才能达到性成熟。初情期受丘脑下部、垂体和性腺的有关生理机制控制，外界因素通过这些器官，也对初情期产生影响。雌犬初情期一般在 8 ～ 10 月龄，但是因品种、气候、营养等因素的影响而略有差异。一般来说，大型犬品种的初情期比小型犬品种晚；生活在高气温地区的犬，其初情期要早；营养水平高的犬初情期比营养水平低的犬早。

（二）性成熟

雌犬生长发育到一定时期，开始表现性行为，具有第二性征，生殖器官及生殖机能已达到成熟，开始出现正常的发情和排卵，具备了繁殖后代的能力，此时称为雌犬的性成熟。性成熟后，雌犬具有正常的发情周期以及协调的生殖内分泌调节能力。但此时雌犬身体的正常发育还未完成，故一般不宜配种，否则过早配种怀孕，一方面妨碍雌犬自身的生长发育，另外也将影响到胎儿的发育，导致母体本身和后代生长发育不良。雌犬出生后达到性成熟的年龄，因犬的品种、地理气候条件、饲养管理状况、营养水平及个体情况不同而有所差异。通常情况下，小型犬性成熟早，在出生后 8 ～ 12 月龄，大型犬性成熟较晚，在出生后 12 ～ 18 月龄。

（三）初配适龄

雌犬生长发育到一定阶段，适宜于进行繁殖的时期，通常称为初配适龄。一般来说，犬的初配适龄因品种和个体发育而异，一般在第 2 ～ 3 次发情，即 18 月龄左右。

（四）繁殖季节

繁殖季节也称为“性季节”，野犬由于受自然条件的影响，其性活动表现出明显的季节性，在对其有利的季节繁殖产仔，能获得较多的猎物哺育后代。但家犬由于长期和人类生活在一起，生活条件得到极大改善，相对比较稳定，已基本上无季节性。大量统计资料表明，繁殖季节没有地区差异，犬的不同品种也没有固定的繁殖季节，一年中的繁殖时期均衡分布，纬度和光照时间对犬的发情影响不大。一般认为，单独饲养的犬在正常情况下，每年发情两次，上半年略多一些。群养的犬发情无明显季节性。经过调查表明，从 9 月到翌年 2 月的秋冬季节发情数占年内的平均值稍低一点，春夏期间则略有增加，这主要是秋冬季节雌犬的休情期拖延所致。

过去国外曾经有一种说法，认为雌犬的发情有同步趋向，即一只雌犬发情能引起其他雌犬也发情。但后来有人用 5 年时间对 400 只比格雌犬进行观察，并没证实有这种现象。

（五）繁殖能力停止期

繁殖能力停止期指雌犬基本停止受孕和产仔活动的时期。雌犬的繁殖能力有一定的年限，雌犬繁殖能力停止期到来的迟早，受品种、个体、地理气候、营养状况、管理水平等因素的影响。据统计，雌犬在 5 岁后，其受胎率和窝产仔数都低于同品种的平均数；当雌犬年龄超过 8 岁时，受胎率、窝产仔数显著下降，随着年龄的继续增长，绝大部分雌犬停止排卵。有些雌犬虽然停止排卵，但仍有性行为和发情症状。有些雌犬在 6 岁左右就不能繁殖，个别犬在 10 岁时还能受孕产仔，通常情况下，雌犬繁殖能力停止期大约为 9 岁。

二、发情周期

发情是指雌犬发育到一定年龄时所表现的一种周期性的性活动现象，它包括两个方面的生理变化：雌犬的行为变化，如兴奋不安、敏感、排尿频繁、食欲减退、爬跨其他犬等；雌犬卵巢上的变化，如卵泡的发育及排卵等变化；雌犬的生殖道变化，如外阴肿胀、阴道壁增厚，排出血样分泌物等。上述生理变化的差异程度，因发情期的阶段不同而有所差异。

雌犬的发情活动有周期性，但不规则，大多为每年的春季（3—5月）和秋季（9—11月）各发情一次。从上次发情开始到下一次发情开始的间隔时间称为发情周期。雌犬发情周期一般为6个月。根据雌犬的发情征候和行为反应的特点，发情周期一般分为发情前期、发情期、发情后期和休情期。

（一）发情前期

这是发情周期的第一个阶段。从雌犬阴道排出血样分泌物起至开始愿意接受交配时为止。这一时期的主要生理特征是：外生殖器开始肿胀，触诊外阴部发硬、弹性差，阴道黏膜充血，排出血样分泌物，随着时间的推进，其分泌物逐渐变淡。阴道黏液涂片检查可见大量红细胞、角质化细胞、有核上皮细胞和少量白细胞。此期的雌犬变得兴奋不安，注意力不集中，涣散，服从性差，接近并挑逗雄犬，甚至爬跨雄犬，但不接受交配，饮水量增加，排尿频繁。发情前期的持续时间通常是5～15d，平均为9d。年龄较大的犬开始表现不太明显，要注意观察，不要错过交配日期，有条件的可利用输精管结扎雄犬（试情犬）来试情。

（二）发情期

发情期是指雌犬接受交配的时期。它紧接在发情前期之后，两期之间是一种自然过渡，并没有严格的界线。此时的雌犬外阴部肿胀达到最大，触诊外阴部柔软有弹性，并开始消退，内壁发亮，分泌物增多，排出物颜色变成淡黄色。阴道黏液涂片中含有很多角化上皮细胞、红细胞，无白细胞。排卵时，白细胞消失是其特征变化，排卵后，白细胞占据阴道壁，同时出现退化的上皮细胞。雌犬表现较强的交配欲望，兴奋异常，敏感性增强，易激动，轻拍尾根部，尾巴偏向一侧，阴唇变软而有节律地收缩，喜欢挑逗雄犬，雄犬接近时站立不动，愿意接受雄犬的交配。发情期的持续时间为7～12d，平均为9d。

雌犬在此期排卵，卵巢上成熟卵泡破裂，释放卵子。当卵巢上的卵泡成熟时，由于卵泡液的不断增加，从而使卵泡的部分突出卵巢表面，突出部分的卵泡膜变薄，同时颗粒层细胞变性，卵泡液浸入卵丘细胞之间，使卵丘与颗粒层逐渐分离。排卵前，卵泡膜的外膜分离，内膜则通过裂口而突出，形成一个乳头状的小突起也称排卵点。它在卵巢的表面膨胀而变薄，膨胀的排卵点很快破裂，流出一些卵泡液，片刻之后，卵子移出裂口，裂口逐渐变长，接着大量卵泡液就把卵子冲出，卵子被输卵管伞接纳，由输卵管伞内的纤毛细胞将卵子移到输卵管中。排出的卵子尚未成熟，处于初级卵母细胞阶段，必须在输卵管中经过3～5d的减数分裂，放出第一极体而变为次级卵母细胞，才能获得受精能力。卵泡的发育在排卵前11d左右开始，到排卵前

2～3d迅速生长成熟，在发情期的第1～3d内排卵，此时为交配的最佳时期。

犬是自发性持续排卵，虽然可以在持续14d内排出卵子，但大约80%的卵子在开始排卵后48h内排出。通常情况下，排卵的快慢受犬的年龄影响，年轻的雌犬比年老的雌犬排卵要稍慢。卵子在输卵管中一般可存活4～8d，保持受精能力的时间可维持到排卵后108h。雌犬排出成熟卵子的大小与排出后的时间有关。据报道，排卵后1d的卵子直径为280 μm，排卵后2～4d的卵子直径为228 μm，排卵后5～9d的卵子直径为188～200 μm

（三）发情后期

这是雌犬发情后的恢复阶段。以雌犬开始拒绝雄犬交配为标志，由于雌犬血液中的雌激素的含量逐渐下降，性欲开始减退，卵巢中形成黄体。大约在6周黄体开始退化。发情后期的雌犬无论是否妊娠，都在黄体酮的作用下，子宫黏膜增生，子宫壁增厚，尤其是子宫腺囊泡状增生非常显著，为胚胎的附植（也称着床）做准备。阴道黏液涂片中含有很多白细胞（开始的前10d数量增加，然后逐渐减少，20d后已不存在）、非角质化的上皮细胞及少量角质化的上皮细胞。如雌犬已妊娠，则进入妊娠期，若未孕，则进入休情期。

（四）休情期

休情期也称为乏情期或间情期，是发情后期结束到下一次发情前期的阶段。犬与其他某些动物不同，它是单次发情动物，这个时期不是性周期的一个环节，是非繁殖期，此期中雌犬除了卵巢中一些卵泡生长和闭锁外，其整个生殖系统都是静止的。无阴道分泌物，阴道黏液涂片中上皮细胞是非角质化的，直到发情前期为止，上皮细胞才变为角质化。在发情前期数周，雌犬通常会呈现出某些明显症状，如喜欢与雄犬接近，食欲下降、换毛等。在发情前期之前的数日，大多数雌犬会变得无精打采，态度冷漠。偶见初配雌犬会拒食，外阴肿胀。休情期的持续时间为90～140d，平均为125d。

（五）发情鉴定

它是指用各种方法鉴定雌犬的发情情况。通过发情鉴定，可以判断雌犬发情是否正常，以便发现问题，及时进行处理；通过发情鉴定，可以判断雌犬的发情阶段，以便确定合适的交配时机，从而达到提高受胎率和产仔数的目的。

雌犬在发情时，既有外部特征，又有内部变化。因此，在发情鉴定时，既要注意观察外部表情，更要掌握本质的变化，必须联系诸多因素综合分析，才能获得准确的判断。常用的发情鉴定方法主要有：外部观察法、试情法、阴道检查法、电测法等几种。

（1）外部观察法。通过观察雌犬的外部特征、行为表现以及阴道排出物，来确定雌犬的发情阶段。在发情前数周，雌犬即可表现出一些症状如食欲状况和外观都有所变化，愿意接近雄犬，并自然地厌恶与其他雌犬做伴。在发情前的数日，大多数雌犬变得无精打采，态度冷漠，偶见初配雌犬出现拒食现象，甚至出现惊厥。发情前期的特征是：外生殖器官肿胀，从阴门排出血样分泌物并持续 2 ～ 4d，当排出物增多时，阴门及前庭均变大、肿胀。雌犬变得不安和兴奋，饮水量增加，排尿频繁，其目的是为了吸引雄犬，但拒绝交配。

从发情前期开始算起，大多数雌犬在 9 ～ 11d 接受雄犬交配而进入发情期。随后排出物大量减少，颜色由红色变为淡红色或淡黄色。触摸尾根部时，尾巴翘起，偏于一侧，站立不动，接受交配。某些雌犬具有选择雄犬的倾向。发情期过后，外阴部逐步收缩复原，偶尔见到少量黑褐色排出物，雌犬变得安静、驯服、乖巧。

（2）试情法是以雌犬是否愿意接受雄犬交配来鉴定发情阶段的一种方法。一般情况下，处于发情期的雌犬见到雄犬后会立即表现出愿意接受交配的行为，尾偏向一侧，故意暴露外阴，并出现有节律的收缩，站立不动等。试情时，最好采用输精管结扎的雄犬来进行。

（3）阴道检查法。通过阴道黏液涂片的细胞组织分析，来确定雌犬发情阶段。发情前期，阴道黏液涂片中含有很多角质化的上皮细胞、红细胞。少量白细胞和大量碎屑。发情期含有角质化的上皮细胞，较多红细胞，而白细胞不存在。排卵后，白细胞占据阴道壁，同时出现退化的上皮细胞。发情后期中含有很多白细胞，非角质化的上皮细胞，以及少量的角质化的上皮细胞。休情期的黏液涂片中上皮细胞是非角质化的，但到发情前期上皮细胞变为角质化。

电测法即应用电阻表测定雌犬阴道黏液的电阻值，以便确定最合适的交配时间。发情周期中，电阻质变化大。发情前期的最后 1d 变为 495 ～ 1 216D，而在此之前为 250 ～ 700D。在发情期也有不同变化，特别是在发情期开始时，有些雌犬阴道黏液的电阻值下降，而有些雌犬与发情前期相比则上升，但所有的雌犬，发情期的后期部分时间内电阻值下降。

三、发情控制

犬的发情控制是指根据生产需要，结合雌犬的发情机制，采用科学的处理方法，调控雌犬卵巢机能，人为地改变犬的发情状况的一项繁殖技术。它包括诱导发情、超数排卵和同期发情等。

（一）诱导发情

诱导发情是指用人工方法引起雌犬发情的一种繁殖技术。即利用外源性激素或活性物质对犬进行处理，并配合环境的改变，诱导处于乏情期（或间情期）的适龄雌犬发情和排卵，其目的在于有效地控制雌犬的生殖节律。犬的诱发发情常用的方法有三种。

促卵泡素与促黄体素法：促卵泡素是促使原始生殖细胞生长发育的促性腺激素类激素，能促进雌犬卵巢中卵泡的生长发育直至成熟。促黄体素除了与促卵泡素共同作用促使卵泡成熟并促进雌激素分泌外，更主要的作用是使成熟卵泡的卵泡壁破裂，发生排卵并促使黄体分泌黄体酮。科学地使用外源促卵泡素及促黄体素，能提高血液中这两种激素的浓度，可用于诱导雌犬发情并促进排卵。

孕马血清促性腺激素与人绒毛膜促性腺激素法：孕马血清促性腺激素与两种垂体促性腺激素（FSH 和 LH）有相似的生物活性。它既能促进卵泡发育成熟，又能促使成熟卵泡排卵，并形成黄体，但以促卵泡素作用为主。而人绒毛膜促性腺激素主要是促进成熟卵泡排卵并形成黄体。实践证明孕马血清促性腺激素与人绒毛膜促性腺激素联合使用可成功地诱导雌犬发情并排卵，但使用的剂量及方法不同，所取得的效果不一样。用孕马血清促性腺激素诱导发情的雌犬，孕激素浓度的升高开始于注射后的第 5 天，而正常发情雌犬孕激素浓度的升高则发生在排卵后，这说明孕马血清促性腺激素可在排卵前刺激孕激素的分泌。Wridlt（1972，1980）认为单纯注射孕马血清促性腺激素只能引起雌犬表现发情行为，很少引起排卵，而人绒毛膜促性腺激素对发情后的排卵有着重要作用，排卵常发生于注射人绒毛膜促性腺激素 27 ～ 30h 后，使用人绒毛膜促性腺激素的发情雌犬的排卵数明显增加，最多可达 46 个。因此，只要应用方法得当，孕马血清促性腺激素和人绒毛膜促性腺激素合用是诱导间情期雌犬发情较为有效的方法。

促性腺激素释放激素法：促性腺激素释放激素是由下丘脑神经内分泌细胞分泌的一种 10 肽化合物。现已发现，在垂体促性腺激素分泌细胞浆膜上存在分子质量约 10 万 U 的促性腺激素释放激素受体，促性腺激素释放激素与受体结合后，可使受体蛋白活化，刺激细胞核内特异基因转录，从而合成促黄体素和促卵泡素。生理剂量的促性腺激素释放激素可刺激垂体释放并分泌促黄体素和促卵泡素，但连续或大剂量应用促性腺激素释放激素则可使浆膜上的促性腺激素释放激素受体发生脱敏作用，从而降低对促性腺激素释放激素的反应性，抑制促卵泡素及促黄体素的释放。因而必须按一定程序和剂量来使用促性腺激素释放激素，才能成功地诱导雌犬发情和排卵。

（二）超数排卵

超数排卵指在雌犬发情周期内，按照一定的剂量和程序，注射外源性激素或活性物质，使卵巢比自然状态下排出更多的卵子。其目的是在优良种犬的有效繁殖年限内，尽可能多地获得其后代，用于不断扩大核心种犬群数量。雌犬对施行超数排卵的反应，因品种、体况、体重、年龄、所处发情周期的阶段、产后时间间隔和营养水平及所用激素的效能、剂量、使用程序而有所不同。

（三）同期发情

同期发情是指对雌犬的发情周期及时间进行同期化处理，又称“同步发情”。一般利用某些激素制剂和环境刺激，人为地控制并调整雌犬群发情周期的过程，使之在某一预定的时间内集中发情。该技术有利于提高犬的繁殖率，批量提供统一年龄的受训犬，提高冷冻精液的利用效率，以及为胚胎移植提供批量受体等。目前，同期发情技术有两种：一是给一群待处理的雌犬同时使用孕激素，抑制卵巢中卵泡的生长发育和发情，经过一段时间同时停药，随之引起同时发情。二是利用性质完全不同的另一种激素（前列腺素）促黄体溶解，中断黄体期，降低黄体酮含量水平，从而促进垂体促性腺激素（FSH 和 LH）的释放引起发情。若采用上述两种途径仍不能引起同期发情，则可使用促性腺激素释放激素。

四、性行为

（一）雌犬的性行为

雌犬发情时，多数雌犬在前期表现不安、易兴奋，不服从命令，饮水量增加，食欲减少，频频排尿。有的初产雌犬出现进食减少或不食的现象，甚至少数雌犬在发情前期出现痉挛或强直，有的则兴奋或震颤。雌犬主动接近雄犬，注视并挑逗雄犬。雌犬对雄犬有求爱行为，但不接受交配。

进入发情期后，雌犬接受雄犬交配。雌犬呈交配姿势，尾巴向背后高高卷曲或向一侧歪斜。初产犬在允许交配前，经常反复呈交配姿势。有些经产雌犬没有挑逗行为，直接接受雄犬交配。有些品种的雌犬有选择雄犬的行为，这可能与雄犬的性欲或其求爱方式有关。有的雌犬虽然呈交配姿势，但其子宫、阴道、阴唇等因肿胀、敏感而不允许雄犬交配。在发情雌犬中，经常可以看到雌犬爬跨其他雌犬，并有交配动作。当雌犬拒绝雄犬交配时，则发情期结束，进入发情后期后，各种发情征候逐渐减弱消失。

（二）影响性行为的因素

影响性行为的因素很多，概括起来主要有以下几方面。

遗传因素。不同品种乃至不同个体由于遗传因素的不同使其在性行为上有一定的差异。休情期的长短是影响两次发情间隔的决定因素。小型品种的休情期较短（如可卡犬约 4 月龄），大型品种的休情期较长（如大丹犬长达 8 月龄）。

外界环境。环境的改变对某些犬的性行为有一定影响。在雌犬交配时，最好有专用的配种室，条件不允许时，可先择一个空旷安静的场所。将雄犬引入雌犬舍或将雌犬引入雄犬舍，应视各自的性欲水平和等级优势而定，一般将强者引入弱者犬舍，有利于配种。当然，让雌雄犬相处一段时也可以慢慢适应。

营养因素。有多种营养物质是直接影响生殖机能的。其中维生素 E，被称做“生育酚”，此外还有几种必需氨基酸和脂肪酸及微量元素对繁殖性能有重要的影响。营养不足不利于雌犬的发情，肥胖并不代表其营养充足和完善，相反，肥胖不利于繁殖，但不一定影响发情。

性经验。性经验对雌、雄犬的性行为都有明显的影响。从出生就将雌犬离开群体饲养，有碍于性行为的发生。被隔离的雌犬有的表现不能正常交配，有的则缩短发情高潮持续时间。

第三节 犬的交配

一、交配过程

（一）交配适期

犬的交配适期是排卵前 1.5d 到排卵后 4.5d 之内，受胎的概率较大。一般的经验，发情出血后第 9 ～ 11 天首次交配，间隔 1 ～ 3d 再次交配。如果发情鉴定准确，仅交配一次也基本能保证受胎，并可减轻种雄犬的疲劳。

（二）交配方式

目前采用自然交配和辅助交配两种方法。无论采用哪种方法，雌、雄犬必须是经过选定的，并由专人负责，做好交配记录。

自然交配是指雌雄犬的交配是在没有人为帮助下进行的，就是把雄犬与雌犬牵入交配场地让其自然交配，一般较顺利。

辅助交配是指雌犬虽已到交配期，但由于交配时慌乱、蹦跳并扑咬雄犬，或雄犬缺乏“性经验”，或雌、雄犬体型大小悬殊等原因而不能完成交配时，有关人员可辅助雄犬将阴茎插入雌犬阴道，或抓紧雌犬脖圈，协助固定，托住腹部，使其保持站立姿势，迫使雌犬接受交配。交配场所应选在固定场地或被动一方的饲养地，以免犬受陌生环境影响而加重交配的困难。交配前应让雌雄犬彼此熟悉和调情。

有些雌犬极不配合，甚至撕咬雄犬，应将雌犬用口笼套住，一人用皮带牵着，另一人抱着它并用手托着其后臀，不要让雌犬坐下或左右摆动身体；如果雄犬过高，就拿一块适当高度的木板放在雌犬脚下垫起来，让雄犬交配；有的雌犬因有选择雄犬的倾向而拒绝交配，可以换一条雄犬。往往在换雄犬后，交配即可顺利进行。性情较温驯的雌犬配不上种，还可让雌、雄犬同居一段时间，培养感情，以达到顺利交配的目的。判断是否配上，视雌犬阴户外翻程度，交配后阴户外翻明显，则已配上；若阴户自然闭合则未配上。

（三）交配过程

对雄犬来说，大体上经过勃起、交配、射精、锁结、交配结束等过程。

勃起。雄犬经发情雌犬刺激以后，阴茎勃起，但犬的阴茎勃起机制由于其解剖生理的特点与其他动物有明显不同。阴茎在插入雌犬的阴道前，海绵体窦呈充血状态，阴茎的静脉尚未闭锁，只是动脉血液流入多于静脉流出。因此，阴茎呈不完全勃起状态。犬的阴茎有阴茎骨，是靠阴茎骨支持而使阴茎呈半举起状态插入阴道的。阴茎插入阴道后，由于雌犬阴唇肌肉的收缩而使阴茎静脉闭锁。阴茎动脉血液仍继续流入，使阴茎龟头体变粗，龟头球膨胀。此时，阴茎才完全勃起。

交配。雄犬爬跨到雌犬背上，两前肢抱住雌犬。此时的雌犬站立不动，脊柱下凹，使会阴部抬高，便于阴茎插入阴道。雄犬的腹部肌肉特别是腹直肌的突然收缩，后躯来回推动，而将阴茎插入雌犬的阴道内。

射精。犬的射精过程可分为三个阶段：第一阶段是当犬阴茎刚插入阴道时，就开始射精，这时的精液呈清水样液体，没有精子；第二阶段是经过几次抽搐动作后，再加上阴道节律性收缩，阴茎充分勃起，而将含有大量精子的乳白色精液射入子宫内，射精过程在很短的时间内即可结束；第三阶段射精是在锁结时发生的，此时的精液为不含精子的前列腺分泌物。

锁结。犬是多次射精动物，当完成第二阶段射精（含有精子的部分）以后，还有第三阶段的射精，这时的阴茎尚处于完全勃起状态，阴道括约肌仍在收缩。因此，雄犬从雌犬背上爬下时，生殖器官不能分离而呈臀部触合姿势，称此状态为锁结，也称为闭塞、连锁或连裆。在这种相持阶段，雄犬完成第三阶段的射精。锁结阶段一般持续 5 ～ 30min，个别的也有长达 2 个小时。

交配结束。第三阶段射精完毕后，雄犬性欲降低，雌犬阴道的节律性收缩也减弱，阴茎勃起停止而变软，由阴道中抽出，缩入包皮内。雌、雄犬分开后，各躺在一边舔自己的外生殖器，雄犬不再表现出对雌犬的兴趣。

二、交配时应注意的问题

雌、雄犬初配年龄均以体成熟为基准，大约雌犬 1.5 岁、雄犬 2 岁为宜。应防止未成年犬过早配种繁殖，影响其种用价值。超过 8 岁的雄犬已进入老年期，一般不再作为种用。

雄犬的交配频率由于种雄犬交配时体能消耗大，所以种雄犬要有良好的体质，旺盛的性欲。一只雄犬在一年中的交配次数不能超过 40 次，在时间上要尽可能均匀地分开进行。雄犬的精液排空试验表明，要 24 ～ 36h 以后才能产生新的精子。因此必须控制犬的配种次数，两次交配至少要间隔 24h 以上，否则不利于雌犬受孕。

交配时间和地点的选择以清晨雌、雄犬精神状态良好时为最佳。要选择安静的地方，使雌、雄犬在不受外界不良刺激和影响的情况下自然交配，必要时可人工辅助。当雌、雄犬相距较远时，应将雌犬运输到雄犬处交配。否则，雄犬因长途运输的颠簸会影响配种效果。

人工辅助交配要注意安全，对缺乏性经验的初配雄犬，可令其观摩别的雄犬交配，或令其与经产雌犬交配以激发正常的性行为。发情明显的经产雌犬性兴奋强烈，可诱引初配雄犬进行交配。雌犬性反射不强导致自然交配困难时，辅助人员可抓紧雌犬脖圈，托住雌犬腹部，使其保持交配姿势，并辅助雄犬将阴茎插入阴道，迫使雌犬接受交配。对咬雄犬或咬人的雌犬应戴上口笼。交配中要防止雌犬蹲坐挫伤雄犬阴茎。因犬的交配特殊，锁结状态所持续时间较长，不能强行使他们分开，应等交配完毕后自行解脱。采食后 2h 内不要交配，以免雄犬发生反射性呕吐。在交配前，先让雄犬与雌犬接触几次，这样可使雄犬有强烈的性欲。交配完毕后，最好用短皮带牵雌犬，不准其坐下。此外，雌犬不宜年产两窝，否则会造成雌犬消瘦、多病，甚至不孕，如果一味地追求产仔数量，即使怀孕，对胎儿发育也是有害的。对于达到体成熟的雌犬，也不要发情即配种，而应有计划地合理安排。

第四节　犬的人工授精

人工授精就是用人工的方法获取雄犬的精液，经过检查、处理、保存，再输入发情雌犬的生殖道内，使其受孕的方法。开展犬的人工授精，对于充分发挥优秀种犬的作用，提高繁殖潜力有重要意义。

一、犬人工授精的研究现状及应用价值

（一）犬人工授精的研究现状

在动物中，犬的人工授精开展的最早。在1780年，意大利生理学家Spallanzani首次用犬进行人工授精试验并取得成功。1959年，Seager首次报道了犬的冻精人工授精获得成功，之后，又相继建立了有关精液品质、冷冻精液及人工授精的一系列参数。1976年，武石昌敬等也报道了犬的冷冻精液人工授精成功。

世界上一些发达国家犬的冷冻精液与人工授精的研究起步早，进展快，目前已得到了广泛应用。美国养犬俱乐部（AKC）早在20世纪70年代即投入了大量的资金用于冷冻精液和人工授精的研究，并详细制定了冷冻精液生产及人工授精各主要环节的操作规程；同时规定，从1981年起，只有经过AKC审验合格的配种站才能提供犬的冷冻精液。

中国在这方面的研究起步较晚，目前尚处于试验研究阶段。1985年，潘寿文等对德国牧羊犬的冷冻精液和人工授精进行了研究，输精9只雌犬，2只怀孕，受胎率为22%，平均窝产仔2只；1988年，洪振银用冻精为9只雌犬授精，受胎产仔结果同上；1991年，王力波等对德国牧羊犬的冻精的研究也获成功，输精5只，4只怀孕，平均窝产仔7只；1993年，安铁洙等对比格犬的精液冷冻获得成功，冻后活力达0.4以上；1994年，刘海军等对德国牧羊犬精液进行冷冻研究，结论为：在最优条件下，解冻后精子的活力为0.47，复苏率52.2%，存活时间8.23h，存活指数1.08，顶体完整率43%；1995年，张居农等对犬精液稀释液进行筛选并对犬的人工授精技术进行研究，结果表明，一次发情3次处理的初产、第2胎、第3胎德国牧羊犬的受胎率均为100%，产仔数分别为6.5只、6.0只、7.0只，不同品种雌犬的产仔数和受胎率不同；1999年，孙岩松等对比格犬的精液进行冷冻研究，结果是：比格犬精液冷冻保存后，最高解冻存活率达74%，解冻复苏率达到97.3%。

（二）人工授精及冷冻精液的应用价值

提高优秀种雄犬的利用率。雄犬在自然交配时有两点需要注意，一是，一头雄犬每次只能与一头雌犬交配；二是，雄犬每天最多只能交配12次。采用人工授精技术，一次采出的精液经过稀释处理后，可供给几十只雌犬。这就大大地提高了优秀种雄犬的利用率。目前的精液冷冻技术，可长期保存精液，将精液冷冻技术与人工授精技术相结合，就能成百倍地提高种雄犬的利用率，从而减少种犬饲养数量，减少饲养和管理费用，充分发挥优秀个体的遗传潜力和在品种改良中的作用，加速品种改良进程。

改变引种方式和保种方式。由于冷冻精液可长期保存，便于运输，可在不同地区甚至国际

间进行交流，这就可望实现引种方式的变革，将引进种犬的传统方式改变为引进精液，降低运输和检疫费用，减少引进种犬而传入疫病的机会。精液冷冻的成功，可以建立犬的精子库，收集、储藏具有种用价值和濒临绝种的犬精液，精液冷冻是一种理想的保种手段。冷冻精液可以长期保存，能够不受距离限制地运送到任何地方、区域，有效地解决无种雄犬或种雄犬不足地区的雌犬配种问题。同时有利于犬精液形成商品化，促进各国和地区之间的种犬精液交流。

目前世界多数国家都在建立各种动物精液基因库，这种方法的最大优点是：提高种畜的利用率，延长种畜利用年限。甚至在种畜衰老或死亡后几十年，还可以继续利用其冷冻精液。国外一些研究机构和私人公司已建立犬科动物精子库。国内也在着手研究建立犬精液基因库。

提高种犬质量，加快育种步伐。人工授精技术，特别是冷冻精液的应用，极大地提高了种雄犬的利用率和选择强度。依据血缘关系从众多的雄犬中选择最优秀的个体作为种犬，从而提高种犬质量。

提高雌犬的受胎率。人工授精使用经严格处理的优质精液，每次输精的时间经过科学的判断，输精部位准确，所以提高了受胎率。

克服了雌、雄犬交配困难问题。有些雌犬由于先天或后天的因素，造成交配困难或不接受雄犬交配，使用人工授精技术可以有效解决这个问题。

防止疾病传播。人工授精避免了雌、雄犬的直接接触，使用的器材都经过严格的消毒，可以防止疾病，特别是某些因交配而感染的传染病。

二、人工授精技术

借助器械或徒手操作，以人工的方法采集雄犬的精液，经过精液品质检查、稀释和保存等一系列处理后，在雌犬发情后的适当时机，把精液输入到发情雌犬的生殖道内以达到受胎的目的。这种代替自然交配的技术，称为人工授精技术。它包括采精、精液处理和输精三个技术环节。

（一）采精

采精是人工授精技术操作的第一个环节。采精的方法有多种，如假阴道法、手握按摩法和电刺激法。犬的采精多采用手握按摩法，同时辅以发情雌犬的刺激或发情雌犬阴道分泌物的刺激。因为这种方法基本可以采集到雄犬各阶段精液，同时不降低精液品质，也不会损伤雄犬的生殖器官，采精器械相对简单。

采精场地。采精应在良好的环境中进行，以利于雄犬形成稳定的性条件反射，又能避免精液受污染。因此，要求室外采精场地应宽敞、平坦、安静、清洁、避风向阳；室内采精场地应宽敞明亮、地面平坦，注意防滑。总之，采精场地要固定，同时避免损害种雄犬性行为和健康的一些不良因素。采精环境不良，影响采精效果并可能使犬形成不良的条件反射或恶癖。

实际工作中，许多人喜欢在犬舍内采精，认为犬的交配多在种犬舍内完成，在犬舍内采精，很容易唤起雄犬的性欲，对获得良好的精液有好处。其实，犬舍内采精至少有两个弊端：①大多数犬舍面积不大，地面不平坦，影响雄犬的性行为和健康；②犬舍内采精不能保证精液不被污染，不利于全天候采精。

雄犬的调教。犬采精前，必须对所要采精的种雄犬进行调教，以便犬在采精场地形成良好的条件反射。调教的方法有：

发情雌犬的刺激。在采精场地牵入一头处于发情期的雌犬后，将种雄犬带进。此时，种雄犬不需要任何刺激，就会与雌犬进行嬉戏、嗅闻雌犬生殖道，在较短的时间内，雄犬就产生爬跨、插入等交配行为。此时，采精员应很好地把握时机，在种雄犬阴茎勃起后，将阴茎引导到雌犬生殖器外，用手按摩刺激，种雄犬便会射精。

种雄犬必须经过数次这样的调教才可以获得良好的效果，同时，调教的场地、时间以及采精员都应相对固定，直到将种雄犬带进采精场地后，采精员稍加刺激，种雄犬就产生性条件反射为止。

发情雌犬阴道黏液和尿液的刺激。处于发情期的雌犬，阴道黏液和尿液中含有大量的外激素，雄犬对这种气味很敏感。调教时，将蘸有发情雌犬阴道黏液和尿液的棉球给种雄犬嗅闻，雄犬会因外激素的刺激而引起性欲并爬跨，经几次采精后即可调教成功。

消毒。采精前，需用温水及肥皂将雄犬的阴茎部及其周围清洗干净，以避免皮屑及被毛对精液的污染。这也是对雄犬阴茎部的刺激，使雄犬对清洗以后就要采精这一过程形成条件反射。采精用集精杯等器械，一般需经过清洗、烘干、封装、干烤箱消毒等过程，才能使用。

采精。雄犬的采精一般采用手握按摩采精法。用雌犬或雌犬阴道分泌物诱导成功后，采精员用手（戴胶皮手套）握住雄犬阴茎，将阴茎拉向侧面，同时给阴茎球体适当的压力并做前后按摩，阴茎充分勃起后经 30s 左右即开始射精，射精过程持续 3 ～ 5s。采精时注意不使雄犬的阴茎接触器械，否则会抑制射精。雄犬射出的精液一般分为三段：第一段为尿道小腺体分泌的稀薄水样液体，无精子；第二段是来自睾丸的富含精子的部分，呈乳白色；第三段是前列腺分泌物，量最多，不含精子。采精时，三段精液很难截然分开，只有第一段较明显，呈水样，可弃掉不用，后两段可一起收集。收集时，集精杯上覆盖 2 ～ 3 层灭菌纱布进行过滤。

雄犬的射精量受品种、个体、年龄、性欲情况、采精方法、采精技术水平、采精频率和营养状况等多种因素的影响而变化。

在自然交配后，雄犬抬起后腿而调转身体。在采精时，雄犬仍保持这种习惯动作，抬起一只后腿，企图越过采精者的手臂。

对于没有雌犬或雌犬阴道分泌物诱导，以及诱导失败的雄犬，必须用按摩的方法采精。即采精员一手戴上灭菌乳胶手套，一手握集精杯，蹲于雄犬一侧，清洗、消毒雄犬包皮及其周围后，手指紧握阴茎并呈节奏性施加压力，数秒后，雄犬阴茎开始膨大，尤其是球体膨大部，采精员继续对阴茎球体进行节律性按摩 5s 左右，雄犬便产生抽动、射精等性行为。采精员按上述要求即可采集到精液。

采精频率是指每周雄犬的采精次数。为能持续地获得大量优质精液，又能维持雄犬的健康水平和正常生殖生理机能，合理安排雄犬的采精频率极为重要。

采精频率应根据雄犬在正常生理状态下可产生的精子数量与储存量；每次射精量及其精子数、精子活力、精子形态正常率；雄犬的饲养管理状况和表现的性活动等因素来决定。过度采精不仅会降低精液质量，而且会造成雄犬生殖生理机能降低和体质衰弱等不良后果。

增加采精频率，会影响精液品质，若每天采精两次，从第 4 次开始精液量减少一半，活精子数明显降低。采精频率增加时，pH 值没有变化。随着采精频率的提高，第一段精液量呈增加的趋势，第二段精液在间隔 24h 采精时减少最明显。因此，雄犬人工采精应间隔 48h 以上。正常雄犬间隔 48h 采精的精液特性见表 7-1。

表 7-1　正常雄犬间隔采精的精液特性（狼种犬）

射精量（mL）	pH 值	密度（亿 /mL）	活力	畸形率（%）	顶体完整率（%）
3.8	6.3	5.20	0.65	17.2	88.0

注：射精量是第二段精液。

（二）精液品质检查

精液品质直接影响受胎率，采出的精液必须经过检查与评定，才能确定是否可用于输精以及对精液稀释比例的确定。精液检查也是对种雄犬种用价值的检验。精液检查要求快速准确，取样要有代表性。操作室要清洁无尘，室温应保持在 18 ～ 25℃。

精液品质检查的项目一般分为常规检查项目和定期检查项目。常规检查项目有：射精量、颜色、气味、pH 值、精子活力、精液密度等。定期检查项目有：精子计数、精子形态、精子存活时间及指数、精子死亡率、精子微生物污染、精子代谢等。

精液品质评定包括外观检查、显微镜检查、微生物检查、精子代谢测定等方面。生产实际中通常采用外观检查、显微镜检查进行评定。精子代谢测定法往往应用于科学实验，以深入研究精子的生理特性，反映精液品质。

精液的感官检查如下。

射精量：将采取的精液倒入带有刻度的试管或集精杯中，测量其容量。一般情况下狼种犬的射精量为 10.0 ～ 13.0mL，第二段精液量平均为 3.8mL。

色泽、气味：正常雄犬精液的颜色为乳白色或灰白色，略带有腥味。

云雾状：犬的精液在静止状态下与牛羊等动物的精液不一样，不呈现翻腾滚动的云雾状态。

精子密度也称精子浓度，指精液的单位容积（通常是 1mL）内所含有的精子数目。由此可计算出每次采集的精子总数，因此也是评定精液品质的重要指标之一。通常犬每毫升精液中精子数为 1.25（0.4 ～ 5.4）亿个。

估测法一般在显微镜下进行。这种方法不能准确测出每毫升精液中的精子数，但方便易行，是生产中最常用的测定方法。估测法是根据精液的黏稠度不同，将其分为稠密、中等和稀薄三个等级，分别以“密”“中”“稀”表示。该项目每次采精都要检查。

密：精子彼此之间的空隙小于一个精子的长度，非常拥挤，很难看清楚单个精子的活动情况。

中：可以看到精子分散在整个视野中，彼此间的空隙为 1 ～ 2 个精子的长度，能看到单个精子的活动情况。

稀：精子在视野中彼此的距离大于两个以上精子的长度。

“0”：代表在整个视野中未发现精子。

计数法检测精子密度的方法，也可用血细胞计数器计数。按计数操作规定稀释精液，再用白细胞吸管作稀释计算，检查计算板内 5 个方格内的精子个数。直接计数可信度差。国际标准是测定活精子数，其计数方法是第一次在 37℃下只计不动的死精子数，然后将计数板放在 50℃的温箱中 10 ～ 15min，杀死活精子后，再次计数，第二次计数结果为精子总数，从总数中减去死亡精子数即为存活精子数。此法比较精确。

精子密度可用下列公式计算：

1mL 精液中精子密度 =5 个方格内的精子总数 ×5×10×1 000× 稀释倍数

光电比色计测定法是目前用于评定精子密度的一种较准确的方法。它是根据精子数越多，精液浓度越高，其透光性越低的特性，通过反射光和透光度来测定精子密度。因此在利用光电比色计测定精子密度时，应避免精液内的细胞碎片等干扰透光性，以免造成误差。我国自行设计生产的精子密度测定仪，也能迅速、可靠地测出精子密度。

精子活力是指精液中呈直线运动精子所占的百分率。

精液采出后立即在 35 ～ 37℃的温度下进行精子活力测定。用玻璃棒蘸取 1 滴被测精液于载玻片上，盖上盖玻片，其间应充满精液，没有气泡存在，置于 250 ～ 400 倍显微镜下观察。

精子的活动有三种类型：即直线前进运动、旋转运动和原地摆动运动。评价精子的活力是根据直线前进运动精子数的多少而确定的。目前评价精子活力等级的方法大多采用十级评分，在显微镜视野中估测呈直线前进运动精子占全部精子的百分率，以下列公式表示：

精子活力 = 直线前进运动精子数 / 总精子数 ×100%

显微镜视野中呈直线前进运动精子数为 100% 者为 1.0 级，90% 者评定为 0.9，以此类推。

在评定精子活力时应观察多个视野进行综合评定。正常精液的精子活力应在 0.7 以上。

精子畸形率形态和结构不正常的精子称为畸形精子。精子的畸形率是指精液中畸形精子数占精子总数的百分率。正常精液中不可能没有畸形精子，适量的畸形精子对受精能力影响不大。犬的畸形精子一般不会超过 20%。若超过 20%，则会影响受精能力，表示精液品质不良，不宜用作输精（图 7–1）。

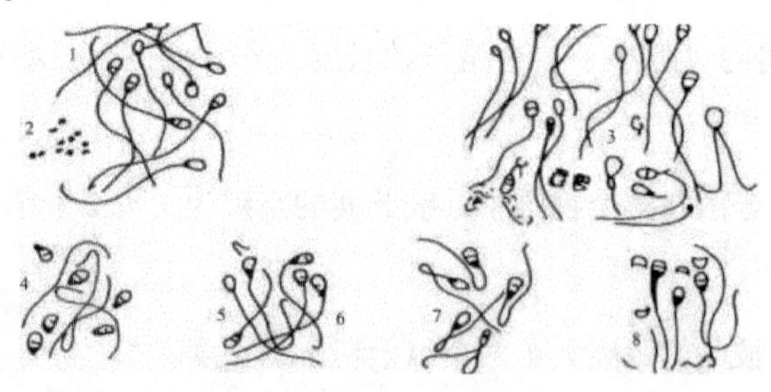

1. 正常精子；2. 游离原生质滴；3. 各种畸形精子；4. 头部脱落；5. 附有原生质滴；

6. 附有远测原生质滴；7. 尾部扭曲；8. 机体脱落

图 7–1　精子形态

畸形精子有多种类型，按其精子形态结构一般可分为两大类：头部畸形，如缺损、巨大、瘦小、膨胀、皱缩、细长、圆形、梨形、双头、轮廓不清等；颈部畸形，如粗大、纤细、曲折、断裂、双颈等；尾部畸形，如粗大、纤细、短尾、长尾、双尾、弯曲、曲折、回旋等。

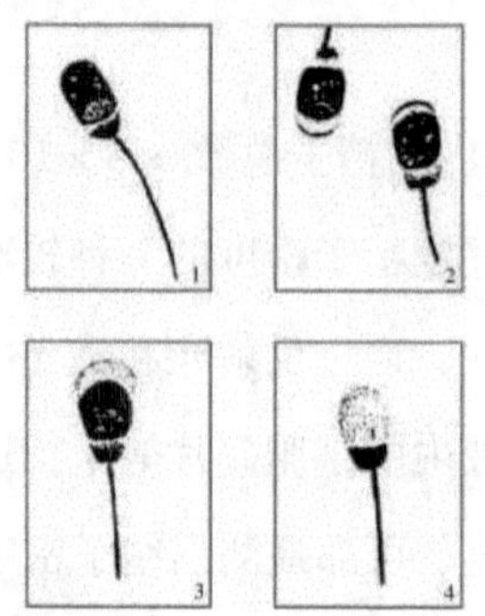

1. 正常顶体；2. 顶体膨胀；3. 顶体部分脱落；4. 顶体全部脱落

图 7–2　精子顶体异常图

畸形精子检查方法：取一滴被测精液（精子密度大的精液需用生理盐水稀释）于载玻片上，将样品滴以拉开的形式制成抹片。用 5% 龙胆紫酒精溶液或蓝墨水染色 3min，自然干燥、水洗后即可镜检。查数不同视野的 300 个精子，计算出其中所含的畸形精子数，求出畸形精子百分率。一般情况下，狼种犬精子畸形率为 17.2% 左右。

精子顶体异常，一般表现为顶体膨胀、缺损、部分脱落、全部脱落等情况（图 7-2）。精子顶体异常率为精液中顶体异常的精子数占精子总数的百分率。由于精子顶体在受精过程中具有重要的作用，因此一般认为只有呈直线前进运动和顶体完整的精子才具有正常的受精能力。

顶体完整型：精子头部外形正常，细胞膜和顶体完整，着色均匀。顶脊、赤道段清晰、核后帽分明。

顶体膨胀型：顶体着色均匀，膨大呈冠状，出现明显条纹。头部边缘不齐，核前部细胞膜不明显或部分缺损。

顶体缺损型：顶体着色不均匀，顶体脱离细胞核，形成缺口或凹陷。

顶体全脱型：赤道段以前的细胞膜缺损，顶体已经全部脱离细胞核，核前部光秃，核后帽的色泽深于核前部。

精子顶体异常发生的原因，可能与精子生成过程和副性腺分泌物有关，离体精子遭受低温打击和冷冻伤害等因素更易造成精子顶体异常。因此，精子顶体异常率是评定新鲜或冷冻精液品质的重要指标之一。

检查方法是：将被检精液制成精液抹片，自然干燥 2 ～ 20min，以 1 ～ 2mL 的福尔马林磷酸盐缓冲液固定。对含有卵黄、甘油的精液样品需用含 2% 甲醛的柠檬酸液固定，静置 15min，水洗后用姬姆萨染液染色 90min 或用苏木精染液染色 15min，水洗、风干后再用 0.5% 伊红染液复染 2 ～ 3min。经上述染色后，再水洗、风干置于 1 000 倍显微镜下用油镜观察，或用相差显微镜（10 × 40 × 1.25 倍）观察。采用姬姆萨染液染色时，精子的顶体呈紫色，而用苏木精 - 伊红染液染色时，精子的细胞膜呈黑色，顶体和核被染成紫红色。每张抹片必须观察 300 个精子，统计出精子顶体完整率。

正常狼种犬精液精子顶体异常率应在 12% 以下。

精子存活时间及存活指数。精子存活时间是指精子在一定条件下（稀释液、稀释倍数、保存温度和方法等）的总生存时间。精子的存活指数是精子存活时间和精子活力两种指标的综合反映，它是反映精子活力下降速度的标志，指数大说明活力降低慢，反之则快。

检测精子存活时间时，将精液样品每隔 48h 抽样，在 37 ～ 38℃中镜检精子活力，直到精子全部死亡或只有个别精子呈摆动活动为止。具体方法是：由第一次检查时间至倒数第二次检查时间的间隔时间，加上最后一次与倒数第二次检查时间的一半，其总和时间即为精子存活时间。每前后相邻两次检查的精子平均活力与其间隔时间乘积的总和（无计量单位）即为精子存活指数。

精液的细菌学检查。目前国内外都十分重视精液的微生物检验，精液中含有的病原微生物及菌落数量已列入评定精液品质检查的重要指标，并作为海关进出口精液的检验项目。检查方法是：取溶解后的 10mL 普通琼脂，冷却至 45 ～ 50℃，加入无菌脱纤维血液 5 ～ 10mL，混合均匀，倒入灭菌平皿内，置入 37℃恒温培养箱内 1 ～ 2d，确认无菌后方可使用。

取 1mL 新采集的精液和液态保存精液送检。将样品用灭菌生理盐水 10 倍稀释，取 0.2mL 倾倒于血琼脂平板，均匀分布，在普通培养箱中 37℃恒温培养 48h，观察平皿内菌落数，并计算每剂量中的细菌菌落数，每个样品做两个平行，取其平均数。计算公式：

每剂量中的细菌数 = 菌落数 × 取样品量的倍数

例如：0.25mL 细管中的细菌数 = 菌落数 ×12.5（取样品量的倍数）

精液中不应含有病原微生物，每毫升精液中的细菌菌落数不得超过 1 个，否则，视为不合格精液。目前，犬还没有统一的规定。

（三）精液稀释

在精液中添加一定量的、适宜于精子存活并保持其受精能力的溶液称为精液的稀释，添加的溶液称为稀释液。只有经过稀释的精液，才适于保存、运输及输精等。因此，精液稀释是犬人工授精中的一个重要技术环节。

精液稀释的目的。在于扩大精液的容量，提高每次射出精液的配种雌犬数。所采用的稀释液的 pH 值、渗透压必须满足精子生存的条件，并能为精子提供营养物质。

稀释液的成分及作用：

稀释剂主要用于扩大精液的容量，要求稀释液和精液的渗透压相等，如生理盐水、糖类及某些盐类溶液。

营养剂主要是提供营养物质，补充精子所消耗的能量。如稀释液中的糖类、卵黄、奶类可以作为精子的营养物质。此类物质参与精子代谢，为精子提供外源性能量，减少内源性的物质消耗，从而延长精子在体外的存活时间。

保护剂对精子起保护作用的各种制剂，包括：

缓冲物质。保持精液稳定的 pH 值。常用的无机缓冲剂包括枸橼酸钠、磷酸二氢钾、磷酸氢二钠、酒石酸钾钠等盐类；有机缓冲剂如三羟甲基氨基甲烷（Tris），简称三基，以及乙二胺四乙酸二钠（EDTA）等。

抗冷物质。精液温度急剧下降到10℃以下会降低精液品质。卵黄和奶类含有卵磷脂，在低温下不易被冻结，加入精液中可透入精子体内以代替缩醛磷脂而被精子所利用，故可以保护精子，防止冷休克的发生，降低精液中的电解质浓度。

抗冻物质。精液在冷冻和解冻过程中，精子体内环境的水分必将经历液态和固态的转化过程，这种转化对精子的存活极其有害。而甘油、二甲亚砜（DMSO）、Tris和N-三羟基甲基-2-氨基乙烷磺酸（TES）等则有助于减轻或消除这种危害。

抗菌物质。在稀释液中加入抗生素可以防止精液遭受微生物的污染。常用的抗生素有青霉素、链霉素等。

其他成分。这类添加剂主要用于改善精子外在环境的理化特性，以及雌犬生殖道的生理机能，提高受胎率、促进胚胎早期发育。常用的有酶类、激素类和维生素类等。

稀释液的配制：

药品试剂。品质要求纯净，应选用化学纯或分析纯试剂，称量要准确。

灭菌稀释液中可耐高温的部分，需做一次配制，并进行高压灭菌。

奶液和奶粉溶液需新鲜，可采用水浴加热到92～95℃经10min消毒灭菌。鸡蛋要新鲜，卵黄中不应混入蛋白和卵黄膜。经加热消毒过的稀释液，待温度降至40℃以下再加入卵黄，并注意充分溶解。

抗生素青霉素、链霉素需在稀释液加热灭菌后温度降至40℃以下加入，磺胺类可事先加入稀释液一并加热消毒。

精液的稀释和稀释倍数：

精液的稀释方法和注意事项。采出的精液经品质检查合格，在温度下降前应立即稀释。稀释液温度应与精液温度一致。稀释后应做精子活力检查，将稀释后精子活力与原精精子活力比较，观察稀释效果。

精液稀释倍数。精液以适当的稀释倍数稀释时，可提高精子的活力和存活时间。决定犬精液稀释倍数的主要依据：

原精的精子密度。密度越大，稀释倍数就大。添加与精液等量的稀释液做1倍稀释，则以1：1表示。

有效精子数。根据每次采出精液中的有效精子数和每头份的输精量中必须含有的有效精子数计算出稀释倍数，以便确定原精中应加入的稀释液量。做高倍稀释时，应将加入的稀释液总量分次加入，以使精子适应环境。

稀释液种类。奶类稀释液可做高倍稀释，而糖类稀释液的稀释倍数不宜过大。

（四）精液的液态保存

精液保存的目的是为了延长精子在体外的存活时间，并通过运输扩大精液的使用范围。

精液的液态保存按照保存温度可分为常温（15 ～ 25℃）和低温（0 ～ 5℃）两种。此种形式的有效保存期较短，一般为 0.5 ～ 5d。

常温保存是将稀释后的精液在 15 ～ 25℃温度范围内保存，亦称室温保存法或变温保存法。

低温保存是将稀释后的精液置于 0 ～ 5℃的低温条件下保存。一般是用冰箱或装有冰块的广口保温瓶冷藏。输精之前，应将冷藏的精液温度回升到 35 ～ 38℃，使精子的运动恢复正常，保持其正常的受精能力。在降温过程中，急速达到 10℃以下时，会对精子造成不可逆的冷休克作用。因此在低温保存的稀释液中需加入卵黄、奶液等抗低温打击的保护剂。

（五）精液冷冻

犬的精液冷冻保存，是将采集的新鲜精液，经过品质鉴定、稀释和冻前处理，按特定的程序降温，最后在超低温（–196 ～ –79℃）下的长期保存。

犬精液冷冻后，它的代谢几乎停止，活动完全消失，生命以相对静止状态保持下来，一旦温度回升，又能复苏活动。所以，从理论上讲，冷冻精液的有效保存时间是无限的。然而在目前的冷冻方法中，精液内只有部分精子能经受冷冻，升温后可以复活，而另一部分由于在冷冻过程中，造成不可逆的变化而死亡。

精液冷冻保存技术的一般程序为：精液品质检查、精液稀释、分装、降温与平衡、冻结、解冻与检查和保存与运输。

精液品质检查。精液品质好坏与冷冻效果密切相关。将新鲜精液置于 30℃左右的环境中，迅速准确地检查每只雄犬的精液品质，检查方法基本同精液检查。

精液冷冻保存稀释液。目前应用最广泛的稀释液有两类：一类是卵黄 –Tris 稀释液，其主要成分是 Tris、柠檬酸、果糖、甘油和卵黄，使用的抗生素多为青霉素、链霉素或庆大霉素；另一类是卵黄 – 乳糖稀释液，其主要成分是卵黄、乳糖、甘油和抗生素类。就研究结果看，卵黄 –Tris 稀释液优于卵黄 – 乳糖稀释液。常用配方如下：Tris 2.422g、果糖 1.0g、柠檬酸 1.36g、卵黄 20mL、甘油 8mL、双蒸馏水 100mL、青霉素 10 万 IU、链霉素 10 万 IU。

精液稀释。稀释方法有两种：一次稀释法，按照精液稀释的要求，将含有甘油的稀释液按一定比例一次加入精液内；二次稀释法，为了减少甘油对精子的有害作用，在第一次稀释时不加甘油，即精液在等温条件下用不含甘油的稀释液做第一次稀释，稀释后的精液经 1h 缓慢降温至 4 ～ 5℃，在 2 ～ 5℃下再用含甘油的稀释液做第二次稀释。

降温和平衡。稀释后精液必须由室温经 1 ～ 2h 缓慢降温至 3 ～ 5℃，然后在此温度下进行平衡。精液用含有甘油的稀释液稀释后，需在 3 ～ 5℃环境下放置一段时间，使甘油充分渗透进入精子体内，产生抗冻保护作用。甘油稀释液对精液作用的时间称为平衡过程。通常的平衡时间以 2 ～ 4h 为宜。

精液分装。精液的分装采用颗粒、细管和安瓿三种方法或剂型。犬的精液分装多采用 0.25mL 的耐冻、无毒的聚氯乙烯复合塑料细管分装，而且用自动细管冻精分装装置一次完成灌注、标记。如法国凯苏公司生产的细管精液分装机，以及北京生产的细管精液分装机等。细管上应明确标明犬名、品种、精子活力、精液生产日期及生产单位等。

精液冻结在液氮面上 1 ～ 2cm 处放置一个铜纱网或其他冻精器材，将平衡后的细管平铺在铜纱网上，停留 3 ～ 5min 冻结，最后将合格的冻精移入液氮内储存。

解冻与检查。解冻是应用冷冻精液的一个重要环节。犬冷冻精液的解冻通常使用 38 ～ 40℃的温水，时间为 10s。

解冻后的精液质量检查指标有：精子活力、精子密度、精子畸形率及顶体完整率和存活时间等。其中要求任何动物的冷冻精液精子活力均应在 0.35 以上，其他指标应符合相关的输精要求。1984 年颁布了有关牛冷冻精液质量的国家标准（GB 4143—1984），而有关犬的冷冻精液质量还没有统一的国家标准。

冷冻精液的保存与运输。经过检查合格的冷冻精液才能进行包装、标记（犬名、品种、冻精日期、批号、精子活力、数量等），最后放入液氮中长期保存。

细管精液可以每 10 支装入小塑料筒内，然后将塑料筒装入纱布袋中。长期保存的冷冻精液，每隔一段时间需抽样检查精子活力；每隔一周检查一次液氮容量。

冷冻精液的运输，应有专人负责，办好交接手续，附带运送精液清单。同时要保证液氮容器放置安全，防止暴晒和强烈震动，若是长途运输还应注意及时补充液氮。

（六）输精

输精是将符合标准的精液，适时而准确地用输精器械输入发情雌犬的子宫内，以达到妊娠为目的的技术操作。整个操作过程均应做到慢插、适深、轻注、缓出。

输精前的准备：

输精场地准备包括精液处理室和输精室，要求屋顶、墙壁清洁、地面平整，光线充足，方便操作。

输精器材的准备。输精用的各种器材使用前必须彻底清洗、消毒，用灭菌稀释液冲洗。玻璃和金属输精器可在高温干燥箱内消毒或蒸煮消毒；阴道开膣器或其他金属器材等用具，可高温干燥消毒，也可浸泡在消毒液内或酒精火焰消毒。输精管以每只雌犬一支为宜。需重复使用时，必须先用湿棉球由尖端向后擦拭干净外壁，再用酒精棉球涂擦消毒，其管腔内先用灭菌生理盐水冲洗干净，后用灭菌稀释液冲洗后方可使用。切忌用酒精棉球涂擦后立即使用。

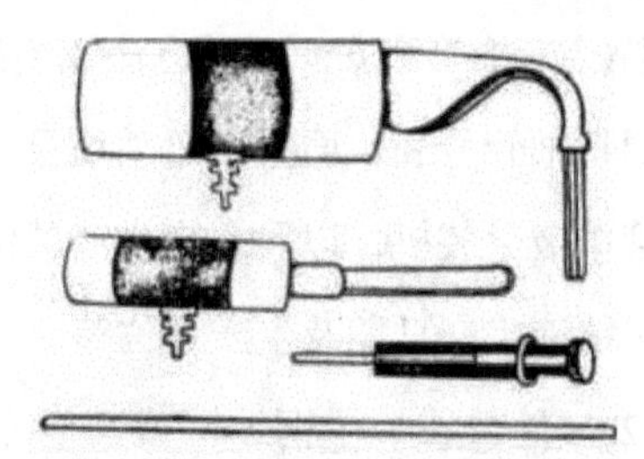

图 7-3　两种不同规格的犬用假阴道与输精管

雌犬的准备。经发情鉴定确定可以输精的雌犬，在输精前应尽量实行站立保定。雌犬保定后，将尾巴拉向一侧，对阴门、会阴部进行清洗消毒：先用清水洗净，再用消毒液涂擦消毒，后用生理盐水冲洗，最后用灭菌布擦干。

输精人员的准备。输精人员身着工作服，双手消毒后，戴上输精专用手套进行操作。

输精。将雌犬放在适当高度的台上站立保定或做后肢举起保定，输精人员将输精枪与雌犬背腰水平线大约成 45° 向上插入 5cm 左右，随后以平行的方向向前插入。输精枪到达子宫颈口时，输精人员会感到明显的阻力，此时，可将输精枪适当退后再行插入，输精枪通过子宫颈口后，输精人员会有明显的感觉。这时，可将输精枪尽量向子宫内缓慢推送，有的甚至可达子宫角。当输精枪不能再深入时，输精人员将输精枪向后退少许，即可缓慢注入精液。输精后抬高雌犬的后躯 3 ~ 5min，防止精液倒流（图 7-4）。

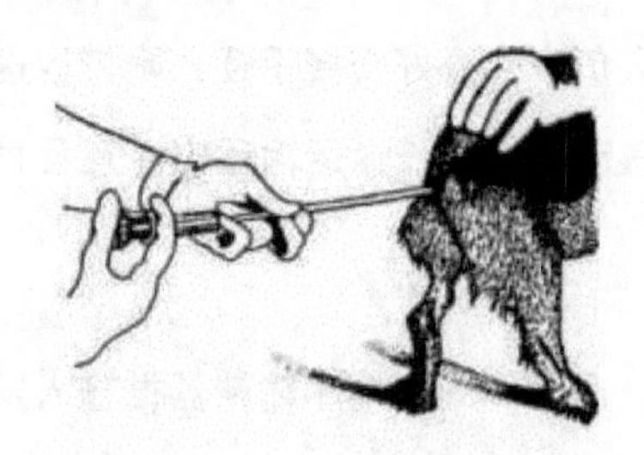

图 7-4　母犬的输精

输精量 0.25mL，每次输入精液的标准为：精子活力不低于 0.35，精子数不低于 200 万个。

对于冷冻精液，解冻后应立即输精。有效精液量应为 0.25mL 含 1 500 万个精子，其存活率不低于 50% ~ 70%。由于犬的冷冻精液目前仍在试验阶段，因此建议每天输精一次，连续输精 3d。

第五节　受精

受精是两性配子（精子和卵子）相结合形成一个新的细胞即受精卵的过程。它标志着胚胎发育的开始，是一个具有双亲遗传特征的新生命的起点。犬的受精方式是体内受精。受精卵形成后，在雌犬体内继续进行胚胎早期发育，其中的主要过程是卵裂，继之形成胚囊，胚胎着床，通过胎盘与母体组织和生理的联系，完成发育过程。

一、配子的运行

（一）射精类型

犬属于子宫射精型动物。发情雌犬子宫颈松弛开张，使雄犬的尿道突起有可能插入子宫颈管，同时由于雄犬的阴茎球体在射精时高度膨胀阻塞阴道，致使精液可直接射入子宫颈和子宫体内。

（二）精子在雌犬生殖道内的运行

（1）精子在雌犬生殖道内的运行。精子的运行是指精子由射精部位到达受精部位的过程。进入雌犬子宫内的精子，到达输卵管壶腹部受精，必须经过子宫体、子宫角、宫管连接部，最后进入输卵管，到达输卵管壶腹部受精。

雌犬发情时，尤其是交配时，雌犬释放的催产素和精液中的前列腺素，可增加子宫的活性，使子宫肌层收缩增强，是精子进入和通过子宫到达宫管连接部的主要动力。子宫的收缩波由宫颈传向输卵管，推动着子宫内液体的流动，从而带动精子到达宫管连接部。精子在运行中，雌犬生殖道对精子有选择作用。

（2）精子在雌犬生殖道内运行的动力。精子由射精部位向受精部位的运行，受以下因素的影响：一是射精的力量，射精时，尿生殖道肌肉有次序的收缩，将精液推出尿生殖道。这是精液运行的最初动力；二是子宫颈的吸入作用，犬交配时，雄犬阴茎的抽动、雌犬阴道的强直收缩以及雄犬阴茎球腺的膨大，使子宫内形成负压，精液可被吸入子宫内；三是雌犬生殖道的内在自发运动力，雌犬发情时，子宫的逆蠕动强而有力；交配时，雄犬对雌犬生殖道的刺激，能反射性地刺激垂体后叶产生催产素，使子宫收缩加强，这对子宫内精子运行到宫管连接部有促进作用；四是雌犬生殖道内液体流动，使精子随液流而运行，精液流又有赖于子宫输卵管的肌肉收缩活动；五是精液内某些能刺激子宫活动的物质（如前列腺素和收缩素），精液进入子宫后，某些物质可刺激雌犬生殖道吸收，同时对子宫输卵管肌肉发挥作用；六是精子本身的运动力，精子有长的尾部可以活动，但这种活动对其到达受精部位是次要的。

（3）精子在雌犬生殖道内的运行速度。精子在雌犬生殖道内的运行速度受精子活力、雌犬子宫的收缩力度等因素的影响。一般情况下，精子活力高、子宫收缩有力，精子运行的速度就快；经产老龄雌犬子宫松弛，精子运行的速度慢；其他因素如交配（授精）质量等都会影响精子的运行速度。

犬精子到达输卵管壶腹部的时间为15min，快者在交配时30s即可到达受精部位。

（4）精子在雌犬生殖道内的存活时间与保持受精能力的时间。由于精子缺乏大量的细胞质和营养物质，同时又是一种很活跃的细胞，所以离体后的生命就比较短暂，有的即使还具有活动能力，但已丧失受精能力。精子的活动能力和受精能力是有区别的，一般活动能力比受精能力时间长。

确定精子在雌犬生殖道内受精能力的时间，对于确定配种间隔时间，以保证有受精能力的精子在受精部位等待卵子很重要。此外，精子在雌犬生殖道内的存活时间和保持受精能力时间的长短，不仅与精子本身的品质有关，也与雌犬生殖道的生理状况有关。一般情况下，精子在雌犬生殖道内存活的时间为268h，保持受精能力的时间为134h。

（三）卵子运行

（1）卵子在输卵管内的运行方式及机理。卵子自身并无运动能力。被输卵管伞部接纳的卵子借纤毛颤动，沿着伞部的纵行皱襞，通过漏斗口进入壶腹部。由于平滑肌的收缩，靠输卵管内纤毛向子宫方向颤动，以及壶腹部管腔变大，卵子较快地到达壶腹部，在此与运行到此处的精子相遇完成受精，然后受精卵在壶峡连接部停留达两天之久。壶峡连接部是生理括约肌，对受精卵的运行有一定的控制作用，可以防止受精卵过早地从输卵管进入子宫。

若卵子到达受精部位后，没有精子与其受精，则继续运行，此时卵子逐渐衰老，而且外部被包裹一层输卵管分泌物形成隔膜，阻碍精子进入，不易受精。

在卵子的运行上，纤毛颤动起主要作用，管壁的收缩只起一部分作用。

卵子在输卵管内的正常运行，必须有适当水平的雌激素和黄体酮。卵巢激素能影响到输卵管上皮的结构、分泌物的质量、输卵管肌层的活动、壶峡连接部和宫管连接部的作用，从而影响卵子运行的方式和速度。激素水平失常，能加速卵子向子宫运行的速度，或引起壶峡连接部的管腔闭合而禁锢卵子，使卵子迅速变性或不能附植。卵子在输卵管内的运行，并非直线移行，而是随着壶腹管壁的收缩波呈间歇性向前移行。

（2）卵子运行的速度。卵子在输卵管内的运行时间包括：从伞部到达壶峡连接部的时间、在壶峡连接部停留的时间及通过峡部进入宫管连接部的时间。有资料表明，犬的卵子在输卵管内运行的时间长达 67h，一般不超过 100h。卵子进入峡部后即失去受精能力，而进入子宫后则完全失去受精能力。

（3）卵子维持受精能力的时间。卵子维持受精能力的时间和卵子本身的品质及输卵管的生理状态有关，而卵子的品质又与雌犬的饲养管理有关。卵子受精能力的丧失不是突然的，如果延迟配种，卵子可能在接近其受精寿命的末期受精，这种胚胎的活力不强，有的能够附植，有的则不能附植，可能在发育的早期被吸收，或者在出生前死亡。卵子过于衰老时，受精就变为反常，或者完全不可能。

所以在实际工作中，最好在排卵前配种，受精部位能有活力旺盛的精子等待新鲜的卵子，以提高受精率。

犬的卵子维持受精能力的时间，是排卵后 60 ～ 108h（成为次级卵母细胞后才获得受精能力）。

二、配子在受精前的准备

在受精前，精子和卵子分别要经历一定的生理成熟阶段，才能完成受精过程，并为受精卵的正常发育奠定基础。

（一）精子的获能

（1）精子获能。新射入雌犬生殖道内的精子，不能立即和卵子受精，必须经历一定时间。经过形态及某些生理生化变化之后，才能获得受精能力。精子获得受精能力的过程称为精子获能。

获能后的精子耗氧量增加，运动的速度和方式发生改变，尾部摆动的幅度和频率明显增加，呈现一种非线性、非前进式的超活化运动状态。一般认为精子获能的主要意义在于使精子做顶体反应的准备和精子超活化，促进精子穿过透明带。

（2）精子获能的机理。犬的精液中存在一种抗受精的物质，来源于精清，能溶于水，并具有极强的热稳定性，称去能因子。它可抑制精子的获能、稳定顶体，与精子结合后可抑制顶体水解酶的释放，因此也称为“顶体稳定因子”。

精子顶体内的酶是溶解卵子外周的保护层，使精子和卵子相接触并融合的主要酶类。附睾或射出精液中的去能因子由于和顶体酶的结合，抑制了顶体酶的活性和精子的受精能力。而雌

性生殖道中的 α－淀粉酶被认为是获能因子，尤其是 β－淀粉酶可水解由糖蛋白构成的去能因子，使顶体酶类游离并恢复其活性，溶解卵子外围保护层，使精子得以穿越完成受精过程。因此，获能的实质就是使精子去掉获能因子或使去能因子失活的过程。经获能的精子若重新放入精清中与去能因子相结合，又会失去受精能力，这一过程称“去能”。而经过去能处理的精子在子宫和输卵管内又可获能，称“再获能”。

精子的获能过程还受性腺类固醇激素的影响。一般情况下，雌激素对精子获能有促进作用，孕激素则有抑制作用。

（3）精子在雌犬生殖道内的获能部位。不同动物精子在雌性生殖道内开始和完成获能过程的部位不同。阴道射精型动物，其精子的获能始自阴道，但最有效的部位是子宫和输卵管。子宫射精型动物，获能开始于子宫，但主要部位在输卵管。一般认为获能过程先在子宫内进行，最后在输卵管内完成，子宫和输卵管对精子的获能起协同作用。除子宫和输卵管外，其他组织液也能使精子获能，但这种获能是不完全的。

现已发现，精子获能不仅可在同种动物的雌性生殖道内完成，还可在异种动物的雌性生殖道内完成，也可在体外人工培养液中完成。最有利于精子获能的部位是发情雌犬的生殖道，即处于雌激素作用期的雌犬生殖道对获能有促进作用，在孕激素作用下则抑制获能。

（4）精子获能所需要的时间。犬射精后，精子在 15min 基本可以到达输卵管，在此期间精子得以获能。其获能所需时间在 6h 左右。

（二）卵子在受精前的准备

卵子排出后，在受精前也有类似精子获能的成熟过程，在这段时间内进行的确切生理变化，尚不清楚。犬的卵子在受精前，也就是从卵巢进入输卵管后，还不能与精子结合，必须继续发育并进行第一次成熟分裂，放出第一极体，由初级卵母细胞变为次级卵母细胞后才具备受精能力。

三、受精过程

（一）受精

受精分为单精受精、多精受精、体内受精、体外受精几种。只有一个精子进入卵内的受精为单精受精；有两个以上的精子同时进入卵内，但一般只有一个雄原核和雌原核结合的受精为多精受精；精子进入雌犬生殖道内的受精为体内受精；精卵在雌犬体外结合为体外受精。

犬的受精过程非常迅速，若精子和卵子的受精能力均强，这一过程可在 1h 内完成。

当精子与卵子相遇后，经过顶体反应，精子即主动向卵子内部钻入而进行受精，从而出现一系列复杂的细胞学和细胞化学的变化。

犬排出的卵子仅为初级卵母细胞，尚未完成第一次成熟分裂，需要在输卵管内进步成熟，达到第二次成熟分裂的中期，才具备被精子穿透的能力。精子和卵子相遇受精是一系列复杂的细胞生化变化过程。受精变化过程包括：精子溶解放射冠，穿过透明带，进入卵黄膜，配子配合，融合成为新个体，完成受精。

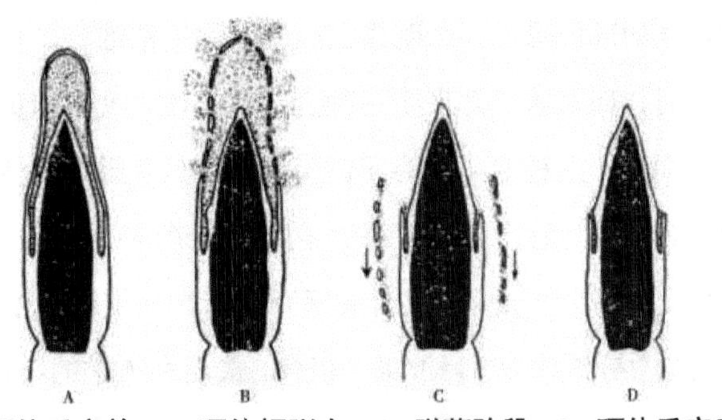

A. 顶体反应前；B. 顶体帽膨大；C. 脱落阶段；D. 顶体反应后

图 7-5　顶体反应过程模式图

（1）精子溶解放射冠。放射冠是包围在卵子透明带外面的卵丘细胞群，它们以胶样基质相粘连，基质主要由透明质酸多聚体组成。犬的精子与卵子在受精部位相遇，大量精子包围着卵细胞，当获能的精子与卵子放射冠细胞一接触便发生顶体反应。获能后的精子，在受精部位与卵子相遇，会出现顶体帽膨大，精子质膜和顶体膜相融合现象。融合后的膜形成许多泡状结构，随后这些泡状物与精子头部分离，造成顶体膜局部破裂，顶体内酶类释放出来，溶解卵丘、放射冠和透明带，这一过程称为顶体反应（图 7–5）。顶体内释放出透明质酸酶、顶体素，溶解放射冠细胞的胶样基质，使精子接近透明带。精子溶解放射冠过程中，精子的浓度对溶解放射冠有重要意义。参加受精的精子浓度太低，释放的透明质酸酶不足，几乎不能溶解放射冠，精子无法接触透明带；但浓度过大，放射冠加速破坏，卵膜内同时有几个精子钻入，或使卵子完全溶解，失去受精能力。

（2）精子穿过透明带。精子在穿过透明带前，必须先附着于透明带。这种附着只有获能和发生顶体反应的精子才能发生。经顶体反应的精子通过释放顶体酶将透明带溶出一条通道而穿越透明带并和卵黄膜接触。精子在穿越透明带时，其头部以斜向或垂直方向穿入。通常精子附着于透明带后 5 ～ 15min 穿过透明带，留下一条狭长的孔道。精子触及卵黄膜的瞬间，会激活卵子，使之从休眠状态下苏醒过来。同时，卵黄膜发生收缩，由卵黄释放某种物质，传播到卵的表面以及卵黄周隙，引起透明带阻止后来的精子再进入透明带。这一变化称为透明带反应。

迅速而有效的透明带反应能防止多个精子进入透明带，是防止多精子进入卵子的屏障之一。

精子获能后的超活化运动、顶体反应后酶类的释放和对透明带的溶解作用，对精子穿越透明带具有重要的作用。

（3）精子进入卵黄膜。精子进入透明带后，到达卵周隙。在此精子头部附着于卵黄膜表面。由于卵黄膜表面具有大量的微绒毛，当精子与卵黄膜接触时，即被微绒毛抱合，通过微绒毛的收缩将精子拉入卵内。随后精了质膜和卵黄膜相互融合，使精子的头部完全进入卵细胞内。这时，在精子进入卵黄膜的部位形成一个明显的凸起，称受精锥。

当精子进入卵黄膜时，卵黄膜立即发生一种变化，具体表现为卵黄紧缩、卵黄膜增厚，并排出部分液体进入卵黄周隙，这种变化称为卵黄膜反应。具有阻止多精子进入卵子的作用，又称为卵黄膜封闭作用，是受精过程中防止多精受精的第二道屏障。

（4）原核形成精子。进入卵子后不久，头部开始膨大，精核疏松，核膜消失，失去固有的形态，同时卵母细胞减数分裂恢复，释放第二极体。最后在疏松的染色质外又形成新的核膜，核内出现多个核仁。这种重新形成的原核称为雄原核。进入卵子的精子尾部最终消失，线粒体解体。雌原核的形成类似于雄原核。两性原核同时发育，体积不断增大，几小时可达原来的20倍。一般情况下，由于雄性染色质开始疏松增大的时间比雌性早，所以雄原核形成比雌原核大。

（5）配子配合。雄原核和雌原核经充分发育，逐渐相向移动，两原核紧密接触，然后两核膜破裂，核膜、核仁消失，染色体混合、合并，形成二倍体的核。随后，染色体对等排列在赤道部，出现纺锤体，达到第一次卵裂的中期。从两个原核彼此接触到两组染色体结合的过程，称为配子配合。至此，受精到此结束。受精后的卵子称为合子。

（二）异常受精

在受精过程中有时出现非正常的受精现象，占2% ～ 3%，其中以多精子受精、单核发育和双雌核发育较为多见。

（1）多精子受精。两个或更多的精子钻入卵子细胞质内参与受精，即称为多精子受精。但一般只有一个精原核与卵原核结合，多余精子形成的原核一般比较小，不干扰正常的发育。若有两个精子同时参加受精，会出现二个原核，形成三倍体，可发育到妊娠的中期，随后萎缩死亡。

多精子受精发生的原因往往是配种延迟、卵母细胞衰老、阻止多精子入卵的屏障功能失常所导致。

（2）单核发育。

①雄核发育。精子进入卵子激活卵子后，雌核消失，只有雄原核发育，是一种异常受精形

式。一般只有初始阶段的雄核发育，但不能继续维持。

②雌核发育。精子进入卵子后只激活卵子而不形成雄原核，称为雌核发育。雌核发育的可能性极少，且不能正常发育。

（3）双雌核受精卵子。在成熟分裂中，由于极体未能排出，造成卵内有两个卵核，并发育为两个雌原核，出现双雌核受精现象。延迟交配、输精或在受精前卵子的衰老都可能引起双雌核发育、受精。

第六节　犬的妊娠

妊娠是指从受精开始经过胚胎及胎儿的生长发育，到胎儿从雌体中产出为止的生理变化过程。在此过程中胎儿与雌体均发生一系列的生理变化，本节的目的在于阐述这些生理变化的规律，为妊娠雌犬的科学饲养管理和先进繁殖技术的应用提供理论依据。

一、妊娠雌犬的生理变化

妊娠雌犬体内因胎儿生长发育的刺激会发生一系列的生理变化，为了维持妊娠和胎儿的生长发育，子宫的血液循环旺盛，卵巢和子宫等机能也明显活跃，而且妊娠雌犬在行为及代谢等方面也发生了一系列的变化。

（一）妊娠雌犬的全身变化

妊娠后雌犬的行动本能地变得缓慢而谨慎，温驯、安静、嗜睡，喜欢温暖安静的场所。

妊娠期间雌犬的食欲发生变化，食欲增强，采食量明显增加，有时会出现孕吐的现象，此时，食欲有所下降，短期内即恢复正常。

妊娠后期由于腹腔内压增高，使雌体由腹式呼吸变为胸式呼吸，呼吸次数也随之增加，粪、尿的排出次数增多。

雌犬体尺和体重在妊娠期间均有所增加，增加的幅度主要受妊娠期和胎儿数量的影响：妊娠前期和胎儿数量少时变化不明显；妊娠后期和胎儿数量多时，体尺体重的增加幅度较大。体尺的增加主要是腹围随着胎儿的生长发育而增大。体重的增加包括两部分：一是子宫内容物，包括胎儿、胎膜、胎盘和羊水；二是雌体本身增重，妊娠期间雌犬体内代谢水平增强，对饲料的利用率提高，孕体营养状况改善，吸收的营养物质除了能满足胎儿生长发育的需要外，在体内也有一定的沉积。

（二）妊娠雌犬生殖器官的变化

（1）卵巢未孕时，黄体消退。当有胚胎存在时，妊娠黄体持续存在，以维持雌体的妊娠生理机能。后随着胎儿体积的增大，胎儿下沉入腹腔。卵巢也随之下沉，子宫阔韧带由于负重变得紧张并被拉长，以至于卵巢的位置和形状有所变化。

（2）子宫随着妊娠的推进，子宫逐渐扩大以满足胚胎生长需要，子宫的变化有增生、生长和扩张。

胚胎植入前，子宫内膜由于黄体酮的作用而增生。其特征性的变化是血管分布增加、子宫腺的增长、腺体卷曲以及白细胞浸润。胚胎植入后，子宫开始生长，包括子宫肌层的肥大，结缔组织基质的广泛增加，纤维成分及胶原含量的增加。基质的变化对于适应孕体的生长发育以及产后的复原过程是很有意义的。

在子宫扩张期间，子宫的生长减弱，而其内容物则快速增长。在妊娠前半期，子宫体积的增长主要是子宫肌纤维的肥大及增长，后半期，则是由于胎儿使子宫壁扩张，因此子宫壁变薄。

（3）子宫颈妊娠时，子宫颈内膜的腺管数量增加，并分泌黏稠的黏液，称为子宫栓塞。同时子宫颈的括约肌收缩得很紧，子宫颈管完全封闭。

（4）子宫阔韧带妊娠后，子宫阔韧带中的平滑肌及结缔组织增生，使其变厚。由于子宫的重量逐渐增加，子宫下垂，所以子宫阔韧带伸长并且绷得很紧。

（5）子宫动脉。由于子宫的下垂和扩张，子宫阔韧带和子宫壁血管也逐渐变直。为了满足胎儿生长发育所需要的营养，血管不但分支增加而且扩张变粗，使运往子宫的血液量增加。

（6）外阴部的变化。受精后雌犬外阴迅速回收，阴门紧闭。阴道黏膜上覆盖有从子宫颈分泌出来的浓稠黏液。在妊娠末期，外阴部水肿并且柔软。

（三）妊娠雌犬激素的变化

妊娠期间，雌犬内分泌系统发生明显的变化，这种改变使得雌犬体内也发生相应的生理变化，以维持雌体和胎儿之间必要的平衡，这对母体来说，既适应了内外环境的变化，又为胎儿创造了有利的生长发育环境。

妊娠需要一定的激素平衡来调节，妊娠雌犬的卵巢长期存在有黄体，持续分泌的孕激素对维持妊娠有重要作用。妊娠中摘除卵巢，可导致妊娠中断，胎儿死亡。

妊娠雌犬血和尿中含有雌激素，妊娠虽然抑制卵泡的发育，但是雌激素仍能在妊娠期间维持一定的水平，因其来源并不仅限于卵泡，黄体及胎盘也能产生雌激素。

妊娠期间不仅由黄体产生黄体酮，肾上腺和胎盘组织也能分泌。黄体酮直接作用于妊娠期生殖系统，直到接近分娩数日内，黄体酮数量才急剧减少，或完全消失。

在妊娠期，垂体分泌促性腺激素的功能受黄体酮的负反馈作用而逐渐降低。

妊娠雌犬出现的一系列变化是受生殖激素调节的。黄体酮是维持妊娠的重要生殖激素，在维持子宫继续发育的同时，降低了子宫肌肉的活动，抑制催产素对子宫肌肉的收缩作用，保持子宫内环境适宜于胚胎或胎儿的发育。雌激素和孕激素可以增加子宫血管的分布，促进子宫内膜的分泌机能。妊娠期游离的雌激素能阻止子宫分泌的前列腺素 PGF2 向卵巢输送，在子宫建立 PGF2 储存库，从而维持了黄体的寿命。雌激素可以引起 LH 的释放，刺激黄体使其合成并分泌孕激素。孕激素在体内生理效应的发挥必须有雌激素的配合，这是因为雌激素可以促进黄体酮的合成。

二、胚胎的早期发育、迁移和附植

（一）胚胎的早期发育

受精的结束标志着合子（早期胚胎）开始发育，其特点是：DNA 的复制非常迅速；细胞仅限于分裂而没有生长，其分裂是在透明带内进行的，所以总体积并未增加。这种分裂称为卵裂，卵裂所形成的细胞又称卵裂球。受精卵的发育，以形态特征大体可分为以下三个阶段：

（1）桑葚胚。第一次卵裂，沿动物极（极体所在一端）向植物极方向，将单细胞受精卵一分为二。分为两个卵裂球之后，继续进行卵裂，但卵裂球并不同时进行分裂。通常较大的一个首先进行第二次分裂，形成 3 细胞的胚胎，然后较小的卵裂球进行分裂形成具有 4 细胞的胚胎。第二次卵裂与第一次卵裂方向垂直。4 卵裂球完成第三次分裂形成 8 细胞胚胎，继而分裂为 16 细胞的胚胎以至 32 细胞的胚胎。由于受透明带内孔隙的限制，随着分裂的细胞数目不断增加，细胞体积逐渐缩小，并从球形变为楔形，互相扁平，使细胞最大限度地接触，产生各种连接，以至 16 ～ 32 细胞在透明带内形成致密的细胞团。其形状像桑葚，故称为桑葚胚。

（2）囊胚。当受精卵分裂到 16 细胞后，细胞团中央开始出现裂隙。裂隙扩大而成腔，内部逐渐充满液体。此时细胞也开始分化，一部分细胞仍集聚成团，另一部分细胞逐渐变为扁平形状围绕在腔的周围，于是成为囊胚。在桑葚胚、囊胚发育过程中可以看到细胞定位的现象。较大的、分裂不太活跃、核蛋白和碱性磷酸酶密集的细胞聚集在一个极，偏向囊胚腔的一边，称为内细胞团，也称胚结，将来发育成胚体；小而分裂活跃、富含黏多糖和酸性磷酸酶的细胞聚集在另一个极，形成胚胎的外层，继而形成滋养层，将来发育为胎膜和胎盘；中间的腔便是囊胚腔，内细胞群变为扁平到盘状。囊胚初期细胞被束缚于透明带内，随后突破透明带，脱颖而出，使体积增大，成为泡状透明的孵化囊胚或称胚泡。

（3）原肠胚。胚胎进一步发育，出现内、外胚两个胚层，此时的胚胎称原肠胚。原肠胚出现后，在内胚层和滋养层之间出现了中胚层，中胚层又分化为体壁中胚层和脏壁中胚层。

（二）早期胚胎的迁移

在卵裂中的早期胚胎，沿着输卵管运行，大约在排卵后69d进入子宫角内，此时正是桑葚胚或囊胚的早期。在移动期间．胚胎除消耗自己储存的有限营养外，还有赖于输卵管及子宫内膜的分泌物。胚胎进入子宫内壁不是立即着床，而是有一个呈游离状态的间隔期。

由于子宫壁的收缩，在迁移中可能使囊胚在子宫内的位置改变，以至于一侧子宫角的胚胎或一侧卵巢排出的卵子在受精后可能迁移至另一侧子宫角，然后在子宫定位。Cunther和Bucklitsh（1967）报道，摘除63只大马士革犬一侧卵巢，交配后45周，观察两侧子宫角胎儿的着床情况，47只犬的两侧子宫角都有胎儿。有卵巢侧子宫角的胎儿多。因此，一侧卵巢的黄体数目不能决定其同侧子宫角内胚胎数的多少。胚胎之所以能在子宫均匀分布就是由于其在子宫内游离而得以移动的结果。当胚胎在输卵管及子宫内尚处于游离状态时，采取冲洗技术较易将这些早期胚胎冲出，以供早期胚胎在体外培养或做胚胎移植。

（三）胚胎的附植

胚泡在子宫腔内游离一段时间后，即准备附植于子宫内膜，开始和子宫建立密切的联系，这一过程称为附植。

犬的带状囊胚扩展时，它在子宫腔内的运动越来越受限制，位置被逐渐固定下来。囊胚的外层（滋养层）逐渐与子宫内膜发生组织及生理上的联系，胚胎始终存在于子宫腔内。附植是胚泡和子宫的相互作用，胚泡着床之前除子宫内膜增殖外，子宫的分泌活动增强，子宫组织内的糖原、脂肪储备及各种酶的活性也同时增加。

附植部位。胚胎大体上都是在对胚胎发育最有利的地方附植。所谓有利是指子宫血管稠密，可获得丰富的营养；距离均等，避免拥挤，使胚胎各得其所。实际上胚胎附植的具体部位是固定的，即胚体位于子宫系膜的对侧，这样可使滋养层靠近血管稠密而营养丰富的子宫系膜侧。犬的胚胎在左、右子宫角内的附植情况大致数量相同、间隔相等。

附植过程。附植是一个渐进的过程。起初在胎膜和子宫相接触的部位发生反应。随着囊胚的扩展，接触面加大，发生反应的部位也随之扩展。胚胎附植的子宫变化，是在卵巢的卵泡激素及孕激素的协同作用下进行的。首先是在卵泡激素的作用下，子宫内膜明显增厚，接着在孕激素的作用下，子宫内膜增厚更加明显，子宫腺体增殖，分泌能力增强，发生所谓前驱妊娠或着床性增殖。此时，胚泡接触子宫内膜，即开始着床。

附植时间。由于排卵的时间和排出的初级卵母细胞成熟分裂的时间不同而难以确定。多数观点认为，犬的受精卵是在排卵后第 8.5 天进入子宫，大约在第 9 天定位，第 11 ～ 12 天囊胚覆盖物消失，局部子宫内膜基质水肿，13d 后新分化的滋养层合胞体代替子宫上皮，并侵入子宫内膜腺。研究结果认为，犬受精卵的着床是在交配后的第 18.5 ～ 24 天，排卵后的第 21 ～ 23 天，变动范围大小受犬的排卵时间、卵子状态、卵子获得受精能力和保持受精能力的时间以及精子保持受精能力的时间所决定。

影响胚胎附植的因素。胚胎附植是胚胎与子宫内膜相互作用而附着于子宫的过程。其中包括极为复杂的形态学、生理学和生物化学方面的变化。所以，影响胚胎附植的因素也极其复杂。

母体激素的制约。胚泡附植受体内激素的控制，通常需要雌激素和孕激素的协同作用，才能引起子宫内膜的一些变化，产生分泌性内膜。雌激素还可以引起一些有利于附植的变化，如抑制腔上皮的胞吞作用，使子宫产生接受性，引起基质细胞的细胞分裂等。

胚泡激素。母体对妊娠的识别，有赖于胚泡所产生的信号，胚泡能合成某些激素，它们在胚泡附植过程中起着重要作用。首先是促进和维持黄体的功能。黄体酮对于子宫具有抗炎剂的作用，抑制炎性反应。然而在预期的附植部位会呈现一种炎症样反应（如毛细血管的通透性改变）。胚泡合成并分泌的雌激素，可以拮抗黄体酮的抗炎症作用，从而使胚泡附植部位抑制附植的黄体酮作用降低，使局部毛细血管通透性增高，有利于胚泡在子宫内实现附植。

子宫的接受性。子宫并不是在任何情况下都允许胚泡附植的，它仅在个别极短的关键时期产生接受性，容许胚泡附植。在雌激素和孕激素相互作用的调控下，才能使子宫产生接受性。除子宫对胚泡有接受性外，胚泡对子宫环境也具有依附性。子宫分泌液中的特殊蛋白对胚泡的附植起着关键作用。此时如果子宫环境受到干扰和破坏，使胚泡发育与子宫环境变化不同步，则胚泡不能附植。胚泡和内膜之间任何一方发生问题（子宫特殊蛋白缺乏、子宫分泌物不能进入胚胎），都会使附植中断。

母体子宫液蛋白、雌激素与 cAMP 都能促进子宫合成蛋白质、RNA、DNA。附植前后子宫液中含有多种蛋白质成分，其中以子宫球蛋白（亦称胚激肽）最为特异。它对胚泡的发育具有刺激作用，所以被称为胚激肽，它的合成与分泌受黄体酮和雌激素的控制。它能控制附植时子宫腔与滋养层细胞蛋白溶酶的分泌量，并能和孕激素结合，使胚泡不能受孕激素的毒性影响被分解，所以，它也是附植不可缺少的关键因素。

（四）胚胎死亡及其原因

在胚胎发育过程中由于受到一些因素的影响，可能会中断胚胎的发育而导致胚胎早期被吸收，较大的胎儿则引起流产，或在子宫内发生变性等。

死亡在妊娠任何时期均可发生，胚胎附植阶段最高。早期胚胎死亡，受精卵被吸收，一般较难发觉或确证，往往仅能从产仔率的显著降低来推算。检查黄体数量和实有胎儿数虽然并非完全可靠，但仍不失为当前的一种研究方法。

死胎的种类很多，必须分析其原因、发生时间及母体状况等。造成胚胎死亡的原因也很多，虽可由遗传、营养、不良药物、在子宫内过于拥挤、生殖器官疾病以及内分泌失调等引起，但是精子和卵子的质量应该是早期胚胎死亡的主要原因之一。资料证明，精子、卵子衰老使胚胎死亡率明显提高。雌犬生活环境不适宜更是胚胎死亡的重要原因。外界温度偏高极易引起胚胎死亡，尤其是高温高湿季节，犬舍温度过高或散热不畅时。其他动物的实验证明，在配种前后雌性动物处于高温环境时，异常形态的卵子增加。另外，由于高温，甲状腺机能有被扰乱的可能性，也是对胚胎有害影响的因素。

三、胎膜与胎盘

在胚胎发育的早期，出现胚外体腔，经过胚层复杂的分化，形成胎膜及其与子宫接触联系的胎盘。其功能是通过胚外附属系统为胚胎提供营养，进行代谢，保护胚胎的继续生长发育，是子宫内胎儿生长发育阶段的临时器官。

（一）胎膜

胎膜是胎儿的附属膜，其作用是与母体子宫黏膜交换养分、气体及代谢产物，对胎儿的发育极为重要。胎膜主要指卵黄囊、羊膜、尿膜、绒毛膜和脐带。

卵黄囊是受精卵附植后不久发育形成的。起着原始胎盘的作用，通过它吸取子宫分泌物，供给胎儿生长发育需要的营养。随着胚胎的发育，卵黄囊逐渐萎缩，最终埋藏在脐带内，成为没有机能的残留组织。

卵黄囊来源于内、中两胚层，内胚层形成卵黄囊壁的内层，中胚层形成囊壁的外层。卵黄囊形成的同时，中胚层出现血岛，血岛内部有幼稚细胞团，其周围的细胞稍偏离中心，形成一层扁平的血管上皮。幼稚细胞逐渐变圆，产生血红蛋白而呈红色。这种血岛初期为散在，随着发育逐渐结合，形成毛细血管网和发达的血管。卵黄囊的血管（卵黄血管）通过胚胎的卵黄动脉和卵黄静脉共同构成卵黄循环。卵黄循环是胎儿心脏形成后开始搏动来进行的。血岛中出现的血细胞进入血液循环。

卵黄囊的血岛是胚胎初期的原始造血器官，肝、脾、骨髓、淋巴及胸腺器官形成后，取代了它的作用。

犬的卵黄囊从发生到分娩时，在脉络膜内伸长，其前、后端附着在脉络膜内壁上。可以使胎儿在胎膜中心保持悬垂状态，似鸡卵的卵黄附着的“卵带”作用，以保护胎儿。

羊膜胚胎形成以后，其腹侧的外胚层和中胚层生出皱褶，向外伸展，然后向胚胎上隆起，形成皱褶，最后愈合，皱褶的内层和外层分离，内层形成羊膜囊，将胚胎包围起来。羊膜是胎儿最内侧的一层膜，其形状自形成后到分娩前不变。羊膜外侧覆盖有尿膜，两膜之间有血管分布。羊膜包围脐带形成脐带鞘，在胎儿的脐轮处与胎儿皮肤相接。羊膜囊内有羊水，妊娠初期羊水量少，随着胎儿的发育而逐渐增加。

羊水清澈透明、无色、黏稠，在妊娠末期可达 8 ～ 30mL。羊水的量比尿囊液少得多，初期大约为尿囊液的 1/3，妊娠后半期羊水的量约为尿囊液的 1/4。羊水中含有电解质和盐分，整个妊娠期间其浓度很少变化，此外还含有胃蛋白酶、淀粉酶、脂解酶、蛋白质、果糖、脂肪、激素等，并随着妊娠期的不同阶段而变化。目前对其循环和起源还不十分清楚。羊水的成分近似血清过滤液，来源于羊膜上皮或消化液，通过肠道吸收。分娩时羊水带有乳白色光泽，稍黏稠，有芳香气味。正常情况下，羊水中含有脱落的皮肤细胞和白细胞。

羊水可以保护胎儿免受震荡和压力的损伤，同时还为胚胎提供了向各方向自由生长的条件；还有防止胚胎干燥、胚胎组织和羊膜发生粘连的作用；分娩时有助于子宫颈扩张并润滑胎儿体表及产道，有利于胎儿产出。

尿膜最初由原肠后部（后肠）翻出胚体外而成，因此和卵黄囊一样也是由脏壁层构成。其功能一方面是储存胚胎排出的尿，因而它是胚体外临时的膀胱，并起着和羊膜相似的缓冲保护作用；另一方面则代替在胚胎早期的卵黄囊的生理机能，由尿膜上的血管分布于绒毛膜，构成胎盘的内层组织。随着尿液的增加，尿囊亦逐渐增大，终于在胚外体腔占大部分位置，有一部分和羊膜融合而成尿膜羊膜，大多数是和绒毛膜融合形成尿膜绒毛膜。

尿囊液可能来自胎儿的尿液和尿膜上壁的分泌物，或从子宫内吸收而来的。尿囊液起初清澈、透明、呈水样、琥珀色，含有白蛋白、果糖和尿素。尿囊液在妊娠期间是有很大变化的，犬的变化范围是 10 ～ 50mL。

尿囊液有助于分娩初期子宫扩张。子宫收缩时，尿囊也受到压迫即涌向抵抗力小的子宫颈，尿囊也就带着尿囊绒毛膜挤入颈管中，使它扩张开大。偶尔可发生尿水过多，此种情况称为尿囊积水，多数是尿膜血管受阻所致，性腺对尿囊液的容量也有影响。

绒毛膜在羊膜发育的同时，滋养层和体中胚层共同形成体壁层，是绒毛膜形成的基础，最终成为胎膜的最外层，包围着整个胚胎和其他胎膜。由于其外面被覆有绒毛故称为绒毛膜。绒毛膜在胎盘的形成上具有重要作用，而且和尿膜的关系很密切。但是犬的尿膜不与绒毛膜融合形成血管网，而是卵黄囊同绒毛膜融合形成卵黄囊－绒毛膜胎盘。

脐带是由包着卵黄囊残迹的两个胎囊及卵黄管延伸发育而成，是连接胎儿和胎盘的纽带。其外膜的羊膜形成羊膜鞘，内含脐动脉、脐静脉、脐尿管、卵黄囊的遗迹和黏液组织。

动脉和静脉各有两条，血管弯曲程度不大。脐静脉接近胎儿体时汇合成一条，脐动脉是胎儿下腹动脉的延续。胎儿通过脐动脉把体内循环的无营养静脉血液导入胎盘。脐静脉把在胎盘处与母体进行气体交换的新鲜动脉血运送给胎儿。

脐带的长度一般为犬体长的 1/2，很坚韧，不能自然断裂。脐带内的血管在肌肉层断裂时可剧烈收缩，因此，脐带被咬断（或切断）时出血少。初生仔犬腹部残留的脐带断端经数天后，逐渐干燥而自然脱落。

（二）胎盘

胎盘通常是指胎膜的尿膜绒毛膜和母体子宫黏膜发生联系所形成的一种复合体，由两部分组成。胎膜的尿膜绒毛膜部分为胎儿胎盘、子宫黏膜部分为母体胎盘。胎儿的血管和子宫血管分别分布到胎儿胎盘和子宫胎盘上去，并不直接相通，但彼此发生物质交换，从而构成完整的胎盘系统，保证胎儿发育的需要。此外，胎盘也能产生某些激素，使孕体保持在子宫内，以保持胎儿的安全发育。

犬的胎盘在绒毛膜中央呈环状，所以称为带状胎盘。其特征是绒毛膜的绒毛聚合在一起形成一个宽带，环绕在卵圆形的尿膜绒毛膜囊的中部（即赤道区上），子宫内膜也形成相应的带状母体胎盘。带状胎盘有两种：一种是完全的带状胎盘，另一种是不完全胎盘，犬属于完全带状胎盘。完全带状胎盘在妊娠早期是由卵黄囊形成有功能的绒毛－卵黄胎盘，以及绒毛膜－尿膜在赤道区生长发育，侵入子宫上皮而形成的。因而，紧靠着尿膜的中胚层细胞的滋养层细胞与母体子宫内膜毛细血管内皮细胞紧密相贴。卵黄囊是唯一退化的器官，漂浮在尿水中。绒毛膜－尿膜仍然形成一个充满液体的长椭圆形的囊。

胎盘是维持胎儿生长发育的器官，它的主要功能是物质运输、合成分解代谢、分泌激素和免疫等作用。

气体交换：胎盘的气体交换与肺的气体交换本质是一样的，其不同之处是：前者为液体与液体系统进行交换，后者则为气体与液体系统进行交换。胎盘通过扩散进行气体交换来代替胎儿肺的呼吸作用。如果胎盘的血液循环发生障碍，胎儿在子宫内就会窒息。

胎盘的运输功能：胎儿所需要的营养物质均需由母体通过胎盘供给。根据物质的性质及胎儿的需要，胎盘采取不同的运输方式。

简单扩散物质：自高分子浓度区移向低分子浓度区，直到两方取得平衡的运输方式。如水、二氧化碳、氧、电解质等都是以此方式运输的。

氮代谢：胚胎在囊胚期的附植过程中，囊胚附着处的子宫上皮发生某种程度的蛋白分解，绒毛膜细胞可以吞噬组织碎片，未经改变的蛋白质可由母体进入胚胎。胎盘形成以后，并不能输送蛋白质，胎儿血液中蛋白质和非蛋白质物质均来自子宫黏膜细胞的分解产物及血浆成分。大部分蛋白质需经绒毛上皮的蛋白质分解酶分解成分子量低的氨基酸，并在胎盘中再合成后，才能被吸收。

糖代谢：胎盘能储存糖原，糖原和血糖浓度的高低影响其进入胎盘。胎盘中的糖原是其组织代谢产物，在不同妊娠期糖原含量也不同。胎儿血液中以果糖居多，葡萄糖含量低于母体。

脂肪代谢：胎儿脂肪来自两个途径：一是由胎盘输送；二是由碳水化合物和乙酸合成的游离脂肪酸，以简单的弥散方式进入胎盘。

矿物质代谢：胎儿血浆中的镁主要来源于子宫分泌物，绒毛直接摄取母体血红蛋白所含的铁及含铁色素。随着妊娠期的推进，血红蛋白增加，因而子宫及胎儿的铁含量增多。胎儿肝脏可储存铁，但储存量的多少并不能完全说明铁通过胎盘的数量及其利用率。钙和磷是以逆渗透梯度吸收方式通过胎盘进入胎儿的，并在胎儿血液中保持较高水平，而且随着妊娠期的进展而增加。钠很容易通过胎盘进入胎儿。

维生素和激素：维生素 B_2 和维生素 C 很容易通过胎盘。脐静脉中维生素 C 的浓度高于脐动脉。胎儿血液中维生素 B_2 的浓度高于母体血液。维生素 A、维生素 D 和维生素 E 都难以通过胎盘，所以脐血中这些维生素的浓度较低。

排泄废物：胎儿的代谢产物如尿酸、肌酐等是由胎盘经母体血液排出的。

防御作用：母体可经胎盘使胎儿对某些疾病有被动免疫力。一般细菌病原体是不能通过胎盘的，但是某些病原可在胎盘上先形成病灶，然后再进入胚体。

内分泌作用：胎盘可产生雌激素、孕激素。母体内的雌激素、孕激素早期是由卵巢分泌的，以后则由胎盘分泌而成为维持妊娠及胎儿发育的主要激素。

药物渗透作用：某些药物可通过胎盘进入胎体，如镇静剂、吸入性麻醉剂、抗生素等，因此在妊娠期对母体应谨慎选用药物。

（三）胎儿的发育

胎儿是由囊胚的内细胞团分化发育起来的。囊胚胚盘的细胞分为二层，最内层为内胚层，由此将形成肠道的基本结构及其腺体和膀胱；最外层是外胚层，在发育的初期，沿胚盘的中轴形成一长嵴，即神经外胚层，继而发育为肾上腺髓质、脑和脊髓，以及神经系统的所有其他衍生组织，如乳腺和其他皮肤腺、蹄爪、毛发及眼的晶体等；中间为中胚层，由此将形成结缔组织、脉管系统、骨骼、肌肉和肾上腺皮质。原始的生殖细胞可能来源于中胚层和外胚层，这两种来源都有其证据。

胚胎的体节是由体壁中胚层发育而来的，体节分化成三部分，由此再形成胎儿的不同部分。第一部分形成脊椎，将神经管封入其中；第二部分靠近神经管上部，形成骨骼肌；第三部分是体节的下部，形成皮肤的结缔组织。

犬的妊娠期是 58 ～ 63d，受精卵着床之后，胎儿生长发育到出生的时间为 40 ～ 55d。在这么短的时间内完成个体发育，可见胎儿发育速度非常快。一般表示胎儿生长发育程度的方法有两种：一种是以胎儿的体重来表示；另一种是以胎儿的体长来表示。由于妊娠各阶段影响胎儿体重的因素较多，因而多以体长来衡量胎儿的发育状况。

胎儿体长是指头顶端至尾根部的长度，所以又称顶尾长。但是早期的胎儿腹部有弯曲，应该测量背部的圆弧。胎儿体长因犬的品种、年龄、个体不同而差异很大，每窝胎儿数、胎儿性别以及在子宫内的位置也影响胎儿体长。

四、妊娠诊断

妊娠诊断的目的是为了掌握动物配种后妊娠与否、妊娠月份以及与妊娠有关的其他情况。妊娠过程中，雌犬生殖器官、全身新陈代谢和内分泌都发生变化，而且这些变化在妊娠的各个阶段具有不同的特点。妊娠诊断就是借助雌犬妊娠后所表现出的各种变化的症状来判断是否妊娠以及妊娠的进展情况。

临床上早期妊娠诊断的价值较大，对确诊已经妊娠的雌犬，要加强饲养管理、增强雌犬的健康、保证胎儿正常生长发育、防止流产以及预测分娩日期，做好产仔准备。对未妊娠的雌犬，可以及时进行检查，找出未孕的原因，采取相应的治疗或管理措施，提高雌犬的繁殖效率。

目前，犬常用的妊娠诊断方法主要有以下几种。

（一）外部观察法

雌犬妊娠以后，因体内新陈代谢和内分泌系统的变化导致行为和外部形态特征发生一系列的变化，这些变化是有一定规律可循的，掌握这些变化规律就能据此来判断雌犬是否妊娠及妊娠进展状况。

行为的变化：妊娠初期无行为变化。妊娠中期雌犬行动迟缓而谨慎，有时震颤，喜欢温暖场所。妊娠后半期，雌犬易疲劳，频繁排尿，接近分娩时有做窝行为。

体重的变化：妊娠雌犬体重的增加与食欲的变化相平衡。排卵后到第 30 天时的体重与排卵时体重略有增加，但幅度不大；在此之后到妊娠第 55 天，雌犬的体重迅速增加；妊娠 55d 到分娩，体重的增加不明显。胎儿数越多，体重增加得越快。

乳腺的变化：妊娠初期乳腺的变化不明显，妊娠一个月以后乳腺开始发育，腺体增大。临近分娩时，有些雌犬的乳头可以挤出乳汁。

外生殖器的变化：雌犬发情结束后，其外阴部仍然肿胀，非妊娠犬经过 3 周左右逐渐消退，妊娠犬在整个妊娠期外阴部持续肿胀。妊娠犬肿胀的外阴部常呈粉红色的湿润状态，分娩前 2 ～ 3d，肿胀更加明显，外阴部变得松弛而柔软。

雌犬阴道分泌大量的黄色黏稠不透明的黏液，配种以后，不管妊娠与否，仍然间断性地分泌。但是，妊娠雌犬分泌的黏液变为白色稍黏稠而不透明的水样液体，这种黏液并非都是分泌的。临近分娩时（分娩前数小时），子宫颈管扩张，分泌 1 ～ 3mL 非常黏稠的黄色不透明黏液。

（二）触诊法

它是指隔着母体腹壁触诊胎儿及胎动的方法。凡触及胎儿者均可诊断为妊娠，但触不到胎儿时不能否定妊娠。此法可用于妊娠前期。

经腹壁触诊子宫可早期诊断出妊娠，其准确性因犬的性情、大小、妊娠阶段、胎儿数目、肥胖程度以及施术者的经验而异。妊娠 18 ～ 21d，胚胎绒毛膜囊呈半圆形的膨胀囊，位于子宫角内，直径约 1.5cm，经腹壁很难摸到；妊娠 28 ～ 32d，胚囊呈乒乓球大小，直径 1.5 ～ 3.5cm，经腹壁很容易触及；妊娠 30d 后，很难摸到子宫角，胎囊体积增大、拉长、失去紧张度，胎儿位于腹腔底壁；妊娠 45 ～ 55d，子宫膨大部 5.4 ～ 8.1cm，而且迅速增长、拉长（体瘦皮薄的犬可触到胎儿），接近肝部，子宫角尖端可达肝脏后部，胎儿位于子宫角和子宫颈的侧面及背面；妊娠 55 ～ 65d 胎儿增大，很容易触到。

（三）超声波诊断法

此法是通过线型或扇形超声波装置探测胚泡或胚胎的存在来诊断妊娠的方法。将孕犬采取仰卧或侧卧保定，剪掉下腹部被毛，探头及探测部位充分涂抹鳌合剂，使探头与皮肤紧密接触。

最早可以确认胚泡的时间是交配后第 18 ～ 19 天，此时图像不十分清楚。交配后第 20 ～ 22 天的图像清晰。交配后第 35 ～ 38 天可以观察到胎儿的脊柱。

妊娠诊断还可以利用超声多普勒法通过子宫动脉音、胎儿心音和胎盘血流音来判断是否妊娠。让雌犬自然站立，腹部最好剪毛，把探头触到稍偏离左右乳房的两侧。子宫动脉音在未妊娠时为单一的搏动音，妊娠时为连续性的搏动音。胎儿心音比雌犬心音快得多，类似蒸汽机的声音。胎儿心音及胎盘血流音只有妊娠时才能听到。

多普勒法在交配后第 23 天即可以诊断，交配后第 25 天可以听到胎儿心音及胎盘血流音，其诊断准确率很高。

（四）X 射线诊断法

交配后第 20 天前，X 射线尚不能确定妊娠。交配后第 25 ～ 30 天，受精卵已经着床，胚胎内储留液体，此时 X 射线可以确定稍膨大的子宫角；妊娠 30 ～ 35d 时，根据犬体大小，腹腔内注入 200 ～ 800mL 空气进行气腹造影，可以确定子宫局限性肿块的阴影；妊娠 45d 时，根据子宫内胎儿的位置不同，X 线可照出胎儿的头部或脊柱，但有时不能确定胎儿数目；妊娠 50d，X 线摄像的胎儿骨骼明显，胎儿数目清晰。

X 射线诊断法一般不作为早期妊娠诊断来使用，因为放射线对胚胎早期的发育影响很大。一般主要用于妊娠后期确定胎儿数或比较胎儿头骨与母体骨盆口的大小，以预测难产的可能性，而且应该尽量避免反复使用。

第七节　分娩与助产

一、预产前的征兆

随着胎儿发育成熟和分娩期的临近，雌犬的生理机能、行为特征和体温都会发生变化，这些变化就是分娩预兆。对这些变化进行全面的观察，可以预测分娩的时间，从而有利于做好雌犬分娩的接产工作。一般，犬的正常分娩多在凌晨或傍晚进行。雌犬分娩预兆主要表现在以下两个方面。

（一）生理变化

分娩前乳房迅速膨胀增大，乳腺充实，乳头增大变粗。有些雌犬在分娩前两天可挤出乳汁，极少数雌犬在分娩前一个月就已有乳汁，而大部分雌犬则需要等分娩一小时后才有乳汁。

在分娩前 1 ～ 2d，雌犬外阴部和阴唇肿胀明显，呈松弛状态；阴道黏膜潮红，阴道内黏液变为稀薄、润滑；子宫颈松弛。

骨盆临近分娩时雌犬的荐坐韧带开始变得松弛，臀部坐骨结节处下陷，后躯柔软，臀部明显塌陷。

（二）行为变化

精神状态。临产前雌犬表现精神抑郁、徘徊不安、呼吸加快。越临近生产时其不安情绪越明显，并伴以扒垫草、撕咬物品，发出低沉的呻吟或尖叫。初产雌犬表现尤为明显。

食欲状况。多数雌犬在分娩前 24h 内表现为明显的食欲下降，只吃少量爱吃的食物，甚至拒食，有的雌犬也会表现出临产前食欲正常的情况。

排便状况。雌犬分娩前粪便变稀，排尿次数增加，排泄量减少。

（三）体温变化

分娩前雌犬体温有明显的变化。在怀孕的最后几周，雌犬的体温要比正常体温略低一些。体温变化最明显的是在临产前 24h 内，体温会下降到 36.5 ～ 37.2℃。大多数雌犬在分娩前 9h 体温会降到最低，比正常体温要下降 1℃以上。当体温开始回升时，就预示即将分娩。雌犬分娩前明显的体温变化，是预测分娩时间的重要指标之一。

二、分娩过程

犬分娩是指犬正常妊娠期满，胎儿发育成熟，雌犬将胎儿以及其附属物从子宫内排出体外的生理过程。

（一）分娩的机理

分娩是胎儿发育成熟后的自发生理活动，引起分娩发动的因素是多方面的，是由机械性扩张、激素、神经及胎儿等诸多因素相互联系、协调而促成的，胎儿的下丘脑 - 垂体 - 肾上腺轴对发动分娩有决定性作用。

机械因素。随着胎儿的迅速生长，子宫也不断地扩张，一是增强了子宫肌对雌激素和催产素的敏感性；二是由于子宫壁扩张后，胎盘血液循环受阻，胎儿所需氧气和营养得不到满足，引起胎儿强烈反射性活动，而导致分娩。

激素。对分娩启动有作用的激素很多，包括催产素、黄体酮、雌激素、前列腺素、肾上腺皮质激素、松弛素等。这些激素通过共同作用，启动分娩。其中催产素能使子宫发生强烈收缩，对分娩起着重要作用。

中枢神经。对分娩的启动并不起决定性的作用，但对分娩具有很好的调节作用，可以接受并传导分娩期间的各种信号。

胎儿因素。胎儿的下丘脑 - 垂体 - 肾上腺轴对分娩的启动有决定性作用，它的缺乏和异常会阻止雌犬分娩，延长妊娠期。

分娩启动的过程。在临近分娩前，子宫肌对机械性及相关激素的敏感性逐渐增强。当胎儿完全发育成熟时，它的脑垂体分泌大量促肾上腺皮质激素，从而使胎儿肾上腺皮质激素分泌增多。大量的肾上腺皮质激素又引起胎儿胎盘分泌大量的雌激素，同时也刺激子宫内膜分泌大量的前列腺素。在这些激素刺激下，胎儿就对子宫颈和阴道产生刺激，使雌犬垂体后叶反射性地释放大量的催产素。在高浓度的雌激素、催产素和前列腺素共同作用下，子宫平滑肌发生强烈的阵缩，从而发动分娩排出胎儿。

（二）分娩动力

雌犬分娩主要依靠子宫平滑肌和腹肌有节律的共同收缩产生的力量来完成。

（1）阵缩是分娩的主要动力。分娩时子宫平滑肌一阵一阵有节律性的收缩，称为阵缩。阵缩是由于分娩时子宫肌在血液中的催产素等作用下的收缩，子宫平滑肌收缩时血管受到压迫，血液循环和氧供给发生障碍，血液中引起子宫平滑肌收缩的催产素等就减少，子宫肌的收缩也就减弱、停止。子宫平滑肌收缩停止时，解除血管压迫，恢复正常血液循环和供氧，如此循环产生阵缩。每次阵缩都是由弱到强，持续一定时间后就减弱消失，这样对胎儿的安全非常重要，因为长时间的持续收缩会阻止胎盘血液供应，使胎儿缺氧死亡。同时，每两次阵缩之间有一定时间的间歇，有利于雌犬恢复体力。

（2）努责是分娩的辅助动力。腹壁肌和膈肌的收缩称为努责，是随意性的收缩，是伴随阵缩而进行的，对胎儿的产出也有重要的作用。

（三）胎位、胎向及分娩的姿势

胎向与胎位。胎向是胎儿的背向与母体腹背所取的方向。胎儿的背朝向母体腹侧的称为上胎向，朝向母体背侧的称为下胎向，朝向母体横腹的称为侧胎向。犬和猪一样都是多胎动物，妊娠的左、右侧子宫角很长，而且弯曲，甚至反转，所以胎向不能完全确定。

胎位是表示胎儿体纵轴与子宫纵轴之间的关系，互相平行的为纵位，互相交叉的为斜位。胎儿的头部向雌犬头部方向（或胎儿尾部朝产道方向）的为尾位，胎儿头部向雌犬后部（或胎儿的头部朝产道后方向）的为头位。犬的胎儿胎位没有规律性，与胎儿性别也无关系。临近分娩时的胎位和胎向，是影响正常分娩的因素之一。

分娩的姿势。雌犬分娩一般是侧卧姿势，偶见排便姿势。因为雌犬侧卧时，胎儿容易进入骨盆腔，而且腹壁不必负担内脏器官和胎儿的重量，使腹肌收缩更有力。另外，侧卧可使两后肢向后呈挺直姿势，促使骨盆韧带以及附着的肌肉充分松弛，从而能使骨盆腔充分扩张，有利于胎儿通过。因此，雌犬通常表现为侧卧努责，后肢挺直的分娩姿势。

（四）分娩的过程

整个分娩期从子宫颈口张开、子宫开始阵缩到胎衣排出为止，一般分为三个阶段。

第一阶段（开口期）从子宫开始阵缩，到子宫颈充分扩张为止。这一阶段持续的时间差别较大，一般为 3 ～ 24h。这一阶段的特点是：一般只有阵缩，没有努责。行为上的表现：轻微的不安、烦躁；时起时卧，来回走动；常做排尿动作，有时也有少量粪尿排出；呼吸、脉搏加快。一般初产犬表现明显，而经产雌犬相对比较安静。

第二阶段（产出期）从子宫颈充分扩张，至所有胎儿全部排出为止。这一阶段持续时间的长短取决于雌犬的状况和仔犬的数目，一般在 6h 之内，仔犬数多的不应超过 12h。这一阶段的特点是：阵缩和努责共同发生，而且强烈。行为上的表现：这时的雌犬表现极度不安，烦躁情绪增强，并伴有努责。当第一只仔犬进入骨盆时，阵缩和努责更加强烈，而且持续时间更长、更频繁。同时雌犬常常会将后肢向外伸直，强烈努责数次后，休息片刻继续努责，直到胎儿排出。

当雌犬发现包着胎膜的胎儿出现在阴门时，就会用牙齿撕破胎膜，露出胎儿。撕破胎膜可润滑产道，利于胎儿排出。胎儿产出后，雌犬会拽出并吃掉胎膜和胎盘，咬断胎儿的脐带，并不停地舔舐仔犬的全身，特别是舔去仔犬的鼻和嘴处的黏稠羊水，确保仔犬呼吸畅通，并舔干全身的被毛。同时还会舔舐自身外阴部，以清洁阴门。

一般在分娩出第一只仔犬后的 2h 内，第二只仔犬就会娩出。当第二只仔犬要娩出而产生阵缩时，雌犬就会暂时撇开第一只仔犬，来处理第二只仔犬的出生。如此重复这一行为直到所有仔犬产出。在产仔间隔时间里雌犬有站起来走动和喘气的习惯。当所有仔犬娩出后，雌犬就安静下来精心地保护和照顾仔犬，不停地用力舔舐仔犬的肛门及其周围，以刺激仔犬胎粪排出。在分娩期间雌犬不会专注地哺乳，分娩结束后才会专心为仔犬哺乳。

一般在这一阶段，雌犬不需要人为帮助，而且多数雌犬还会厌恶有人在其附近（包括主人）。但对初产雌犬在这一阶段要特别加强观察，随时提供帮助。

第三阶段（胎衣排出期）从胎儿排出后到胎衣完全排出为止。

这一阶段的特点是：轻微的阵缩，偶有轻微的努责。胎盘和胎膜一般是在每只仔犬娩出后 15min 内排出，有的可能与下一只仔犬娩出时一起排出。胎盘具有丰富的蛋白质，雌犬通常会吃掉胎盘和胎膜，用于补充能量，有利于分娩。同时舔舐外阴部流出的黏液，清洁阴门。这一阶段的雌犬比较安静，处于疲劳状态。

三、助产

雌犬一般能自然生产，不需人为助产。由于各方面因素的影响，有些雌犬往往不能独立的完成分娩，这就需要人为地帮助雌犬进行分娩，这个过程就是助产。发生分娩异常时，应及早助产，可避免雌犬和仔犬受到危害。

（一）助产的准备

在临近分娩前要做好助产准备，以便随时解决雌犬分娩时出现的异常情况，确保雌犬分娩顺利进行。助产包括如下的准备。

物品及人员的准备如下。

产房应该宽敞明亮、清洁、干燥、通风良好，冬暖夏凉，温度保持在30℃左右，有产床。

药品包括75%酒精、2%～5%碘酊、刺激性小的消毒液（如新洁尔灭等）、催产素等。

常用外科器械、产科器械、一次性注射器、体温计、听诊器等。物品包括毛巾、肥皂、脸盆、热水等。

繁育员（主人）和兽医。分娩雌犬的准备：分娩前用消毒液擦洗雌犬外阴部、肛门、尾部及后躯，再用温水擦洗干净。如果是长毛品种的雌犬，应将阴门周围的长毛剪掉。

（二）正常分娩的助产

正常分娩的助产应在严格消毒的原则下进行，助产员的手臂要洗净并消毒。

分娩时的助产：雌犬分娩正常时不必助产，如果出现下列情况时要及时助产。

雌犬不撕破胎膜：当胎儿露出阴门后，雌犬不主动去撕破胎膜时，要及时帮助把胎膜撕破。撕破胎膜要掌握时机，不要过早，避免胎水过早流失造成产出困难。

雌犬产力不足：有些雌犬特别是初产雌犬和年老的雌犬，由于生理原因出现阵缩、努责微弱，无力产出胎儿。此时要使用催产素，同时用手指压迫阴道刺激雌犬反射性地增强努责。

胎儿过大或产道狭窄：出现这种情况必须采取牵引术进行助产。方法是：消毒雌犬外阴部，向产道内注入充足的润滑剂。先用手指触及胎儿，掌握胎儿的情况，再用两手指夹住胎儿，随着雌犬的努责慢慢拉出，同时从外部压迫产道帮助挤出胎儿，或使用分娩钳拉出胎儿，使用分娩钳时应尽量避免损伤产道。

胎位不正：犬正常的胎位是两前肢平伸将头夹在中间，朝外伏卧。产出的顺序是前肢、头、胸腹和后躯，正常胎位的分娩一般不会出现难产，而且有40%左右的以尾部朝外的胎位分娩也属正常。当胎位不正引起产出困难时，就要进行整复纠正，即用手指伸进产道，并将胎儿推回，然后纠正胎位。手指触及不到时，可使用分娩钳。

正常助产：如果没有效果，就可能发生难产，应及时做进一步处理，必要时应进行剖腹产。

对产出仔犬的处理：仔犬产出后，雌犬因各种原因不能护理时，要进行人工护理。

清除黏液：胎儿产出后，雌犬不去舔舐仔犬时，要用卫生纸或柔软干毛巾及时擦掉鼻孔及口腔内的黏液，并将后肢提起倒出鼻孔和口腔内的液体，确保仔犬呼吸畅通，防止窒息。对假死状态的仔犬，清理后马上进行人工呼吸，轻压其胸部和躯体，抖动全身直到仔犬发出叫声并开始呼吸。

处理脐带：如果雌犬不会咬断脐带或脐带过长，要给仔犬剪断脐带。在仔犬脐带根部用缝线结扎好，距离仔犬腹壁基部 2cm 处剪断，断端用碘酊涂擦。也可直接用手指拧断，不需结扎止血，也会自然止血。胎儿产出后脐带血管会迅速封闭，处理脐带只是为了避免细菌的侵入，防止感染。

涂擦碘酊：不仅有杀菌作用，而且对断面有鞣化作用。

擦净羊水：母犬不会舔舐仔犬身体时，要用卫生纸或柔软的干毛巾擦干仔犬全身，特别是被毛。但除非绝对需要这样做，一般尽量让母犬自己舔干，即使需要帮助擦干也应留些给母犬，以增加母犬对仔犬的关注。

四、新生仔犬及产后雌犬的护理

（一）新生仔犬的护理

新生仔犬也称初生仔犬，是指从出生到脐带断端干燥、脱落这段时间的仔犬，大约 3d。

加强观察：新生仔犬的活动能力很差，而且眼睛和耳朵都完全闭着，随时有被雌犬压死、踩伤的可能，也有爬不到雌犬身边因受冻、吃不到初乳而挨饿等现象，这些都需要有人随时发现并处理。所以对新生仔犬的观察护理非常重要，对母性不好、体质弱的仔犬尤其重要。

保温：新生仔犬的体温较低，为 36 ～ 37℃，最低体温会降到 33 ～ 34℃。新生仔犬的体温调节能力差，体内能源物质储备少，对温度反应敏感，不能适应外界温度的变化，所以对新生仔犬必须要保温，尤其是在寒冷的冬季。一周龄内的仔犬的生活环境温度以 28 ～ 32℃为宜，对体质较弱的新生仔犬，恒定的环境温度尤其重要。随着年龄的增长，新生仔犬对环境温度变化的调节能力逐渐增强。但新生仔犬生活的环境温度也不宜过高，过高会使机体水分排泄过多，容易产生脱水。一般以稍低于健康新生仔犬的体温为好。

吃足初乳：初乳是指雌犬产后一周内分泌的乳汁。初乳中不仅含有丰富的营养物质，并具有轻泻作用，更重要的是含有母源抗体。新生仔犬体内没有抗体，完全是通过消化初乳获得抗体，从而有效地增强抗病能力。因此，新生仔犬要在产出后 24h 内尽快吃上初乳。对不能主动吃乳的仔犬，应及时让其吃上初乳。最好先挤几滴初乳在乳头上，然后轻轻把仔犬的嘴鼻部在母犬乳腺上摩擦，再将乳头塞进仔犬嘴里，以鼓励仔犬吮吸母乳。必要时还需挤出初乳喂新生仔犬。

人工哺育：雌犬产仔数过多（8 只以上）或雌犬乳汁不足甚至无乳时，应进行人工哺乳或保姆犬哺乳。但在进行人工哺乳或保姆犬哺乳之前，要尽量让新生仔犬吃到初乳。除非绝对必要（无乳或其他原因确实不能哺乳等），最好是经雌犬哺乳 5d 左右再离开，这样就可以提高仔犬的免疫力，增强抗病能力。

人工喂养：首先要选好代乳品，一般使用牛奶，最好是鲜牛奶。开始时应按体积加水稀释，再在每 500mL 稀释乳中加入 10g 葡萄糖和两滴小儿维生素混合物滴剂。35d 后应逐渐减少水的比例，提高牛奶浓度。每天至少每隔 2h 喂一次，体质特别弱或食量小的仔犬，要每 1h 喂一次；晚上视情况每隔 3 ～ 6h 喂一次。每天喂食的奶料，最好现喂现配，也可将 1d 的奶料配好储存在冰箱里，喂食时将奶料加热到 38℃左右。喂食量可根据仔犬的胃容量来确定，以五至八成饱为宜。

喂养方法：准备好一个特制奶瓶（婴儿用的奶瓶也可以），使用前先对奶瓶进行消毒，再把配制好的奶料倒入奶瓶中，加热至 38℃左右。抱起新生仔犬，托住它的胸廓，将乳嘴放入它的口中即可。喂奶时应让新生仔犬自己吸奶，不要把奶瓶高过头顶，更不要给新生仔犬强行灌喂奶（除非确实必要），同时，注意喂奶时不要紧捏仔犬的腿，应让腿能够自由活动。

刺激排泄：新生仔犬不会自己排泄粪尿，必须由雌犬舔舐肛门来清理。有些雌犬不会舔舐，必须人为地帮助擦拭。每次喂奶时，要模仿雌犬的净化活动，用棉球或柔软的卫生纸擦拭肛门，并擦干仔犬头部及身上的奶汁、水和其他污物等。同时对仔犬的胃肠和膀胱进行轻度的刺激（轻揉），以便促进胃肠及膀胱蠕动。

其他注意事项。一是防止便秘。人工喂食的代乳品无轻泻作用，容易引起便秘，一旦出现便秘，可用圆头的玻璃棒向新生仔犬肛门内及周围涂擦凡士林，也可在代乳品中加入 1 ～ 2 滴食用油或液状石蜡，严重的可直接将食用油或液状石蜡滴入口中，直到恢复正常。一旦正常立即停止使用，防止引起腹泻。二是如果是由于新生仔犬数多而进行人工喂养的，在喂养间歇期应把新生仔犬放回雌犬身边，这样有利于其生长发育。但在放回时要特别注意观察雌犬对新生仔犬的反应，防止有的雌犬不接受人工喂养的新生仔犬，甚至会伤害它。如果雌犬不接受，需完全移开进行人工喂养。

保姆犬喂养：保姆犬哺乳对缺奶的新生仔犬的正常发育很有利，若做得好与原雌犬带的效果一样。有条件的可以为产仔数多的雌犬配备好保姆犬。一般选择性情温和的保姆犬，并应具备两个条件：一是与原雌犬分娩时间基本相同；二是有充足的乳汁。在给保姆犬喂养前，要在新生仔犬身上涂擦保姆犬的乳汁或尿，让新生仔犬身上带有保姆犬的气味，这样保姆犬就能很快接受。但开始几天要密切观察，防止保姆犬不接受并伤害新生仔犬。只有当保姆犬开始接受新生仔犬吃乳，并照顾它时，才能让其正常喂养。

疾病预防：新生仔犬抗病力极差，很容易受到病原微生物的侵袭，因此产房一定要干净、卫生。注意新生仔犬的保温，防止感冒。保持乳房清洁卫生，防止肠道感染。如果新生仔犬出现肠道感染，可在其口中滴入几滴抗生素。

（二）产后雌犬的护理

生理变化：产后雌犬生理上会发生一些变化，特别是生殖器官，产后这些器官有一个恢复的过程，要加强护理，避免损伤。

子宫内膜的再生：分娩后子宫黏膜表层发生变性、脱落，由新生的黏膜代替曾经作为母体胎盘的黏膜。在再生过程中变性的母体胎盘和残留在子宫内的血液、胎水以及子宫腺的分泌物被排出来，排出来的这些混合液体就称为恶露。开始恶露量多，因为含有血液而呈红褐色，以后随着血液减少颜色也逐渐变淡，直至停止排出。正常恶露有血腥味，但无臭味，排出时间一周左右。如果恶露有腐臭味，或排出时间延长没有停止迹象，表明雌犬出现异常，应及时处理。分娩后卵巢内就有卵泡开始发育，但要到临近发情时才发育成熟及排卵。分娩后 45d 阴道、前庭和阴门就恢复，但不能恢复到未产前的状态。分娩后 45d 骨盆及韧带恢复原状。

子宫复原：雌犬产后，子宫的变化最大，随着胎儿和胎衣排出，子宫会迅速缩小，这种收缩使妊娠期间伸长的子宫肌细胞缩短，子宫壁也随之变厚。随着时间推移，子宫壁中增生的血管变性，一部分被吸收，另一部分的肌纤维会变细，子宫壁变薄恢复原状。但子宫的大小和形状不能完全恢复原状，比未产雌犬的大而且松弛下垂。

加强营养：分娩期间雌犬体能消耗很大，加上需要哺乳，因此应给产后雌犬提供质量好、易消化的饲料，特别是需要高品质的蛋白质，量也要增加。同时要补充维生素和矿物质，必要时还要补充钙。分娩过程中雌犬会失去很多水分，产后要提供足够的温水。同时应供给利于产乳的食物。

加强卫生管理：产后雌犬由于整个机体，特别是生殖器官发生了剧烈变化，抗病能力明显降低，而且身体虚弱，很容易受到微生物的侵袭，因此要特别注意产后雌犬外阴部和乳房的清洁卫生。要经常用消毒液清洗雌犬的外阴部、尾巴和后驱，即先用消毒液浸泡过的温毛巾擦拭乳房，再用清水清洗干净，防止仔犬吸入消毒药水。同时要保持产房的清洁卫生，特别是雌犬躺卧的产床，应该经常用消毒的毛巾擦拭，防止雌犬外阴和乳房感染。

适当运动：在气候适宜天气好时，每天要让雌犬到室外散步运动两次，每次 0.5h 左右，但要避免剧烈运动。

保持安静：注意保持产房及周围环境的安静，避免噪音、强光等刺激。正常情况尽量减少进出产房次数，以免影响雌犬的哺乳和休息。

（三）加强疾病预防

产后雌犬抗病能力差，而且分娩过程中有可能损伤，容易引起产后感染，因此产后要经常对雌犬进行检查。检查主要注意恶露的排出量、颜色和排出时间的长短；生殖器官有无肿胀；乳房胀满程度、有无炎症、乳量多少等。每天测量体温12次，时刻注意体温变化，如果体温升高，要及时查明原因及时处理。同时注意防止贼风侵袭引起感冒。在给哺乳期的雌犬用药时，应充分考虑药物的副作用，禁止使用影响乳汁分泌及仔犬生长发育的药物。

第八章 猫的繁殖

第一节 雌猫的生殖生理

一、初情期和性成熟

（一）初情期

雌猫的初情期是指猫从出生到第一次出现发情表现并排卵的时期。此时期因品种和季节不同而差异较大。绝大多数猫体重达到 2.3 ～ 2.5kg 时，即大约 7 月龄时卵巢上的卵泡发生，开始表现出发情现象。但是也有特例情况，如有些猫早在 3 月龄就开始发情；而一些纯种长毛猫，如波斯猫，可能要到 12 ～ 18 月龄才第一次发情。

猫初情期受出生时所处的季节的影响较大。在每年 10—12 月份，猫一般不发情，为乏情期。如果在这几个月份达到初情期体重，通常要等到翌年 1—2 月份才发情。如果雌猫在夏季达到初情期体重，通常要提前发情。在 10—12 月份出生的仔猫，经几个月就到了发情季节，这时它们尚未达到性成熟，而要到下一个发情季节才第一次发情。

此外，猫的饲养方式、血缘纯度、品种、断奶时间和光照长短等因素都会对初情期的到来产生一定影响。如纯种猫比杂种猫初情期晚；笼养猫比放养猫晚；单个饲养的比群养的晚；喜马拉雅或斑点短毛猫品种最晚，平均 13 月龄第一次发情（9 ～ 18 月龄），而伯曼最早，平均 7.7 月龄（4.5 ～ 15 月龄）。

（二）性成熟

雌猫的性成熟是指雌猫初情期以后，生殖器官发育成熟、发情和排卵正常并具有正常的生殖能力的时期。雌猫一般在 7 ～ 12 月龄达到性成熟。雌猫性成熟后就有周期性的发情表现，一般间隔 1 ～ 2 月发情 1 次，每次持续 1 周左右。发情间隔长短，视猫的体质和营养状况而定，通常营养好、身体强壮的猫发情较为频繁。

雌猫性成熟时，虽然卵巢会排卵，并出现发情现象，但身体的正常发育尚未完成，故一般不宜配种。如果此时配种，对雌猫及其后代的身体健康均不利，不仅影响雌猫生长发育，使其早衰，而且其后代生长发育慢、体小、多病，本品种一些优良特性可能会出现退化。因此，一般要等到体成熟时才能配种。雌猫体成熟早，一般在 10 ～ 12 月龄配种为好，即在雌猫第 2 次或第 3 次发情时配种。若雌猫发育正常、体质健壮，可提前 2 个月左右。

二、繁殖年限

猫的正常寿命一般为 15 年左右，繁殖年限为 7 ～ 8 年。此后生理功能明显衰退：雌猫不发情，即使发情、怀孕也不再适合繁殖；雄猫失去配种能力。为了提高雌猫的利用年限，要严格控制雌猫的产仔窝次。

三、发情与发情周期

（一）发情

猫的发情是指由卵巢上的卵泡发育引起，同时受下丘脑—垂体—卵巢轴调控的生理现象。猫属季节性多次发情和诱发性排卵动物。

（二）发情周期

猫属季节性多次发情和诱发性排卵动物。多次发情是指在一个发情季节出现多次发情表现。诱发排卵又称刺激性排卵，必须通过交配或其他途径使子宫颈受到机械性刺激后才排卵，并形成功能性黄体。因此，猫发情周期没有严格的周期性，其持续时间取决于是否交配、排卵、妊娠，以及分娩后是否泌乳等。

发情周期是指雌猫从一次卵子成熟开始到下次卵子成熟开始的时期。一般 21d 左右，发情持续时间 3 ～ 6d，具有持续交配能力的时间 2 ～ 3d。如果发情期未能排卵，则发情周期为 2 ～ 3 周。如果出现持续发情，周期就会延长。如果交配后排卵但未受孕，则发情周期延长至 30 ～ 75d，平均为 6 周。根据发情症状与卵巢的变化可将发情周期分为以下 5 个时期：

发情前期。卵巢上有 3 ～ 7 个卵泡得到发育，直径增大到 2mm；阴门水肿不明显，阴道无血红色恶露；喜欢受人抚摸，排尿频繁，持续 1 ～ 3d。

发情期。猫性欲达到高潮的时期。此期的特征是：雌猫嗷嗷叫，性格变得较温顺，精神振奋，食欲下降，若以手压其背部，有踏足与尾巴的动作，尾巴弯向一侧愿意接受雄猫交配；会阴部前后移动，如果轻敲骨盆区，表现更为明显；阴门红肿、湿润，甚至流出黏液，卵泡发育至直径为 2 ～ 3mm。此期的持续时间因季节不同和是否排卵而异。在春季，持续时间延长（5 ～ 7d），在其他季节发情期缩短（1 ～ 6d）。如果交配后排卵，则发情期持续 5 ～ 7d，于交配后 24 ～ 48h 消失；如果未能排卵，则发情一般要持续 8d。然而，有时候无论排卵不排卵，发情期都一样长；而未交配的猫，发情期却较短。

排卵期。猫的排卵发生在交配后 24 ～ 50h。交配刺激阴门和阴道，引起下丘脑释放促性腺激素释放激素，后者促进促黄体激素的分泌和释放，从而诱发排卵。

发情后期。如果雌猫发情后未交配，发情后期持续 14 ～ 28d，平均 21d。如果雌猫交配后诱发了排卵，但未受精，则导致假妊娠，持续 30 ～ 73d，平均 35d。

乏情期。此期雌猫卵巢体积缩小，卵泡直径为 0.5mm，无发情表观。

四、发情季节

季节性变化是影响猫的繁殖活动，特别是发情周期的重要环境因素，它通过神经系统发挥作用。猫属于季节性多次发情动物，只在发情季节期间才发情排卵。发情季节是指雌猫在一年中仅见于一定时期才表现发情的时间段。光照时间长短是影响雌猫发情季节的重要因素。缩短或延长光照时间能够抑制或促进雌猫发情，因此可通过改变光照时间来调节雌猫的发情活动。雌猫的发情季节及持续时间因地理位置不同而异。在北半球，发情季节从 1 月份开始，持续到 8—9 月份光照变短时结束。接着进入乏情期，一直到下一个发情季节。在室内给予人工光照处理的雌猫可以全年发情交配。这种情况在短毛品种比长毛品种普遍，尤以泰国猫为多见。在应激情况下，如运输、搬动猫笼、转群等，都可能使猫发情中断。

雌猫的产后第一次发情通常出现在断奶后 8d，即平均产后第 8 周。持续泌乳可使产后发情推迟至第 21 周。但是，个别哺乳的猫，有时也可能在产后 7 ～ 10d 发情，有些猫在产后 18 ～ 26h 就可发情交配。

第二节　猫的配种

一、选种与选配

猫的选种。猫的选种是指按照预定的育种目标，通过一系列方法，从猫群中选择优良个体作为种用的过程。对于宠物猫，由于人们的爱好和要求不同，选择的标准也就应该有所区别。如猫的毛有长有短，耳朵有大有小，眼睛颜色有黄、蓝和红色等之别，尾巴有长有短，体型的大小以及身体各部位的相互比较等都是选择的条件。一般来说，毛长、性情温顺、活泼可爱、体型较大、毛色纯白或花纹美丽，以及眼睛呈蓝、白或红色猫常是讨人喜爱的宠物猫。具体内容见猫的选种、选配部分。

猫的选配。猫的选配是指为了获得优良的、有稳定遗传特性的不同用途的猫，而人为安排优良品种雄猫、雌猫进行配种。选配过程中禁止具有相同缺点的雄猫、雌猫交配。优良品种猫，要在本品种内选配偶，但严禁近亲（三代以内）繁殖。具体内容见猫的选种、选配部分。

二、猫的交配

猫的交配行为受交配经验及体内激素水平的影响。处女猫对雄猫，开始时抵抗，通过接触次数的增多才慢慢接受。因此，让雌猫与雄猫多接触，有助于交配的顺利进行。在乏情期和发情后期，雌猫和雄猫之间无性吸引。在发情前期和发情期，雌猫主要是通过叫声、行为以及尿味等来吸引雄猫的注意。

外激素：雌猫在发情时，阴道分泌物中含有戊酸。戊酸作为一种外激素，不但可吸引雄猫，而且可刺激雌猫发情。此外，雄猫的气味也是由外激素产生的，这种气味用于雌猫识别一个雄猫的活动范围，并能促进雌猫发情。

交配前性行为：雌猫进入发情期后，主要表现为活跃、紧张和鸣叫不断，到处摩擦头部，并在地上打滚。当雄猫接近时，这种表现更为突出。如果听到雄猫的叫声，或雄猫接近时，雌猫表现为腰部下弯，骨盆区抬高，尾巴弯向一侧，后脚作踏步运动，接受交配。如果轻敲或触摸雌猫腰部或骨盆区，或抓住雌猫颈部皮肤和轻击会阴部，均会出现上述行为。

交配过程：猫的交配一般发生在光线较暗、安静的地方，以夜间居多。交配期平均 2 ～ 3d。交配时，雄猫骑在雌猫的身后，用牙齿紧咬住雌猫颈部，前爪前腿抱住雌猫胸部，而后爪着地。在平时，雄猫阴茎方向朝后；而交配时，阴茎稍勃起，方向朝前下方，与水平方向呈 20 ～ 30°。阴茎进入阴道后立即射精。交配后，雌猫哀鸣，称为交配哀鸣，可能是由阴茎上角质化的球状凸起刺激所致。一旦交配结束，雄猫立即走开，以避免雌猫的攻击。此时雌猫会妖媚的炫耀自己，脚趾张开，爪子伸展，打滚，摩擦身体，伸懒腰并舔舐阴门区，5 ～ 10min 后，再次开始交配。发情期间，雌猫一天可以交配多次，通常由雌猫决定终止交配。

三、人工授精

目前国内在猫的繁殖中采用人工授精的报道还没有，但随着养猫业的发展，人工授精将作为猫的主要繁殖技术而得到发展。因为采用人工授精技术，对提高优良品种雄猫的精液利用率，对促进猫的品种改良和防止疾病的传染等方面都有很大好处。猫的输精可采用鲜精或冻精。成功的先决条件是雌猫要处于发情期。

（一）采精

进行精液品质分析或人工授精时，都需要采集精液。猫的精液采集可利用假阴道法或电刺激法。

假阴道法利用人工模拟发情雌猫的阴道，诱导雄猫在其中射精的方法。应用假阴道法进行采精的雄猫，必须在有试情雌猫存在的条件下进行训练，使其习惯于假阴道内射精，一般经过 2 ～ 3 周训练后，约 20% 的雄猫可适应假阴道采精。

采精方法。采精时，操作人员右手把握假阴道，当雄猫爬跨试情雌猫时，操作者迅速把假阴道紧贴雄猫皮肤，且开口端对准雄猫阴茎，雄猫阴茎勃起后会自动插入假阴道内。在假阴道合适的温度、压力和润滑度的刺激下，雄猫会在 1 ～ 3min 内发生射精。当射精结束后将假阴道略向下倾斜，使精液自动流入试管内。采精过程中，不要用力过大，以免刺激雄猫的阴茎，引起雄猫的不适感觉。

采精频率每周可采精 2 ～ 3 次，但对于同一只雄猫每隔 3 周采精 1 次比较合适。每只雄猫的平均一次射精量为 0.04mL，每毫升含精子 5.7×10^7 个，精子活力为 80% ～ 90%。

电刺激法是通过电流刺激雄猫射精的方法。

电刺激采精器组成由电刺激发生器和电极探头组成。

采精方法先将欲采精的雄猫进行全身麻醉，然后将电极探头涂以润滑剂后插入该雄猫的直肠内。调节电子采精器的频率，当刺激频率合适时，雄猫生殖器就会因刺激而勃起，并自动进行射精。刺激电压为 2 ～ 8V，电流强度为 5 ～ 22mA。

采精频率每周可采精一次，每次可采 0.23mL，精子总数为 2.8×10^7 个，活力为 60%。电刺激法采精量较大，可能是附性腺分泌物较多所致。

（二）精液品质检查

猫的精液品质检查方法参见犬的精液品质检查方法。现简要介绍精子的形态结构和精子的生化组成。

精子的生化成分：猫的精液中钠离子浓度最高，而钾、镁及钙的浓度非常低。阴离子主要是氯。此外，果糖、乳糖及柠檬酸浓度较低。前列腺的功能决定了精液中酸性磷酸酶及碱性磷酸酶的浓度，因此，精液中这两种酶的浓度高低反映前列腺功能的变化。磷酸酶浓度与精子异常或损伤，以及精子活力有一定的关系。

在发生隐睾时，精液中乳糖、柠檬酸及磷酸酶浓度升高，而乳酸浓度降低。输精管结扎后，钙离子浓度明显降低，可能是因为缺乏精子和睾丸液所致。乳酸浓度升高，可能是由于没有精子利用乳酸所致。

（三）精液冷冻保存

猫的精液冷冻稀释液用去离子水配制，含 20% 卵黄，11% 乳糖及 40% 甘油，并加入硫酸链霉素和青霉素 G，使其浓度分别达到 1 000IU/mL。

采精后立即于室温条件下，加入灭菌生理盐水及稀释液各 200mL，并混合均匀。在进一步稀释前，应检查精子的活力及密度。在 5℃平衡 20min 后，继续加入稀释液，使鲜精至少稀释到 1 ∶ 1。然后将稀释好的精液做成冷冻颗粒，保存于液氮中。猫冻精以 37℃，0.154mol/mL 氯化钠溶液解冻效果最好。

（四）输精

精液的稀释：新鲜精液可不加稀释而直接用于输精。但将新鲜精液稀释后，有利于延长精子的存活时间。因此，如果采精后不能立即使用，可将精液稀释后存放一段时间。根据鲜精浓度，可按（1 ∶ 3）～（1 ∶ 8）倍数稀释。经稀释后，精子在数小时内受精率不会下降。据报道，精液经稀释后，在 5℃条件下贮存 24h 后授精与稀释后立即授精相比，受胎率无差异。

常用的稀释液有以下几种。

去乳清奶，92 ～ 94℃加热 10min。

含 2% 脂肪的消毒均质奶。

2.9% 枸橼酸钠 +20% 卵黄。

输精技术如下。

输精用品。主要包括长 9cm 的塑料输精管（可把牛用的塑料输精管截取一半使用），通过一段橡胶管与注射器相连，开腔器及润滑剂。

输精过程。输精时，将处于发情期的雌猫麻醉后保定，呈仰卧后肢抬高式。用顶端为球状的、长度为 9cm 的 20 号注射针头，接上干净、消毒好的小注射器，抽取上述备好的精液，小心插入雌猫阴道内，并以感觉到达子宫颈前部为止。每次输精量为 0.1mL。切忌动作粗暴和使用污染的器具，以防造成雌猫阴道和子宫颈的损伤及感染。

第三节　猫的妊娠

一、妊娠期

妊娠期是从受精开始（一般是最后一次配种日期开始计算）到分娩为止的一段时间，是新生命在母体内生活的时期。猫的妊娠期 57 ～ 71d，平均 63d。妊娠期长短主要受遗传、品种、年龄、环境等因素的影响。一般老龄猫和体内胎儿数少的雌猫妊娠期长。

二、妊娠生理

受精卵在输卵管运行 2 ～ 4d，在第 4 ～ 5 天进入子宫，10d 后附植。在妊娠的第 6 ～ 7 周，可以看到明显的妊娠表现，如乳房体积扩大，乳头变硬，腹部扩大，孕猫休息时间增加等。在妊娠最后 2 ～ 3 周，从腹壁上可观察到胎儿运动。猫的妊娠生理具体可参见犬的妊娠生理一节。

三、妊娠诊断

与犬的情况一样，妊娠诊断阳性只说明一时的情况，并不能保证一定会生产活胎儿。妊娠期可能会发生流产，而且由于流产胎儿常被母体吸收掉，因此，常不易被人们所看到。如能经常称量孕猫体重，不难发觉胎儿浸溶性变化。

猫的妊娠诊断常见的方法有以下几种：

外部观察法。是依据猫妊娠后体内新陈代谢和内分泌系统变化导致行为和外部形态特征发生一系列规律性变化，来判断雌猫是否妊娠的方法。具体参见犬的妊娠诊断。

腹壁触诊是指隔着母体腹壁触诊胎儿及胎动的方法。由于猫腹壁通常比较松弛，因而容易触诊。此法可用于妊娠前期检查。最适触诊时间为妊娠后第 20 ～ 30 天，这是因为这一阶段各胎儿之间分隔最明显。触诊时应用力谨慎，防止用力过猛造成雌猫流产。此外，在妊娠后期，也可以通过腹壁触诊探及胎儿。

X 射线检查。在妊娠第 17 天以后，可借助 X 射线透视，胚胎在子宫上形成多个突起。从这种突起的最小直径，还可以近似推断出妊娠的日期。此法一般不作为早期妊娠诊断来使用，因为放射线对胎儿早期的发育影响较大。

超声波诊断是通过线型或扇形超声波装置探测胚泡或胚胎的存在来诊断妊娠的方法。猫最早可在妊娠后第19天后就开始应用，具体操作参见犬的妊娠诊断。

超声多普勒法。通过子宫动脉音、胎儿心音和胎盘血流音来判断是否妊娠。猫一般在妊娠30d后，可用多普勒探测脐动脉血流、胎儿心跳或子宫动脉血流。

血液学检查。根据猫体内血液成分是否发生一系列变化来判断是否妊娠。测定这些变化不仅有助于妊娠诊断，而且有助于区分真妊娠与假妊娠。在妊娠后期时血红蛋白浓度和红细胞压积均降低，但产后一周内恢复正常。这种血液学变化不能单独用于确定一个猫是否妊娠，必须与其他检查项目结合起来分析。白细胞和血浆总蛋白质在妊娠期保持恒定，但在猫激动时，白细胞数会增加。

四、妊娠护理

猫在妊娠期间其生理机能及营养代谢与平时不同，所以必须对其加以精心护理，避免流产或死胎情况的发生。

（一）营养护理

雌猫妊娠后，随着胎儿在母体内的逐渐长大，生活行为较过去有一些改变，如活动量减少、跑跳稳重、食量增加等。猫的妊娠期一般为63d（57～71d）。妊娠初期，一般不需要补充特殊食物和进行特殊护理；妊娠中期，随着胎儿在母体内的逐渐长大，采食量明显增多，此时除了应增加食物的供应量外，还应给孕猫补充富含蛋白质的食物，如猪肉、牛肉、鸡肉、鸡蛋和牛奶等；在妊娠后期（最后3周），孕猫采食量增加20%～30%，但由于腹腔内胎儿已长大，占据了腹腔的一定空间，因此猫的每次采食量有限。为此，应采用少食多餐法饲喂，每天喂食增加至4～5次，夜间要进行补饲。但是，在保证妊娠猫营养需要的同时，还应防止猫过食，以免雌猫产前过于肥胖，造成难产，因此应减少富含碳水化合物的食物的供应量，而应补充蛋白质类食物。在产前适当给猫补钙，一般每天饲喂0.3g。除此以外，还要注意蛋白质的摄入量。如果母体在妊娠期和泌乳期蛋白质吸收不足，则会导致一些不良后果，如仔猫在遇刺激时情绪反应增加。

（二）其他护理

适当运动：妊娠雌猫的适当运动，不仅有益身体健康，而且也有利于正常分娩。在妊娠后期更应注意有足够的运动。因为运动既可以增加肌肉的张力，又可防止脂肪的蓄积而造成过肥。

保持安静：孕猫比较喜欢安静，除了要人为地让猫适当活动外，应尽量避免打搅或惊动它，并应将猫窝放置在安静、干燥、温暖、有阳光的地方。

防止机械性损伤：妊娠雌猫的腹部受到不适当的挤压，或因受惊逃窜和剧烈运动时，往往会造成胎儿的发育受损、流产以及胎儿死亡等疾病的发生。所以要提高警惕，防止人为地对孕猫产生机械性损伤。

适应产房妊娠：雌猫愿意在比较安静和有安全感的地方进行分娩和育仔，这就需要选择合适的产房和产箱，同时词养人员和食物等也应相对固定，最好在临产前 10d，让孕猫提前熟悉分娩环境，这些都有利于分娩和哺乳。

第四节　猫的分娩

分娩是指雌猫经过一定的妊娠期后，胎儿在母体内发育成熟，母体将胎儿及其附属物从子宫内排出体外的生理过程。

一、产前准备

猫和其他动物一样，具有正常繁衍后代的能力，所以一般不需要为妊娠猫的分娩做过多的准备工作。只需要准备好产箱，安置好产箱的位置即可。但对于可能发生难产的初产猫还应准备助产的用具和药械。

（一）产箱

在预产期前一周左右，要为猫准备好产箱，产箱可以用木板钉制或用纸箱代替。产箱的大小以猫的四肢能伸直并有一定空隙为宜，体积一般为 50cm × 35cm × 30cm。产箱的门要有 7 ～ 10cm 高的门槛，以防仔猫跑出；产箱顶无盖以便于随时观察母猫、仔猫活动情况；产箱内壁要光滑，不能有钉子或其他尖状物凸出。产箱的木板不能刷油漆，因为油漆的刺激性气味使猫产生不良反应，且猫衔咬后还会引起中毒。如果产箱是已经用过的，再次使用前，必须对其进行彻底消毒（可用 1% 的热碱水刷洗一遍后，再用清水冲洗干净，晾干后再用）。

产箱应放置在安静、温暖、阴暗、空气新鲜的地方，产箱的底部可用砖头或木块垫高 2 ～ 5cm，以利于通风，保持产箱内干燥。

（二）助产用具和药械的准备

雌猫临产前还要准备毛巾、剪刀、灭菌纱布、棉球、75% 酒精、5% 碘酊、5% 来苏尔、0.1% 新洁尔灭以及温开水等，以备难产时用。

二、临产预兆

猫的妊娠期平均为63d。雌猫交配后40d，即可观察到孕猫腹部逐渐膨大、下垂，两排乳头逐渐肿胀。在临产前数日内，猫的活动量减少。随着产期的临近，雌猫表现为不安、不停地变换姿势、鸣叫或者蹲在地上，从腹壁上可以看到胎儿的运动，会阴部肌肉松弛变软，部分孕猫有乳汁自流现象。孕猫临产时出现造窝行为，对陌生人的敌对情绪增强。有些猫直肠温度降低，食欲减退或消失。

三、分娩机理

猫的分娩机理还有待研究，就目前的研究结果可作如下解释：在妊娠期末，胎儿成熟，胎儿下丘脑(可能受到某种因素的刺激)释放促皮质激素释放激素，引起促肾上腺皮质激素(ACTH)释放，ACTH刺激肾上腺皮质，释放皮质类固醇激素，皮质类固醇诱发胎盘合成并释放前列腺素。前列腺素能够溶解黄体，因此分娩前，前列腺素释放导致卵巢上黄体溶解，黄体酮水平急剧下降，黄体酮与雌激素的比值变小，子宫平滑肌对催产素的敏感性不断提高。前列腺素还能诱发卵巢和胎盘释放松弛素，而松弛素与雌激素共同促进骨盆韧带和产道松弛，使雌猫顺利分娩。

此外，前列腺素还有诱发催产素释放的作用，它们共同作用于子宫，引起子宫收缩。胎儿及胎膜对子宫颈、阴道等部位的扩张性刺激，也引起催产素释放及腹壁收缩，从而促进胎儿排出。前列腺素的这种作用已被人们利用，成为诱导分娩（人工引产）中常用的一种激素。

四、分娩过程

分娩是雌猫借助子宫和腹肌的收缩，把胎儿及其附属膜排出母体外。

猫的分娩可分为3个阶段：

第一阶段，宫颈开张期，胎膜由子宫角挤入子宫颈时，第一阶段就开始了。这一阶段可能延续6h，这时子宫肌肉本能地收缩，呼吸开始加快，喉咙发出呼噜呼噜的响声，但并不痛苦。此外，可以看到阴道有透明的液体流出。第一阶段结束时，阴道流出透明或有点混浊的液体，有时还夹有一些血液。

第二阶段，胎儿娩出期，此期指子宫颈完全开张到排出胎儿为止。由阵缩和努责共同作用，此阶段有10～30min。这一阶段开始时，由于仔猫及胎膜刺激母体，使雌猫腹壁肌肉收缩加强。此时，雌猫开始舔外阴部，一个混浊的灰色水疱在外阴口出现，这是包裹仔猫的胎膜出现的最初迹象。雌猫腹壁肌肉收缩的时间间隔逐渐缩短，从起初的每15～30min收缩一次直到每15～30s一次。逐渐露出胎膜，可以看到仔猫的部分身体。最后一阵挛缩以后，仔猫就排出来了。

第三阶段，胎衣娩出期，此期指从胎儿排出后到胎衣完全排出为止。胎衣是胎儿的附属膜的总称。仔猫排出来后，胎膜和胎盘往往随之很快排出体外。每只仔猫出生都分别经过三个阶段，都有自己的胎膜和胎盘，只有同卵孪生仔猫例外，它们共有一组胎膜和胎盘。

仔猫一出生，雌猫立即开始舔它，在离脐孔 2 ～ 4cm 处咬断脐带。在大多数情况下，雌猫将胎膜吃掉。

仔猫出生相隔的时间不确定，少则 5min，多则 2h，一般在产出 3 ～ 4 只仔猫后，经 1h 不再见雌猫努责，表明分娩已结束。但有些猫排出前 1 ～ 2 个胎儿后，分娩出现不明原因的生理性中断，12 ～ 24h 后再分娩其余的仔猫。

五、难产救助

猫的难产比较少。如果胎膜破裂后猫做分娩动作，收缩频繁有力，但 5 ～ 7h 内未能产出胎儿，或者产出一个胎儿后虽不断用力收缩，但经过了 2 ～ 3h 仍不能排出第二个胎儿，说明发生了难产；如果胎儿一部分露出，而其余部分排不出来，也说明发生了难产；如果分娩过程中未排出胎儿，而排出淡红色或暗红色恶露，也说明发生了难产。应尽快采取助产方法，猫的助产方法包括：手指助产、借助产科器械助产及手术助产，如剖腹产和卵巢子宫切除手术等。在助产过程中使用足够的润滑剂，如使用 5 ～ 10mL 轻质矿物油，对难产的矫正及牵拉胎儿非常有利。

在助产过程中，剖腹产用得较少，主要以波斯猫及泰国猫较多用。助产时需对猫进行麻醉，麻醉可用氟烷和一氧化氮吸入，或结合插管，静脉注射 5 ～ 10mg 水合氯胺酮及局部麻醉等。手术切口可在正中线，也可在肷部。在腹部正中线切口时，切口长度为 6 ～ 8cm。切开后，轻轻将子宫拉到切口处，在子宫大弯上血管最少的部位切开子宫，将胎儿及胎盘拉出子宫。

六、产后护理

雌猫分娩后，身体比较虚弱，生殖器官发生很大变化。如子宫颈松弛，子宫收缩，产道黏膜表层有可能受损伤，机体的抵抗力下降；分娩后子宫内沉积大量恶露，易引起病原微生物的侵入和繁衍。因此，产后护理必须加强。

雌猫产后的最初几天要给予品质好、易消化的饲料。雌猫分娩时由于脱水严重，一般都发生口渴现象。因此，在产后要准备好新鲜清洁的温水，以便在雌猫产后及时给予补水。饮水中最好加入少量糖，有利于体质恢复。

此外还要注意周围环境的温度，过冷或过热都不利于雌猫身体的恢复和抗病力加强，也影响正常哺乳。雌猫的食具和其他用具要经常消毒，保持环境卫生，以减少病菌的传播机会。注意环境安静，不随便更换周围东西，使雌猫有充分的休息，有利于雌猫身体的恢复。

新生仔猫断脐后，通常在一周左右脐带干缩脱落。在脐带干缩脱落的前后，要留心观察脐带的变化情况，遇有滴血现象，要及时进行结扎。新生仔猫的体温调节中枢尚未发育完全，对环境温度的适应能力很差，因此要特别注意新生仔猫的保温工作。

第五节　猫的哺乳

哺乳是指雌猫允许仔猫吸吮乳汁，而将乳汁哺喂仔猫的母性行为，是泌乳雌猫先天的遗传特征。

一、自然哺乳

及早吃上初乳，初乳是指雌猫产后 1 周以内所分泌的乳汁。其色泽较深，质地黏稠，成分与常乳有很大的不同，含有丰富的蛋白质、脂肪、维生素和镁盐类物质，具有缓泻和促进胎便排出的作用。初乳酸度高，有利于消化活动。初乳中含有多种抗体，新生仔猫体内还不能产生抗体，但其肠道却很容易吸收初乳中的抗体，从而获得被动免疫力，这对于保护新生仔猫的健康十分重要。仔猫出生后，最好在 24h 内吃到初乳，否则随着时间的延长，仔猫肠道对抗体的吸收率逐渐降低。

雌猫哺乳能力：雌猫产后数小时即可以哺乳仔猫，一般可哺乳 4 ～ 6 只，超过此数量可考虑人工哺乳或寄乳。

雌猫哺乳的时间和次数：雌猫哺乳的时间和次数，一般由自己掌握，不受人为控制，且与雌猫自身母性和泌乳能力有很大关系。如果雌猫长时间不哺乳，则说明雌猫乳汁少或是有病，这时要考虑给仔猫进行人工哺乳。一般每天哺乳次数在 5 次以上。

仔猫吮乳：仔猫一般在出生后 2h，依靠触觉、嗅觉和温度感觉来确定雌猫的乳头位置，吮住乳头吸乳。一旦适应了吸乳的位置后，仔猫间很少发生争斗乳头的现象。切忌人为地改变仔猫哺乳的位置。

及时补饲：在仔猫出生后的 30 ～ 40d，主要以母乳哺育。但是，从 20 ～ 25d 起，由于雌猫的泌乳量逐渐下降，而仔猫对母乳的需求量逐渐增加，如不及时给仔猫补饲，易造成仔猫营养不良，体质瘦弱，影响正常的生长发育。及早补饲，还可锻炼仔猫的消化器官，促进肠道发育，有利于乳牙的生长，缩短过渡到成年猫正常饲养的适应期，并为顺利断奶奠定基础。补饲初期，应补喂一些味道鲜美、适口性好、易于消化的食物，如牛奶、米粥、豆浆等。

二、人工哺乳或寄养

人工哺乳是当发生产后雌猫死亡、发生疾病、无乳或产仔过多时，所采取的一种饲喂仔猫的方法。人工哺乳通常喂以牛奶、羊奶或奶粉，可用注射器或水剂塑料眼药水瓶作为人工哺乳工具。人工哺乳时，动作不能过快，应让仔猫的头平伸而不要高抬，以防食物误入气管和肺中。挤压奶汁时也要缓慢，应边观察仔猫的吞咽动作，边有节奏地轻轻挤压哺乳器。饲喂时还应模仿雌猫哺乳时以舔舐仔猫来刺激其排尿、排粪的动作，用手指不断地轻轻抚摸仔猫的外生殖器部皮肤。仔猫出生后第一周内，每昼夜应保持每 2h 喂食一次，每次 1 ～ 2mL。

寄乳是将仔猫寄养给其他哺乳雌猫的一种方法。寄乳雌猫最好选择刚生仔猫后仔猫死亡的雌猫或产仔少的雌猫。雌猫主要是通过气味来辨认亲子，因此，在寄乳前，可以用寄乳雌猫的乳汁或尿液等分泌物涂抹在欲寄乳的仔猫身上，使其带有寄乳雌猫的气味，易于被寄乳雌猫所接受。但在开始接触阶段，应加强观察和管理，防止踩、咬现象的发生，必要时可以给寄乳雌猫戴口罩，待雌猫对仔猫有了亲近感后，允许仔猫哺乳后再摘下。

三、断奶

断奶时间可根据仔猫的体质和雌猫哺乳情况而定。一般在 2 月龄左右断奶。断奶的方法有以下 3 种。

按期断奶法。到预定的断奶日期，强行将仔猫和雌猫分开。此法的优点是断奶时间短，分窝时间早。缺点是断奶突然，容易造成仔猫和雌猫的应激，精神紧张，引起仔猫消化不良和雌猫乳房炎。

分批断奶。根据仔猫的发育情况和用途，分批断奶。发育好的仔猫先断奶，体格弱小的适当延长哺乳时间，以便增强其体质。缺点是断奶时间延长，给管理上带来不便。

逐渐断奶。逐渐减少哺乳次数。在断奶前几天将雌猫和仔猫分开，隔离一定时间后，再合到一起实施哺乳行为，然后再隔离。这样反复几次，且逐渐减少哺乳次数，直至完全断奶。此法可避免雌猫、仔猫遭受突然断奶的应激，是一种比较安全的方法。

参考文献

北京农业大学 .1989. 家畜繁殖学 [M]. 第 2 版 . 北京：中国农业出版社 .

陈慧文 .2006. 猫典一箩筐 [M]. 天津：百花文艺出版社 .

董悦农，刘欣 .2002. 犬的驯养及疾病防治全解 [M]. 北京：中国林业出版社 .

董悦农 .2004. 猫的驯养及疾病防治全解 [M]. 北京：中国林业出版社 .

弗格尔 .2006. 狗典 [M]. 曹中承，译 . 上海文化出版社 .

范作良 .2001. 家畜解剖 [M]. 北京：中国农业出版社 .

耿明杰 .2006. 畜禽繁殖与改良 [M]. 北京：中国农业出版社 .

高得仪，范国雄 .1998. 养狗与驯狗 [M]. 北京：中国农业大学出版社 .

侯放亮 .2005. 牛繁殖与改良新技术 [M]. 北京：中国农业出版社 .

黄功俊 .1999. 家畜繁殖 [M]. 第 2 版 . 北京：中国农业出版社 .

焦骅 .1995 . 家畜育种学 [M]. 北京：中国农业出版社 .

李青旺 .2002. 畜禽繁殖与改良 [M]. 北京 : 高等教育出版社 .

李清宏，任有蛇 .2004. 家畜人工授精技术 [M]. 北京 : 金盾出版社 .

李建国 .2002. 畜牧学概论 [M]. 北京：中国农业出版社 .

刘庆昌 .2007. 遗传学 [M]. 北京：科学出版社 .

美国养犬俱乐部 .2003. 世界名犬大全 [M]. 林德贵，等译 . 沈阳：辽宁科学技术出版社 .

潘庆杰，等 .2000. 奶牛繁殖技术与产科病防治 [M]. 东营 : 石油大学出版社 .

桑润滋 .2001. 动牧繁殖生物技术 [M]. 北京：中国农业出版社 .

汤小朋 .2004. 犬猫疾病鉴定诊断 7 日通 [M]. 北京：中国农业出版社 .

王宝维 .2004. 特禽生产学 [M]. 北京：中国农业出版社 .

王锋 .2006. 动物繁殖学实验教程 [M]. 北京：中国农业大学出版社 .

王力光，董君艳 .2000. 犬的繁殖与产科 [M]. 长春：吉林科学技术出版社 .

王金，陈国宏 .2004. 数量遗传与动物育种 [M]. 南京：东南大学出版社 .

徐相亭 .2003. 猪的繁育技术指南 [M]. 北京：中国农业大学出版社 .

徐汉坤，吴德华 .2003. 中外名犬鉴赏与养护 [M]. 南京：江苏科学技术出版社 .

杨利国 .2002. 动物繁殖学 [M]. 北京：中国农业出版社 .

叶俊华 .2003. 犬繁育技术大全 [M]. 沈阳：辽宁科学技术出版社 .

岳文斌，杨国义，等 .2003. 动物繁殖新技术 [M]. 北京：中国农业出版社 .

岳文斌，杨国义，任有蛇，等 .2003. 动物繁殖新技术 [M]. 北京：中国农业出版社 .

张周 .2001. 家畜繁殖 [M]. 北京：中国农业出版社 .

张忠诚 .2004. 家畜繁殖学 [M]. 第 4 版 . 北京：中国农业出版社 .

中国农业大学 .2000. 家畜繁殖学 [M]. 第 3 版 . 北京：中国农业出版社 .

朱维正 .2006. 养狗驯狗与狗病防治 [M]. 北京：金盾出版社 .

David Talor.2006. 养狗指南 [M]. 郑锡荣，译 . 北京：中国友谊出版社 .

David Talor.2006. 养猫指南 [M]. 左兰芬，仇万煜，译 . 北京：中国友谊出版社 .